Anleitung
zur Entwicklung elektrischer Starkstromschaltungen.

von

Dr.-Ing. Georg I. Meyer

Beratender Ingenieur für Elektrotechnik

Mit 167 Textabbildungen

Berlin
Verlag von Julius Springer
1926

ISBN-13:978-3-642-90102-7 e-ISBN-13:978-3-642-91959-6

DOI: 10.1007/978-3-642-91959-6

Vorwort.

Der Gegenstand dieses Buches ist die Ableitung und Erläuterung der wesentlichen Schaltungen auf dem Gebiete der elektrischen Starkstromtechnik. Die Ausführungen beschränken sich auf den Bereich der elektrischen Schaltanlagen. Innere Schaltungen von Maschinen sind ausgeschieden, ebenso reine Meßschaltungen oder Einrichtungen zum Prüfen der Betriebsgeräte. Dagegen sind die Messungen in dem Umfange berücksichtigt, wie sie betriebsmäßig vorgenommen werden, also die Verbindungen der Schalttafelinstrumente untereinander und mit den Maschinen und Transformatoren.

Nicht berücksichtigt wurde ferner die Schwachstromtechnik, welche in neuerer Zeit durch die Verwendung der Elektronenröhren einen Einfluß auf das Starkstromgebiet zu gewinnen beginnt. Diese Schaltungen sind noch allzu neu und unerprobt; ferner würde ihre Berücksichtigung den ohnehin erheblichen Umfang noch wesentlich vergrößert haben.

Es werden die Gesetze der Schaltungslehre in einer Form und unter Gesichtspunkten abgeleitet, die für den Praktiker brauchbar sind. Er soll im einzelnen Falle sich überlegen, welche Grundaufgabe in der besonderen Anforderung liegt und soll an Hand der Tabellen und Winke dieser Schrift die allgemeine Lösung finden, die er dann auf seinen Sonderfall anwenden kann.

Es ist nicht beabsichtigt, hier vollständige Normalschaltungen zu geben. Wer auf diesem Gebiet viel gearbeitet hat, weiß ohnehin, daß, abgesehen von einzelnen Fällen, ein normales Schema nicht besteht, sondern daß man sich den Sonderwünschen je nach Bedarf anpassen kann und soll. Je verwickelter eine Anlage ist, um so mehr Möglichkeiten von Kombinationen, von Abstufungen in bezug auf Anschaffungskosten, Erleichterung des Betriebes usw. sind gegeben. Alle diese Zusammenstellungen zu bringen, ist unmöglich — einzelne herauszuheben, unzweckmäßig.

Es werden deshalb in diesem Buche im wesentlichen die Grundelemente aufgestellt und erläutert, welche in allen Schaltungen wiederkehren. Ihre Zusammenstellung hat im Bedarfsfall nach den besonderen Anforderungen und Wünschen zu erfolgen. Wie weit man dabei in bezug auf die Vervollständigung, aber auch Komplikation und Verteuerung, gehen will, muß man nach Bedarf entscheiden.

Soweit Kombinationen zur Erläuterung einzelner Sonderaufgaben und ihrer Lösung gegeben sind, sind diese als Beispiele zu betrachten. Sie sind meist nicht vollständig, sondern müssen für die praktische Verwendung noch ergänzt werden. Soll z. B. die Zusammenschaltung einer Gleichstromdynamo mit einer Batterie gezeigt werden, so ist nur das Wesentliche herausgehoben. Die Zubehörteile, wie Sicherungen, Selbstausschalter, Meßgeräte sind nur in dem Umfange berücksichtigt, wie besondere Anforderungen an sie gestellt werden, oder für ihre Auswahl eigene Gesichtspunkte gelten, die dann im Text erläutert sind.

Wer also fertige Schaltungen sucht, der muß sich an andere Bücher wenden. Wer aber aus eigener Arbeit sich die Schaltung aufbauen will, wird die wesentlichen Gesichtspunkte hier finden.

Alle Sondergebiete, bei denen elektrische Schaltungen vorkommen, ausführlich zu behandeln, würde zu weit geführt haben. Es sind daher eine Anzahl von derartigen Sondergebieten herausgegriffen worden, welche für den Schaltanlagen- und Schaltgerätebau von besonderer Wichtigkeit sind, und diese Fälle sind als Beispiel behandelt. Man könnte manche weitere anführen, doch steht zu hoffen, daß die gebotene Auswahl für das Erlernen der Bedingungen und ihrer Erfüllung genügt.

Besondere Spezialgebiete, wie Anlaßschaltungen, sind nicht behandelt worden, da sie sich auf wenigen Seiten nicht erledigen lassen, sondern umfangreiche Ausführungen erfordern würden, für die der Platz fehlt.

Berlin, im August 1926.

G. Meyer.

Inhaltsverzeichnis.

Erster Teil

Allgemeine Gesetze.

I. Allgemeine Begriffe, der einfache Schaltstromkreis.

Der einfachste Stromkreis besteht aus einer Stromquelle (Stromerzeuger) und einem Gerät (Stromabnehmer), die durch eine Verbindungsleitung in Beziehung stehen. Letztere ist reines Übertragungsmittel, das aus räumlichen Gründen zugesetzt wird, begrifflich aber nicht nötig ist. Man könnte sich vorstellen, daß an den Klemmen eines Batterieelementes unmittelbar ohne jede Leitungsverbindung eine Glühlampe angebracht sei oder daß ein Generator und ein Motor gemeinsame Klemmen ohne dazwischen befindliche Leitung erhalten. Man kann diese also als einfache Verlängerungen des einen oder anderen der beiden Hauptorgane betrachten und die Ausführungen auf die letzteren beschränken.

Der geschilderte einfache Stromkreis bedeutet einen bestimmten Betriebszustand: eine Maschine speist Glühlampen. Sobald der Zustand sich verändert, kommt man mit dem einfachen Stromkreis nicht mehr aus. Dann ist die Hinzufügung eines dritten Organs, eines Schalters, notwendig und aus dem einfachen Stromkreis entwickelt sich der einfache Schaltstromkreis.

Dieser besteht aus Stromquelle, Gerät und Schalter. Letzterer verändert bei seiner Betätigung die Beziehungen der beiden anderen Teile, und zwar indem sie entweder nur quantitativ beeinflußt werden (An- und Abschwellen des Stroms durch Regelung, wobei das Schaltorgan Regler genannt wird) oder indem sie im Charakter vollständig verändert werden (Stromfluß durch das Gerät und Entziehung des Stromes; das Hilfsmittel hierfür ist der eigentliche Schalter).

Die Regelung geht bei den Grenzwerten (voller und verschwindender Strom) in die Schaltung über. Es erleichtert das Verständnis, wenn vorwiegend von der Schaltung gesprochen wird, weil diese zwei scharf definierte Endwerte ohne die vielen Übergänge der Zwischenstellungen enthält. Die Ableitung der Gesetze und Vorschriften für

die Regelung ergibt sich an Hand der Sonderausführungen — über
diese später — ohne Schwierigkeiten durch Zufügung der Regelorgane
neben den Schalter oder durch Ausbildung desselben als Regler.

Der einfache Schaltstromkreis besteht also aus drei Teilen:
Stromquelle Q, Gerät G und Schalter S. Über die Eigenschaften
dieser drei Teile ist hier zunächst noch nichts auszuführen. Es handelt
sich in erster Reihe darum,
die möglichen Verbindungen
dieser drei allgemeinen Be-
griffe abzuleiten. Man kann
sie in zwei verschiedenen Arten verbinden: nach Abb. 1 a
in Reihe, nach Abb. 1 b parallel. Erstere Form wird

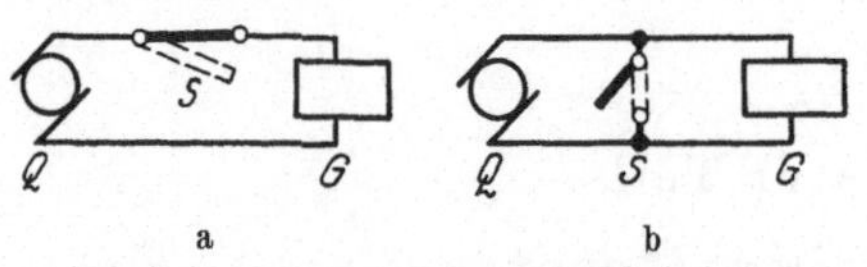

Abb. 1. Einfacher Schaltstromkreis.

a) Schalter und Gerät in Reihe. b) Schalter und
Gerät parallel.

verwendet, wenn die Stromquelle eine bestimmte Spannung ergibt,
während der Strom je nach der Energieentnahme sich ändert;
letztere, wenn die Quelle konstanten Strom mit veränderlicher
Spannung liefert.

Beide Abbildungen zeigen den Zustand, in dem das Gerät stromdurchflossen ist, durch ausgezogene Linien für den Schalter, und
denjenigen, in dem der Strom unterbrochen oder abgelenkt ist, durch
gestrichelte Linien. Jede der Schaltungen nach Abb. 1 a und 1 b hat
zwei Schalterstellungen mit verschiedener Wirkung. Diese Möglichkeiten sind in der folgenden Tabelle I zusammengestellt:

Tabelle I. Schalterstellungen und ihre Wirkung.

Abb.	Stromquelle für	Schaltung	Schalterstellung	
			bei stromdurch-flossenem Gerät	bei strom-losem Gerät
1 a	Konst. Spannung	Serie	Geschlossen	Offen
1 b	Konst. Strom	Parallel	Offen	Geschlossen

Wir untersuchen nun, was die Folge wäre, wenn die Schaltung 1
für Stromquellen mit konstantem Strom oder die Schaltung 2 für
solche mit konstanter Spannung verwendet würden. Es würde eine
Zerstörung der Stromquelle selbst oder eines anderen Teiles des
Kreises (Gerät, Schalter, Leitungen) eintreten, wenn eine Stromquelle
mit konstantem Strom nach Abb. 1 a ausgeschaltet würde, weil der
Widerstand durch die Ausschaltung auf unendlich steigt. Da die
Spannung gleich dem Strom mal Widerstand ist, so würde auch diese
unendlich groß werden.

Wird andererseits die Stromquelle mit konstanter Spannung nach
Abb. 1 b geschaltet und kurzgeschlossen, so wird dadurch der Widerstand Null und die Stromquelle müßte einen unendlich großen Strom

in den Kreis bzw. durch den Kurzschluß schicken, ein Fall, der in der Praxis bisweilen als Betriebsunfall, unter Umständen als Katastrophe, auftritt, der aber natürlich in einer Schaltung ausgeschlossen werden muß.

Im einen Falle (Ausschaltung einer Stromquelle konstanten Stromes) würde also unzulässige Spannung Isolationsdefekte, unter Umständen Gefährdung von Menschenleben verursachen, im anderen Falle (Kurzschließung einer Stromquelle konstanter Spannung) würde übermäßig hoher Strom und zu hohe Erwärmung die Folge einer falschen Schaltung sein, in beiden Fällen eine dynamische Überbeanspruchung durch die der übermäßigen Energieentnahme entsprechenden und sie nährenden Magnetfelder.

Stromquellen konstanter Spannung sind seit der Erfindung der Parallelschaltung elektrischer Lampen durch **Edison** allgemein verbreitet, z. B. Primärelemente und Akkumulatoren, Gleich- und Wechsel- bzw. Drehstromdynamos aller üblichen Bauarten, Leistungstransformatoren und Spannungswandler.

Stromquellen konstanten Stromes sind die Serienmaschinen, die sich an den Namen **Thury** knüpfen, und Stromwandler. Ferner kann man gewisse kleine Teile von Stromkreisen konstanter Spannung hierher rechnen, wie das Beispiel der Abb. 2 zeigt. In diesem Kreise hat die Stromquelle zwar konstante Spannung, aber der Strom bleibt, solange die Lampenbelastung L unveränderlich ist, derselbe, ganz gleich, welche Schaltungen zwischen c über $M\,Z\,A$ bis a in dem Abschnitt der Meßgeräte und

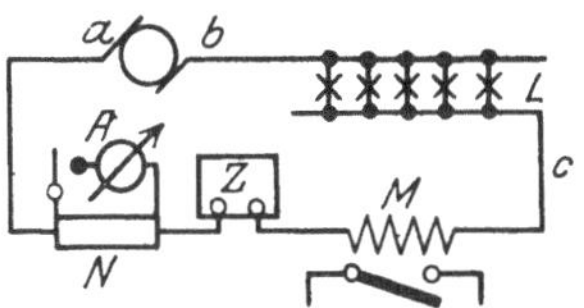

Abb. 2. Ein Gesamtstromkreis konstanter Spannung enthält einen Teil a c vom Charakter konstanten Stromes.

Relais vorgenommen werden. Schließt man den Zähler Z oder das Maximalrelais M kurz, so ändert sich der Strom nicht merklich. Nur der Spannungsabfall zwischen a und c verringert sich. Ebenso, wenn man den Strommesser A mittels seines Umschalters an den Nebenschluß N legt. Man kann also den Teil $a\,N\,Z\,M\,c$ des Kreises als einen solchen von konstantem Strom betrachten, dessen elektromotorische Kraft (gleich derjenigen der Stromquelle minus Lampenspannung) je nach der Schaltung innerhalb dieses Teiles veränderlich und dessen Strom ($E\,M\,K$ der Stromquelle dividiert durch Widerstand der Lampen) konstant ist.

Man sieht aus Vorstehendem, daß an die Konstanz von Strom und Spannung in unseren Definitionen allzu hohe Ansprüche nicht gestellt werden. Es handelt sich nicht darum, ob diese Größen in den Zeiten, in denen Schaltungen nicht vorgenommen werden, sich verändern, sondern der Begriff ist für die Zeitspanne der Schaltung anzuwenden, und es genügt, wenn während dieser Zeitspanne die betreffende Größe sich nicht erheblich verändert. Ob die Stromquelle zu anderen Zeiten bei verschiedenen Betriebsverhältnissen auf abweichende Spannungen reguliert oder eingestellt wird, ob eine Dynamo am Mittag niedrige und am Abend hohe Spannung hält, ob eine Akkumulatorenzelle in geladenem Zustand 2 und in entladenem 1,8 Volt hergibt, ist für unsere Definitionen nebensächlich. Diese Stromquellen behalten im Augenblick der Schaltung, d. h. vom Beginn bis zu ihrem Ende, ihre Spannung im wesentlichen, sind also Quellen konstanter Spannung.

Wenn dagegen ein Stromwandler auf eine Auslösespule geschaltet, aber normal kurzgeschlossen ist, so gibt er beispielsweise 5 Amp. bei verschwindender Spannung her. Wird durch den Schalter der Kurzschluß der Auslösespule aufgehoben, so bleibt der Strom von 5 Amp. annähernd konstant, und die Spannung erhöht sich in dem Maße, wie der Wechselstromwiderstand des Sekundärkreises gestiegen ist. Man sieht also, daß der Sekundärkreis eines Stromwandlers bei Veränderung der Schaltung, aber unveränderter Primärstromstärke konstanten Strom und veränderliche Spannung hergibt. Daß mit einer Änderung des Primärstromes auch der Sekundärstrom sich ändert, tut nichts zur Sache, denn unsere Betrachtung bezieht sich auf Schaltungen oder Veränderungen im Sekundärkreis, nicht auf den Einfluß, die solche im Primärstrom auf die Größe des Sekundären haben.

Auch die Geräte lassen sich in zwei Klassen einteilen, je nachdem sie bei Stromdurchfluß oder bei Stromlosigkeit ihre Wirkung ausüben: Arbeitsstromgeräte (Lampen, Motoren, Hubmagnete, Heizkörper) und Ruhestromgeräte (Bremsen, gewisse Signalanlagen, z. B. für Einbruchsdiebstahl usw.).

Ein Arbeitsstromgerät wird in Tätigkeit gesetzt:

bei konstanter Spannung durch Einschalten,
bei konstantem Strom durch Öffnen des Kurzschlusses,

ein Ruhestromgerät dagegen:

bei konstanter Spannung durch Ausschalten,
bei konstantem Strom durch Einschalten des Kurzschlusses.

Ist das Gerät z. B. ein Magnet, so wirkt es bei Arbeitsstrom, indem es seinen Anker anzieht (Maximalmagnet), dagegen bei Ruhestrom, indem es den Anker losläßt (Minimalmagnet).

Unter Ruhestellung des Gerätes versteht man diejenige, in der es nicht arbeitet bzw. keine Wirkung ausübt, unter Arbeitsstellung diejenige, in der es arbeitet oder seine Wirkung ausübt.

Die Arbeitsstellung des Arbeitsstrommagneten ist

Anker angezogen,

die Ruhestellung des Arbeitsstrommagneten ist

Anker losgelassen;

die Arbeitsstellung des Ruhestrommagneten ist

Anker losgelassen,

die Ruhestellung des Ruhestrommagneten ist

Anker angezogen.

Bei anderen Geräten sind die Stellungen an sich nicht vorgeschrieben. Man kann eine Merklampe entweder so verwenden, daß sie in dem Fall, wo das Personal aufmerksam gemacht werden soll, aufleuchtet (Arbeitsstromlampe), oder so, daß sie im Gefahrfalle erlischt (Ruhestromlampe). Beide Formen werden verwendet. Das Arbeitsschema für die Lampe wird also das folgende sein:

Arbeitsstellung der Arbeitslampe — hell,

Ruhestellung der Arbeitslampe — dunkel;

Arbeitsstellung der Ruhelampe — dunkel,

Ruhestellung der Ruhelampe — hell.

Hat man freie Wahl, ob man ein Arbeits- oder Ruhestromgerät wählen soll, so gelten folgende Gesichtspunkte:

Bei Ruhestrom zeigt schon die Einhaltung der Ruhestellung an, daß Stromquelle, Leitung, Schalter und Gerät in Ordnung sind. Man hat also keine Kontrolle in dieser Hinsicht vorzunehmen, die Wirkung des Arbeitens ist unter allen Umständen gesichert. Nicht das gleiche gilt aber für die Arbeit. Denn eine Unterbrechung der Leitung, ein Versagen der Stromquelle oder des Gerätes bringt dieses auch dann zum Ansprechen, wenn dies nicht erwünscht ist, wenn also die Bedingungen, bei denen es ansprechen soll, nicht erfüllt sind. Das Ruhestromgerät arbeitet zwar sicher, spricht aber unter Umständen zu häufig an. Es ist absolut zuverlässig und deshalb für Anlagen mit dem größten Sicherheitskoeffizienten zu verwenden; aber es stört unter Umständen den Betrieb und wirft ihn über den Haufen, wenn es nicht notwendig ist. Kann man sich mit diesen Störungen abfinden und den dauernden Stromverbrauch im Ruhezustand in den Kauf nehmen, welcher erhöhte Betriebskosten erfordert, sofern die Ruhestellung längere Zeit andauert als die Arbeitsstellung, so ist die Verwendung des Ruhestromgerätes zu empfehlen.

Bei Arbeitsstrom ist die Kontrolle der Betriebsbereitschaft nicht ohne weiteres gegeben. Das Gerät kann wegen eines unbemerkt gebliebenen Drahtbruches oder wegen einer nicht bekannten Beschädigung der Stromquelle versagen, es arbeitet nicht mehr vollständig sicher. Dafür aber ist ein Ansprechen zu unerwünschter Zeit unmöglich. Das Gerät kann einmal aussetzen, aber es wird niemals zu oft arbeiten. Der Stromverbrauch im Ruhezustand ist Null. Wenn also die Arbeitszeit kürzer als die Ruhezeit ist, so sind die Betriebskosten geringer als beim Ruhestromgerät. Wo die Ungestörtheit des Betriebes wichtiger als die Sicherheit ist, sollte das Arbeitsstromgerät verwendet werden.

Eine wichtige Alarmanlage wird man mit Ruhestrom betätigen, einen Schießstromkreis für Sprengungen in Bergwerken unbedingt nur mit Arbeitsstrom.

Man kann auch unter Verwendung eines besonderen Kunstgriffes bei Arbeitsstrombetätigung die Wirkung der erhöhten Sicherheit eines Ruhestromgerätes erzielen, indem man das Gerät nicht durch elektrische Einwirkung, sondern durch einen Kraftspeicher (Federn, Gewichte) in die Arbeitsstellung gehen läßt und durch Auffüllen des Kraftspeichers (Spannen der Federn, Heben der Gewichte) mittels elektrischen Arbeitsstromes in die Ruhestellung zurückzieht. Ein Beispiel bietet die Bremse an Hebezeugen, die durch einen Magneten mit Arbeitsstrom gelüftet wird, also bei Versagen desselben selbsttätig einfällt oder eingelegt bleibt.

Bisher wurde stillschweigend vorausgesetzt, daß das Gerät bei Stromdurchfluß in der einen, bei Stromlosigkeit in der anderen Endstellung steht und je nach der Schaltung von der einen in die andere Endstellung geht. Beispiel: Glühlampe und Hubmagnet. Jede Stellung wird eingehalten, solange der entsprechende Stromzustand dauert, in der einen Endstellung ist dauernder Stromdurchfluß erforderlich.

Es gibt aber auch Geräte, bei denen ein kurzer Impuls zur Stelungsänderung genügt und das Wiederkehren des elektrischen Urzustandes nicht die Rückkehr zur ursprünglichen Stellung bewirkt. Beispiel: das Fallklappensignal.

Diese Forderung läßt sich auch bei Ruhestromgeräten erfüllen, z. B. indem beim Stromloswerden der Anker eines Magneten so weit aus dessen Feld herausschlägt, daß er bei wiederkehrendem Strom nicht mehr angezogen wird. Aber diese Ruhestromgeräte haben keine nennenswerte praktische Bedeutung.

Wesentlich wichtiger sind die Arbeitsstromgeräte mit kurzzeitiger Belastung, bei denen durch die Betätigung ein Kraftspeicher freigegeben wird, der die Arbeitsstellung festhält, auch wenn der Arbeitsstrom wieder verschwindet, und der durch einen Sondereingriff, etwa von Hand oder mittels einer zweiten elektrischen Steuerung, wieder aufgefüllt und von neuem arbeitsfähig gemacht wird. Abb. 3a zeigt schematisch eine solche Anordnung. Durch Drücken auf den Druckknopf D wird die Batterie B an den Arbeitsstrommagneten M geschaltet; dieser dreht die Klinke K mit dem Uhrzeiger und gibt die Fallklappe F frei. Läßt man den Druckknopf D los, so wird der Arbeitsstrom in M zwar unterbrochen, der Hebel F bleibt aber unten liegen, bis er von Hand gehoben wird, sei es unmittelbar oder mittelbar, etwa durch einen weiteren Magnet.

Abb. 3. Arbeitsstromgerät für kurzzeitige Belastung. Fallklappe.
a) Betätigung durch Druckknopf.   b) Betätigung durch Schalter, Hilfsschalter am Gerät.

Benutzt man nach Abb. 3 b statt des Druckknopfes, der beim Loslassen den Arbeitsstrom unterbricht, einen Schalter S_1 und will man sich nicht auf die rechtzeitige Öffnung desselben durch den Bedienenden nach dem Arbeiten verlassen, so muß das Gerät die Stromunterbrechung übernehmen, etwa indem der Fallhebel F einen zweiten Schalter S_2 öffnet.

Bei Arbeitsstromgeräten mit kurzzeitiger Belastung ist also unter allen Umständen für rechtzeitige Ausschaltung des Arbeitsstromes zu sorgen, dann kann man die stromführenden Teile des Arbeitsstromkreises erheblich höher belasten, als auf die Dauer zweckmäßig wäre. Man spart also nicht nur an Stromkosten durch die kurze Dauer des allerdings etwas höheren Stromimpulses, sondern auch am Anschaffungspreise für alle Teile des Stromkreises.

Es hat sich in den bisherigen Ausführungen gezeigt, daß zwei Arten von Stromquellen (konstanter Strom, konstante Spannung) und zwei Arten von Geräten (Arbeitsstromgerät, Ruhestromgerät) zu unterscheiden sind. Gibt es nun auch verschiedene grundsätzliche Formen von Schaltern? Der einfache gewöhnliche Schalter besitzt zwei Stellungen, die gleichwertig sind, eine Einschaltstellung und eine Ausschaltstellung. Man kann keine von beiden als irgendwie bevorzugt bezeichnen. Dies gilt aber nicht mehr für eine ganz erhebliche Anzahl von Schaltern, bei denen die eine Endstellung vor der anderen einen Vorrang besitzt, insbesondere für diejenigen Schalter, die durch einen Kraftspeicher (Gewicht, vorwiegend aber Federn) in die eine Endstellung gezogen und durch die Einwirkung der Hand nur während beschränkter Zeit in die andere bewegt werden. Man bezeichnet bei diesen Apparaten die erste Stellung, bei der eine Betätigung nicht notwendig ist, als Ruhestellung, die andere als Arbeitsstellung und den Schalter, dessen Arbeitsstellung Stromschluß bedeutet, als Arbeitsstromschalter, denjenigen, dessen Arbeitsstellung Stromunterbrechung hervorruft, als **Ruhestromschalter**. In Abb. 4 a ist der gewöhnliche Arbeitsstromdruckknopf dargestellt, der sich durch Federung

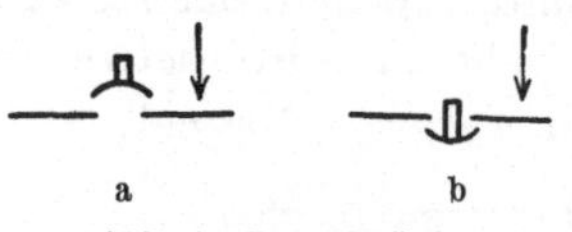

a   b

Abb. 4. Druckknöpfe.
a) für Arbeitsstrom.
b) für Ruhestrom.

öffnet und durch einen Druck in Richtung des Pfeiles geschlossen ist, wie man ihn in jeder Klingelanlage findet. Der entsprechende Ruhestromdruckknopf (Abb. 4 b) federt in die Geschlossenstellung und wird durch Druck in Richtung des Pfeiles geöffnet. Im Wesen identisch mit dem Arbeitsstromdruckknopf, nur kräftiger ausgestaltet, ist der Schießschalter nach Abb. 5, welcher in Bergwerken zur Einschaltung elektrischer Sprengkreise Verwendung findet. Er wird durch die Feder in der Ausschaltstellung gehalten und nur im Augenblick der Betätigung von Hand in Richtung des Pfeiles eingedrückt, öffnet sich aber dann beim Loslassen sofort wieder.

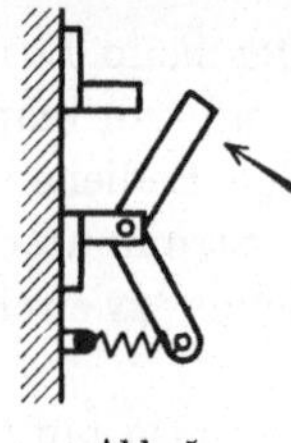

Abb. 5.
Schießschalter.

Ebenso wie der innere Kraftspeicher eines Schalters der geschilderten Art die eine Endstellung gegenüber der anderen hervorhebt, geschieht dies bei Relais, d. h. Geräten, welche mit einem Schalter für die Steuerung eines Hilfsstromkreises (des sog. Sekundärkreises) verbunden sind, durch die Art des Gerätes. Man nennt also die Kontaktstellung, welche der Ruhestellung des Gerätes entspricht, die Ruhestellung des Kontaktes, ebenso die Kontaktstellung, welche der Arbeitsstellung des Gerätes bzw. Relais entspricht, die Arbeitsstellung des Kontaktes.

Ein Kontakt, welcher sich in der Arbeitsstellung schließt, heißt Arbeitsstromkontakt; derjenige, der in der Ruhestellung geschlossen ist, Ruhestromkontakt. Es ist durchaus nicht erforderlich, daß der Charakter des Relais mit dem Charakter des zugehörigen Kontaktes übereinstimmt,

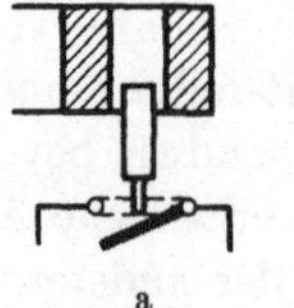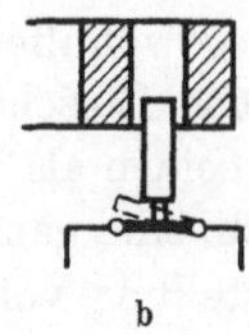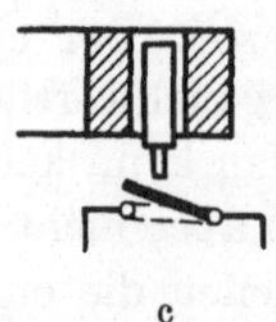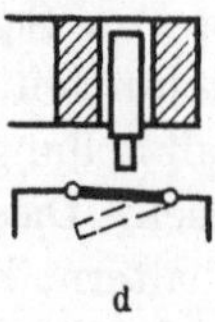

a   b   c   d

Abb. 6. Zusammenstellungen von Magneten und Sekundärkontakten.

a) Arbeitsstrommagnet, Arbeitsstromkontakt.   b) Arbeitsstrommagnet, Ruhestromkontakt.
c) Ruhestrommagnet, Arbeitsstromkontakt.   d) Ruhestrommagnet, Ruhestromkontakt.

wie z. B. Abb. 6 a bis 6 d beweisen. Abb. 6 a zeigt einen Arbeitsstrommagneten mit Arbeitsstromkontakt, Abb. 6 b einen Arbeitsstrommagneten mit Ruhestromkontakt. Bei beiden findet das Arbeiten des Magneten durch Hochziehen des Kernes und Mitnahme der Schalterzunge statt.

Im einen Fall wird beim Arbeiten des Magneten der Sekundärschalter geschlossen, im anderen geöffnet.

Abb. 6 c stellt den Ruhestrommagneten mit Arbeitsstromkontakt dar, Abb. 6 d den Ruhestrommagneten mit Ruhestromkontakt. Die Ruhestellung des Magneten ist, wie gezeichnet, oberste Lage des Ankers. Die Arbeit erfolgt durch Herunterfallen desselben. Dabei wird nach Abb. 6 c der Arbeitsstromkontakt geschlossen, nach Abb. 6 d der Ruhestromkontakt geöffnet.

Der Charakter des Magneten bzw. des Relais stimmt also nicht notwendig mit dem des Kontaktes überein. Beide sind nur mechanisch verbunden, aber elektrisch getrennt, denn die Spule des Relaismagneten gehört als Gerät zum Netz I, der Kontakt aber gehört zum Sekundärnetz II und arbeitet auf ein zweites Gerät, welches von einer zweiten Stromquelle oder auch von derjenigen des Primärstromkreises gespeist sein kann.

Diese beiden Möglichkeiten sind in Abb. 7 a und 7 b dargestellt. Erstere zeigt getrennte Stromkreise. Das Gerät G_1 wird von einer

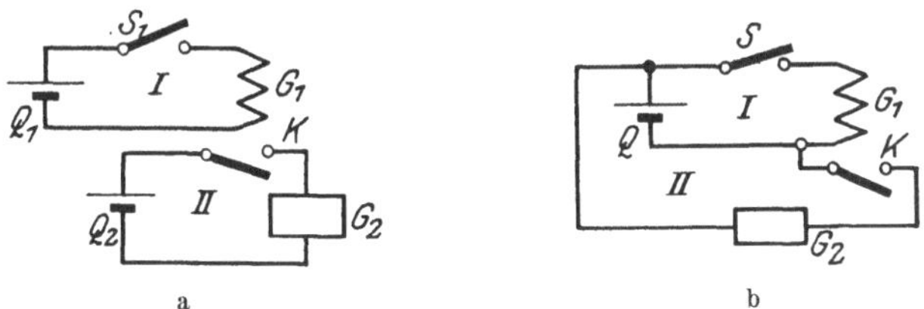

a   b

Abb. 7. Zwischenrelais.
a) Primär- und Sekundärkreis getrennt.   b) Gemeinsame Stromquelle für Primär- und Sekundärkreis.

Stromquelle Q_1 gespeist, wenn der Kommandoschalter S_1 geschlossen wird und bildet einen Fernschalter mit Arbeitsstrom, dessen Arbeitsstromkontakt K die zweite Stromquelle Q_2 auf das Gerät G_2 schaltet. Es ist dabei angenommen, daß beide Stromquellen für konstante Spannung bemessen sind, evtl., wie dargestellt, als Batterie ausgebildet.

Eine analoge Anordnung mit einer einzigen Stromquelle gibt Abb. 7 b. Dieselbe Stromquelle speist bei Schluß des Schalters S im Primärkreis das Gerät G_1 und bei Schluß des Kontaktes K im Sekundärkreis das Gerät G_2.

Die beiden Schaltungen Abb. 7 a und 7 b werden oft verwendet, indem das Gerät G_1 mit seinem Sekundärkontakt K als Zwischenrelais benutzt wird. Wenn der Schalter S_1 für den Strom des Hauptgerätes G_2 zu schwach ist, sei es, daß er ihn nicht dauernd zu führen oder nicht zu unterbrechen imstande ist, oder wenn die Leitung zwischen Schalter S_1 und Gerät G_2 zu lang ist, als daß sie wirtschaftlich noch für den Strom des Geräts G_2, insbesondere bei geringem Spannungsabfall, bemessen werden könnte, so schiebt man ein solches Zwischenrelais ein, dessen Sekundärschalter für die genannten Anforderungen eingerichtet ist, während es auf der Primärseite nur geringen Strom braucht. So kann man mit einem schwachen Kontaktmeßgerät auf mittelbarem Wege kräftigere Wirkungen erzielen oder bei Fernsteuerung von Schaltern (s. Kap. XVII) mit dünnen Fernleitungen, selbst für den meist recht starken Einschaltmagnet, auskommen.

Die Zwischenrelais benötigen eine gewisse, wenn auch kurze Zeit zum Arbeiten, dies ist unter Umständen von Bedeutung. Gegebenenfalls ist also das Zwischenrelais in einer schnell arbeitenden Form zu wählen.

Spielt wiederum die Verzögerung keine Rolle und kann man mit einem Zwischenrelais die nötige Verstärkung nicht erzielen, so schaltet man zwei oder mehr Zwischenrelais stufenweise hintereinander, so daß der Sekundärkontakt der ersten Stufe die Wicklung des folgenden Relais betätigt usw.

Man kann die bisherigen Ausführungen dahin zusammenfassen, daß folgende Organe des einfachen Schaltstromkreises zu unterscheiden sind:

$$
\begin{array}{llll}
\text{Stromquelle:} & \text{für konstante Spannung} & \text{(Symbol} & Qe) \\
& \text{,, konstanten Strom} & (\text{,,} & Qi) \\
\text{Geräte:} & \text{,, Arbeitsstrom} & (\text{,,} & Ga) \\
& \text{,, Ruhestrom} & (\text{,,} & Gr) \\
\text{Schalter:} & \text{,, Arbeitsstrom} & (\text{,,} & Sa) \\
& \text{,, Ruhestrom} & (\text{,,} & Sr)
\end{array}
$$

In den folgenden Darstellungen werden für diese verschiedenen Arten die in Abb. 8 dargestellten schematischen Bilder verwendet werden, deren Übereinstimmung mit den vorstehend aufgeführten Gattungen durch die angeschriebenen Symbole verständlich ist.

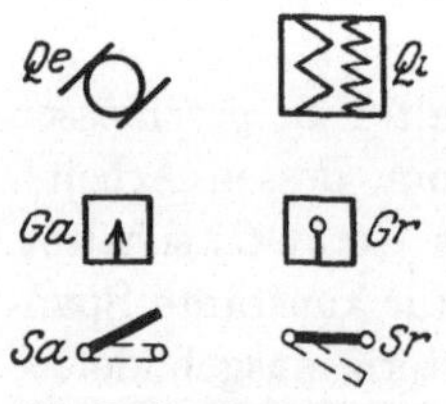

Eine Überlegung der Möglichkeiten des einfachen Schaltstromkreises und der Beziehungen zwischen dem Schalter und dem Gerät zeigt, daß der Schalter dem Gerät angepaßt sein muß, denn beim Arbeitsstromgerät ist zum Zwecke der Arbeit der Stromdurchfluß, beim Ruhestromgerät die Stromlosigkeit zu erzielen.

Abb. 8. Symbole für die grundsätzlichen Schemata.

Tritt an Stelle des Schalters ein Regler, so ist beim Arbeitsstromgerät zur Erhöhung der Wirkung der Strom zu verstärken, beim Ruhestromgerät aber zu schwächen.

Früher war ausgeführt worden, daß die Schaltung des Schalters sich nach dem Charakter der Stromquelle richtet. Vorstehend ergab sich, daß der Charakter des Schalters dem Charakter des Gerätes zu entsprechen hat. Man kommt also zu den im einfachen Schaltstromkreis möglichen Kombinationen, die in der Tabelle II zusammengestellt und in den Abb. 9a bis 9d gezeichnet sind.

Tabelle II. Der einfache Schaltstromkreis.

Stromquelle	Gerät	Schalter	Schaltung	Schema Abb.
für konstante Spannung Qe	Arbeitsstrom G_A Ruhestrom G_r	Arbeitsstrom S_A Ruhestrom S_R	Serie	9 a 9 b
für konstanten Strom Qi	Arbeitsstrom G_a Ruhestrom G_r	Ruhestrom S_R Arbeitsstrom S_a	Parallel	9 c 9 d

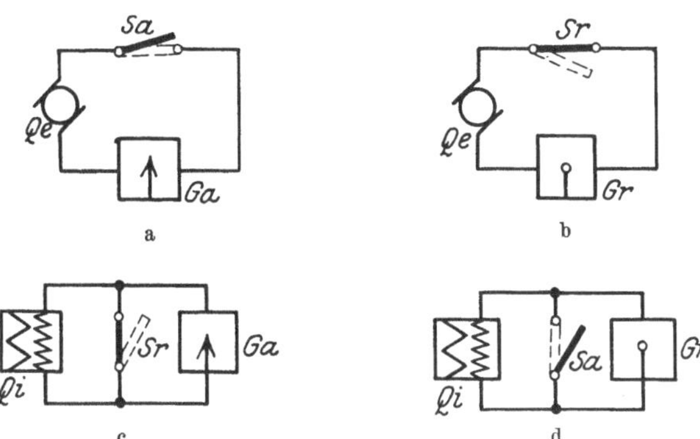

Abb. 9. Schemata zur Tabelle II. Der einfache Schaltstromkreis.
a) konstante Spannung, Arbeitsstrom. b) konstante Spannung, Ruhestrom. c) konstanter Strom, Arbeitsstrom. d) konstanter Strom, Ruhestrom.

Man merke sich also:

bei konstanter Spannung haben Gerät und Schalter gleichen Charakter und liegen in Serie,

bei konstantem Strom haben Gerät und Schalter verschiedenen Charakter und liegen parallel.

II. Der Stromkreis mit mehrfacher Schaltung.

Als erste Erweiterung des einfachen Schaltstromkreises betrachten wir ein Gebilde, welches aus einer Stromquelle und einem Gerät, aber mehreren Schaltern besteht und in der Starkstromtechnik viel verwendet wird, z. B. um die Schaltung von verschiedenen Stellen zu bewirken oder das gleiche Gerät durch mehrere Relais beim Eintritt verschiedener Betriebsbedingungen (Überstrom, Rückstrom, Spannungsrückgang, Frequenzabweichung usw.) zu steuern.

Wir betrachten zunächst den einfachsten Fall, daß es sich nur um zwei Schalter handelt; dafür gibt es zwei Möglichkeiten:

1. Die Schalter wirken einzeln. Jeder von ihnen ist ohne Rücksicht auf eine etwaige gleichzeitige Unwirksamkeit des anderen imstande, die Schaltung zu vollenden. Ein Motor soll etwa von zwei verschiedenen Stellen aus in Betrieb gesetzt werden können. Ein Hauptöl-

schalter soll sowohl durch Überstrom beliebiger Richtung als auch durch Rückstrom beliebiger, auch geringer Stromstärke ausgelöst werden.

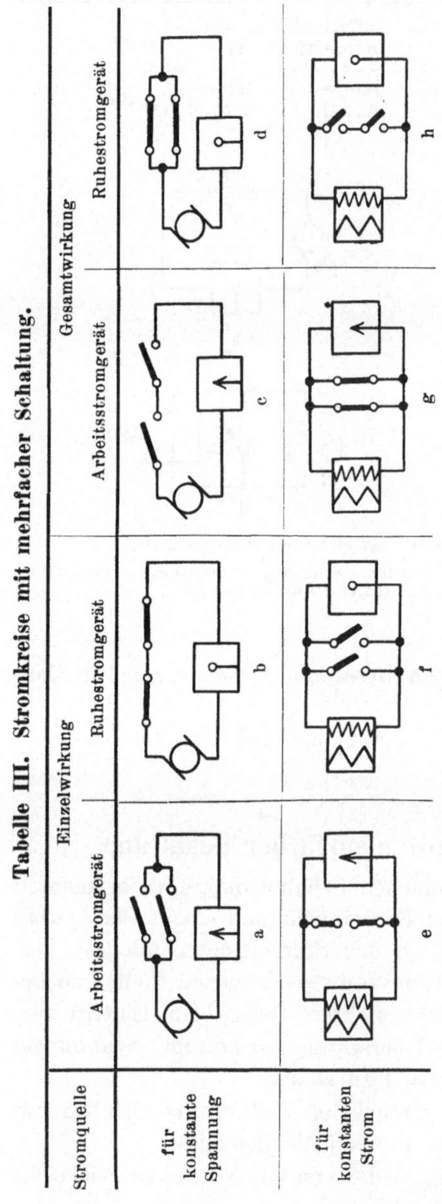

2. Die Schalter wirken zusammen, also wird die Schaltung nur bei gleichzeitiger Arbeit beider vollendet: Eine Freileitung soll z. B. nur unter Spannung gesetzt werden, wenn Ölschalter und Trennschalter eingelegt sind, oder ein Hauptölschalter ist auszulösen, wenn ein übergroßer Rückstrom auftritt, nicht aber bei noch so großem Überstrom in normaler Richtung oder bei kleinem Rückstrom.

Diese beiden Möglichkeiten sind nun in den vier Fällen des einfachen Stromkreises (Tabelle II und Abb. 9a—9b) anzuwenden, wodurch sich acht mögliche Schaltungen ergeben, die in der Tabelle III zusammengestellt sind. Da die Beschreibung in Worten hier schon etwas verwickelt wird, ist darauf verzichtet worden, diese Darstellung zu benutzen, die Tabelle enthält vielmehr eine entsprechende Reihe von Schaltungsschemata, welche die Möglichkeiten in der Sprache des Ingenieurs, der Zeichensprache, deutlicher ausdrücken, als dies Worte vermögen.

Mit dieser Zusammenstellung sind alle Möglichkeiten für die Verwendung von zwei Schaltern gegeben. Handelt es sich um mehr als zwei Schalter und wirken alle gleichartig, so ist die Ableitung der Schaltung einfach, die Organe werden in entsprechender Weise zugefügt. Statt zwei Schalter in Serie werden drei in

Reihe verwendet, ebenso statt zwei in Parallelschaltung befindlicher Schalter drei parallel usw.

Wird von mehr als zwei Schaltern ungleichartige Wirkung verlangt, so unterteilt man die Gesamtzahl der Schalter in Gruppen gleichartiger Bedingung und behandelt die Gruppen so, wie dies vorher für die einzelnen Schalter gezeigt wurde. Das klingt etwas kompliziert, wird aber durch die nachstehenden Beispiele hinreichend erläutert, die zur Vereinfachung nur für einen, und zwar den wichtigsten praktischen Fall durchgeführt sind, nämlich für konstante Spannung der Stromquelle und für ein Arbeitsstromgerät. Die Übertragung auf die anderen Möglichkeiten ist leicht zu finden.

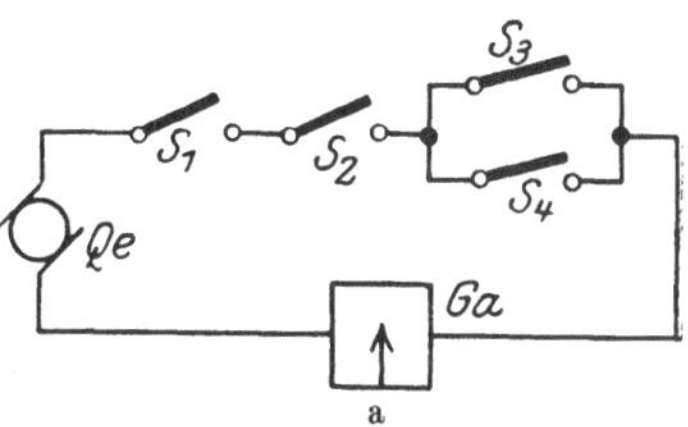

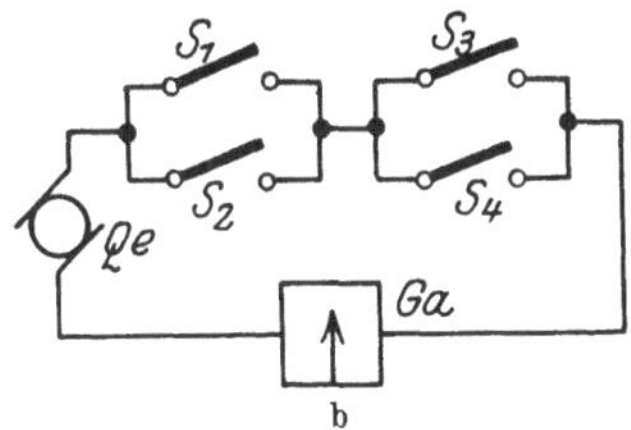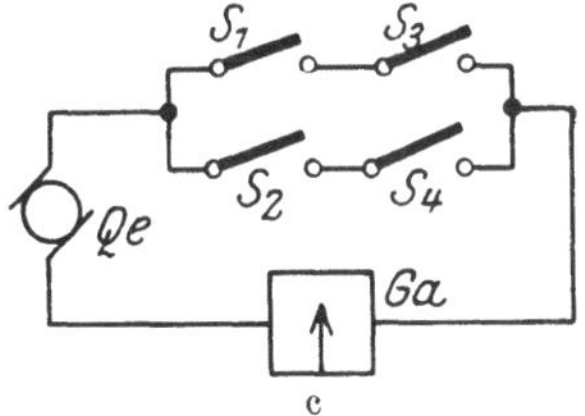

Abb. 10. Beispiele für 4 Schalter zur Verbindung einer Stromquelle mit einem Gerät.

Abb. 10a zeigt die Schaltung, bei der das Arbeitsstromgerät G_a auf die Stromquelle Q_e geschaltet wird, wenn

1. Schalter S_1 geschlossen und
2. gleichzeitig Schalter S_2 geschlossen und
3. gleichzeitig Schalter S_3 oder S_4 geschlossen ist,

also wenn die Bedingungen $S_1 + S_2 + S_3$ oder $S_1 + S_2 + S_4$ gleichzeitig erfüllt sind.

Bei der Schaltung nach Abb. 10b tritt die Wirkung ein, wenn

1. entweder Schalter S_1 oder S_2 geschlossen wird und
2. gleichzeitig entweder Schalter S_3 oder S_4 geschlossen wird, also, in Formel ausgedrückt, wenn entweder $S_1 + S_3$ oder $S_1 + S_4$ oder $S_2 + S_3$ oder $S_2 + S_4$ gleichzeitig schließt.

Eine andere Wirkung zeigt die Schaltung nach Abb. 10c, bei der die Speisung des Arbeitsstromgerätes eintritt, wenn entweder Schalter S_1 und S_3 gleichzeitig geschlossen sind oder Schalter S_2 und S_4 gleichzeitig geschlossen sind, also $S_1 + S_3$ oder $S_2 + S_4$.

Der Fall Abb. 10a gibt eine Gruppe von zwei einzeln wirkenden Schaltern S_3 und S_4, welche zu zwei weiteren Schaltern derart in Serie geschaltet ist, daß eine Gesamtwirkung der beiden einzelnen Schalter und der Gruppe eintritt.

Abb. 10b stellt zwei Gruppen mit Einzelwirkung dar (S_1 und S_2 sowie S_3 und S_4). Diese beiden Gruppen sind so zusammengeschaltet, daß sie in Gesamtwirkung treten.

Abb. 10c wiederum zeigt zwei Gruppen mit Gesamtwirkung (S_1 und S_3 sowie S_2 und S_4), welche zu einer gemeinsamen größeren Gruppe mit Einzelwirkung zusammengestellt sind.

Es wird nach diesen Beispielen und den allgemeinen Regeln leicht möglich sein, solche Fälle auf andere Arten der Stromquelle und des Gerätes zu übertragen und komplizierte Aufgaben in einfache Formen zu zerlegen, die sich ohne weiteres nach der Tabelle III lösen lassen.

Es sei noch auf eine Umkehrerscheinung hingewiesen:

Schaltet man ein Arbeitsstromgerät, das an konstanter Spannung liegt, aus, so ist diese Außerbetriebsetzung identisch mit der Inbetriebsetzung des gleichen Gerätes, wenn man es als Ruhestromgerät betrachtet. Die Außerbetriebsetzung einer Arbeitsstromlampe ist die Inbetriebsetzung einer Ruhestromlampe. Zwei Negationen heben sich immer auf, zwei Umkehrungen ergeben das Gleiche.

Dies ist nur ein rein theoretischer Gesichtspunkt, der praktisch keine Bedeutung hat, solange man vom einfachen Schaltstromkreis spricht.

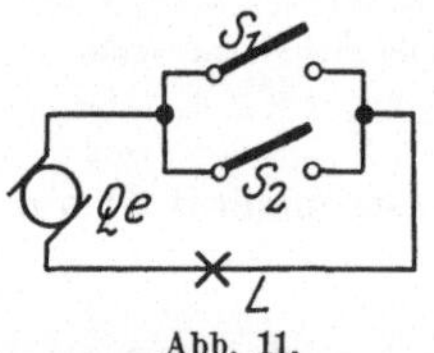

Abb. 11.
Einzeleinschaltung bedingt Gesamtausschaltung.

Bei mehrfach geschaltetem Kreise aber erhält die Erscheinung praktischen Wert; denn da kehrt sich mit der Richtung der Schaltoperation auch die Wirkung der Schalterkombination um. Bei der Schaltung Abb. 11 wird die Lampe L eingeschaltet, wenn entweder die Schalter S_1 oder S_2, natürlich auch, wenn sowohl S_1 als S_2 geschlossen werden. Wir haben also eine Einzeleinschaltung. Ist die Lampe eingeschaltet und beide Schalter S_1 und S_2 geschlossen, so genügt das Öffnen eines derselben nicht mehr, um die Lampe zum Verlöschen zu bringen; beide müssen vielmehr gemeinsam geöffnet werden. Man ersieht daraus, daß dieselbe Anordnung bei der Einschaltung eine Einzelwirkung erlaubt, beim Ausschalten aber eine Gesamtwirkung erfordert.

III. Der Stromkreis mit mehreren reinen Geräten.

Der Kreis möge eine Stromquelle und mehrere Geräte enthalten. Hierfür sind die erforderlichen Schalter und die möglichen Schaltungen zu bestimmen.

Wir beschränken uns wieder zur Vereinfachung zunächst auf zwei Geräte und setzen voraus, daß diese keine elektromotorische Kraft entwickeln, also etwa Glühlampen, Heizkörper oder Magnete seien. Wir nennen diese „reine Geräte" im Gegensatz zu „gemischten Geräten", die, obwohl Stromabnehmer, doch eine elektromotorische Kraft erzeugen und unter Umständen als Stromerzeuger arbeiten können, wie z. B. Elektromotoren, die durch die Schwungmasse nach der Abschaltung weiterlaufen, Transformatoren, die von der Sekundärseite her gespeist werden können, oder Batterien, die im Ladungszustand als Geräte zu betrachten sind, aber unter Umständen auf Entladung übergehen können.

Es gibt drei Möglichkeiten, zwei reine Geräte mit einer Stromquelle zur Wirkung zu bringen:

1. Die Geräte arbeiten einzeln, d. h. jedes für sich, oder auch gemeinsam; dabei erhält jedes seinen eigenen Schalter, der in der einen Stellung wirksam, in der anderen unwirksam ist, also einen Ein- oder Ausschalter, wie sie in unseren Betrachtungen bereits vielfach verwendet wurden.

2. Die Geräte arbeiten immer nur abwechselnd, also wahlweise; wenn eines arbeitet, muß das andere wirkungslos sein. Dazu braucht man einen Umschalter oder zwei miteinander gekuppelte oder gegeneinander verriegelte Ausschalter, die in ihrer Wirkung einem Umschalter gleichwertig sind. Die letztere, praktisch kompliziertere Art sei nur angedeutet; im folgenden wird zur Vereinfachung nur der Umschalter benutzt.

3. Die Geräte arbeiten immer gleichzeitig und zusammen. Einzelwirkung kommt nicht in Frage. Sie können also zu einer Gruppe zusammengefaßt und mit einem gemeinsamen Schalter betätigt werden.

Für den letzteren Fall gibt es wieder zwei Möglichkeiten der Gruppierung, nämlich

eine normale, bei der jedes Gerät im Falle eines Defektes des anderen nach dessen Beseitigung allein weiterbetrieben werden kann, bei der also jedes Gerät an sich auch für Einzelbetrieb geeignet wäre, wenn es auch nach der Schaltung nicht dafür bestimmt ist (Parallelschaltung bei konstanter Spannung, Serienschaltung bei konstantem Strom)

und

eine abnormale Gruppierung, bei der beide Geräte nur zusammen betrieben werden dürfen und entsprechend bemessen werden (Serienschaltung bei konstanter Spannung mit Geräten für gleiche Stromaufnahme, deren Spannungen so abgepaßt sind, daß ihre Summe gleich der Spannung der Stromquelle ist, sowie Parallelschaltung bei konstantem Strom mit Geräten für gleiche Spannung, deren Ströme in der Summe den Strom der Stromquelle ergeben).

Die abnormalen Schaltungen werden nur ausnahmsweise verwendet, weil sie besonders bemessene Geräte voraussetzen und im Falle eines

Defektes gar keine Möglichkeit weiteren Betriebes für das unbeschädigte Gerät lassen. Die Aufnahme dieser Schaltungen erschien aber im Interesse der Vollständigkeit zweckmäßig. Ihre Verwendung soll jedoch nur mit entsprechender Vorsicht geschehen.

Eine wahlweise Schaltung von Ruhestromgeräten ist nicht möglich, weil Ruhestrom bei der Überschaltung die Stromunterbrechung im Geräte verbietet, also während dieser Überschaltung beide Geräte gleichzeitig gespeist werden würden, was aber der Bedingung wahlweiser Wirkung widerspricht. Würde man den Umschalter auf der Mittelstellung stehenlassen, so würden beide Geräte untereinander verbunden werden, was vermieden werden soll.

Es ergeben sich demnach folgende Kombinationen: Tabelle IV. (Siehe nebenstehend.)

Die Umschalter für Arbeitsstromgeräte bei konstanter Spannung müssen mit Unterbrechung ausgebildet werden, damit nicht während des Überganges beide Geräte gleichzeitig arbeiten. Aus dem gleichen Grunde müssen die Umschalter für Arbeitsstromgeräte bei konstantem Strom ohne Unterbrechung und ohne Ausschaltstellung ausgeführt sein. Andernfalls könnte der Kurzschluß für beide Geräte gleichzeitig aufgehoben werden, und damit wäre die Bedingung der wahlweisen Wirkung unmöglich gemacht.

Auch hier ist wieder die Erweiterung der Schaltungen bei Verwendung von mehr als zwei reinen Geräten einfach abzuleiten, indem die sämtlichen Geräte gleich behandelt werden (wie dies mit den beiden Geräten nach Tabelle IV geschah), sofern gleiche Bedingungen gestellt werden, und indem verschiedene Gruppen gebildet werden, soweit die Anforderungen sich unterscheiden.

Unter Umständen werden hierfür Umschalter ohne Unterbrechung für mehr als zwei Stromkreise notwendig. Sie müssen nach dem Schema der Abb. 12 ausgeführt werden, derart, daß alle Kontakte außer dem, der gerade die Zuleitung zu seinem Gerät unterbricht, mit dem Zentralkontakt dauernd verbunden bleiben. Diese Anordnung ist zu verwenden, wenn das Schema Tabelle IV i auf mehr als zwei Geräte anzuwenden ist (s. a. Abb. 67, S. 71, Strommesserumschalter).

Abb. 12.
Umschalter ohne Unterbrechung und mit Kurzschließung der unwirksamen Geräte.

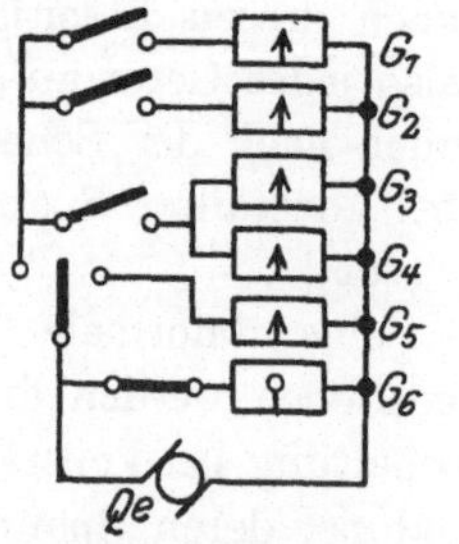

Ein Beispiel einer Schaltung für eine größere Anzahl von Geräten zeigt Abb. 13. Die Stromquelle konstanter Spannung Qe speist ein Ruhestromgerät G_6, ferner entweder das Arbeitsstromgerät G_5 oder die Gruppe der Geräte G_1,

Abb. 13. Speisung einer größeren Anzahl reiner Geräte durch eine Stromquelle konstanter Spannung.

Tabelle IV. Stromkreis mit mehreren reinen Geräten.

Strom-quelle	Art des Gerätes	Einzelschaltung	Wahlschaltung	Gesamtschaltung	
				Normal	Abnormal
für konstante Spannung	Arbeits-strom	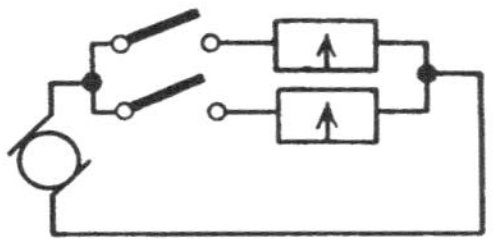 a	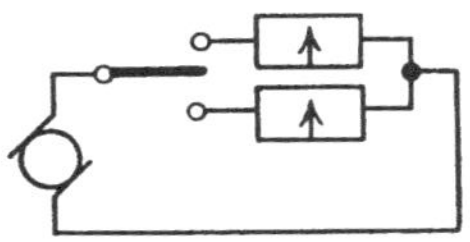 b	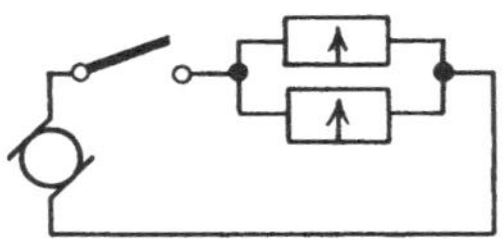 c	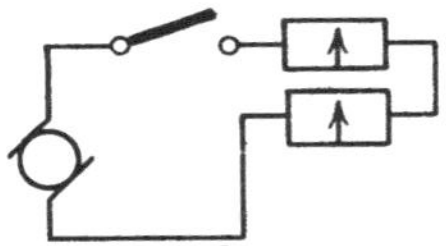 d
	Ruhe-strom	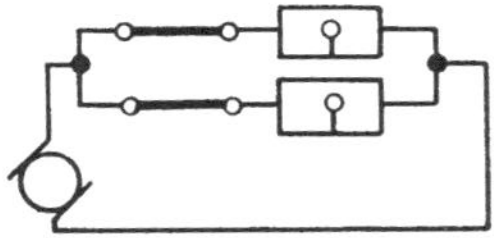 e		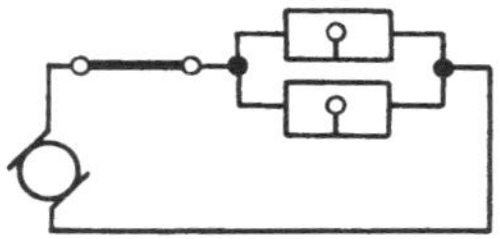 f	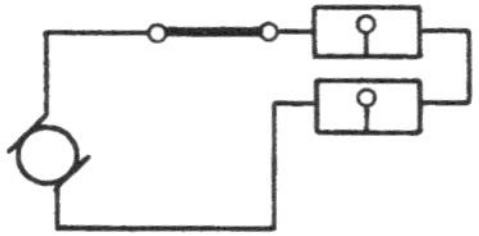 g
für konstant. Strom	Arbeits-strom	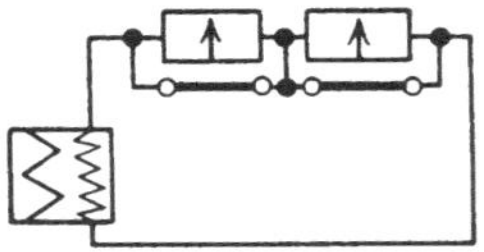 h	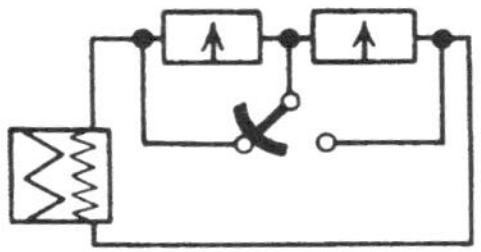 i	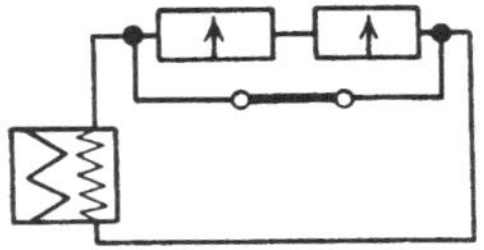 k	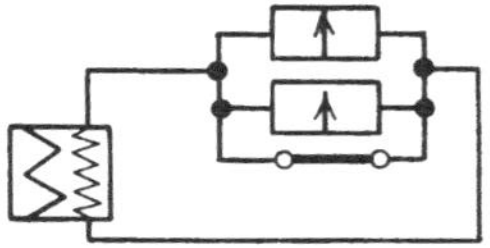 l
	Ruhe-strom	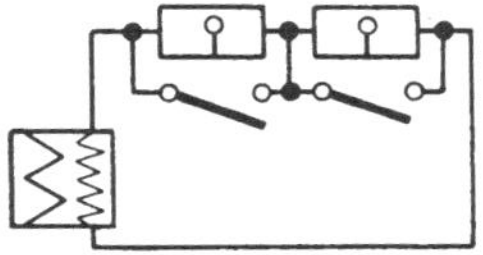 m		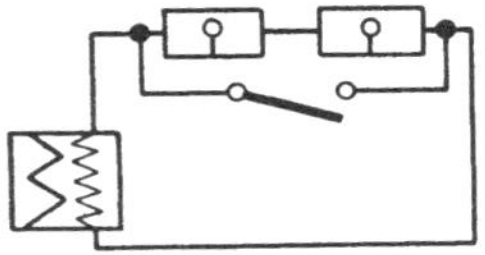 n	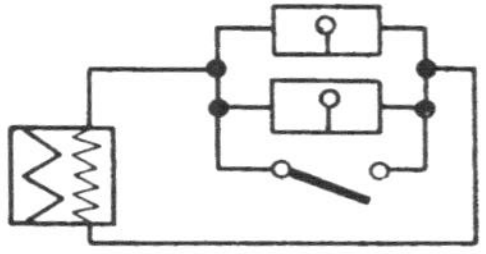 o

G_2, G_3, G_4, und zwar können innerhalb dieser Gruppe G_1 und G_2 beliebig, G_3 und G_4 aber immer nur gemeinsam, jedoch beliebig mit den Geräten G_1 und G_2 und G_6, jedoch niemals mit dem Gerät G_5 gleichzeitig arbeiten.

IV. Der Stromkreis mit mehreren Stromquellen.

Der einfache Schaltstromkreis, der nur Stromquelle, Schalter und Gerät enthält, ist ein symmetrisches Gebilde, in dem der Schalter eine eigene Rolle spielt, während die beiden anderen Teile unter sich gleichwertig und austauschbar sind. Eine Dynamo, welche eine Batterie ladet, und die gleiche Batterie in Entladung auf die gleiche Dynamo, welche als Motor läuft, bilden dieselbe Schaltung. Einmal ist die Dynamo Stromquelle und die Batterie Gerät, das andere Mal umgekehrt. Man wird aber den Schalter nicht gegen die Stromquelle oder das Gerät austauschen können, da er anders geartet ist.

Man könnte also annehmen, daß die Schaltungen des Stromkreises mit mehreren reinen Geräten einfach auf den Kreis mit mehreren Stromquellen zu übertragen wären. Dies ist aber nicht ganz richtig, weil sich bei dem Übergang vom reinen Gerät zur Stromquelle oder zum gemischten Gerät, also zu einem Körper mit eigener elektromotorischer Kraft, neue Gesichtspunkte geltend machen.

Einzelschaltung und Wahlschaltung können ohne weiteres übernommen werden. Gemeinsame Schaltung mehrerer Stromquellen dürfte, von einem zu besprechenden Sonderfall abgesehen, nicht vorkommen. Selbst wenn man zwei Batterien parallel schaltet, um die Kapazität zu vergrößern, wird man sie immer noch als getrennte Stromquellen benutzen oder sich die Möglichkeit dazu auf alle Fälle wahren; ebenso bei Maschinen.

Die gemeinsame Normalschaltung der Tabelle IV ist auf Stromquellen also nicht zu übertragen, ebensowenig wie die abnormale gemeinsame Schaltung für Stromquellen konstanten Stromes eine Anwendung finden dürfte. Dagegen findet sich eine Analogie zur abnormalen gemeinsamen Schaltung mit konstanter Spannung im Dreileitersystem und Drehstromsystem, also ein Fall von sehr großer praktischer Wichtigkeit.

Die gleiche Schaltung kommt für Zusatzmaschinen zur Ladung von Batterien vor, was allerdings insofern begriffliche Einreihungsschwierigkeiten macht, als die Zusatzmaschine weder konstanten Strom noch konstante Spannung liefert. Die Zusatzmaschine (Abb. 14) BC führt den gleichen Strom wie die Hauptmaschine AB. Aber dieser Strom wird nicht im gleichen Sinne konstant gehalten, wie etwa bei der Hintereinanderschaltung von Serienmaschinen

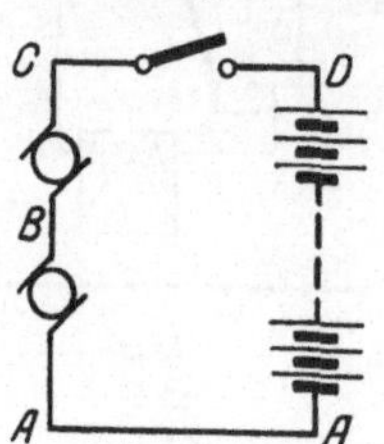

Abb. 14. Haupt- und Zusatzmaschine.

beim Thury-System. Zwischen den Punkten A und B haben wir aber konstante Spannung. Wir müssen uns zur Einreihung in unser System vergegenwärtigen, daß im Augenblick der Schaltung auf beiden Seiten des Schalters gleiche konstante Spannungen herrschen. Maschinen und Zusatzmaschinen geben zusammen dieselbe Spannung, wie die Gegenspannung der Batterie. Wir werden also diesen Fall unter das System der konstanten Spannung einzureihen haben.

Man kommt damit zu folgender Übersicht:

Tabelle V. Stromkreis mit mehreren Stromquellen.

Stromquelle	Gerät	Einzelschaltung	Wahlschaltung	Gesamtschaltung
für konstant. Spannung	Arbeitsstrom	a	b	c
	Ruhestrom	d		e
für konstant. Strom	Arbeitsstrom	f	g	
	Ruhestrom	h		

Nachstehend einige Beispiele für die Anwendung der verschiedenen Schaltungen:

Schema a. Zwei Maschinen arbeiten einzeln oder parallel auf ein Netz;

Schema b. Zwei Maschinen arbeiten wahlweise auf ein Netz;

Schema c. Zwei Maschinen in Dreileiteranordnung arbeiten auf einen Motor zwischen den Außenleitern;

Schema d. Zwei Maschinen arbeiten einzeln oder parallel auf eine Ruhestromanlage;

Schema e. In einer Dreileiteranlage ist eine Ruhestromvorrichtung an die Außenleiter angeschlossen;

Schema f. Zwei Stromwandler arbeiten einzeln oder zusammen in Serie auf eine Auslösespule;

Schema g. Umschaltung eines Strommessers oder Maximalrelais wahlweise auf zwei Stromwandler;

Schema h dürfte praktisch kaum von Bedeutung sein.

Die Erweiterung der für zwei Stromquellen entwickelten Schaltungen auf eine größere Anzahl von Quellen ist bei konstanter Spannung leicht zu bewirken. Die Gesamtschaltungen nach Schema c und e dürften dabei nur im Fünfleitergleichstromsystem eine praktische Anwendung finden. Heute sind sie wohl überholt.

Von den Schaltungen mit konstantem Strom ist die Wahlschaltung für mehr als zwei Quellen nach Schema g nur mit recht komplizierten, vielpoligen Schaltern ausführbar und scheidet praktisch aus. Im übrigen läßt sie sich nach den gegebenen Regeln und unter Ausnutzung der Tabellenmethode (s. unten Kap. VII) entwickeln.

Serienschaltung mehrerer Maschinen zur Speisung von Arbeitsstromgeräten nach Schema f findet sich beim Thury-System. Für Ruhestromgeräte dürfte ein Anwendungsbeispiel kaum zu finden sein.

V. Der Stromkreis mit mehreren gemischten Geräten.

Als gemischte Geräte sind nach früherer Definition diejenigen zu bezeichnen, welche zwar Strom aufnehmen und verbrauchen, aber in der Lage sind, eine elektromotorische Kraft zur Verfügung zu stellen, welche also gegebenenfalls auch als Stromerzeuger wirken können. Es kommen in Frage:

bei konstanter Spannung: Motoren, Batterien im Ladungszustand und Transformatoren mit Stromquelle im Sekundärnetz bzw. mit sekundärer Parallelschaltung zu anderen Transformatoren;

für konstanten Strom: Motoren nach dem Reihenschaltungssystem Thury.

Man sieht aus dieser Zusammenstellung, daß Ruhestrom hierbei nicht in Frage kommt; beim Reihensystem nach Thury hat auch die Wahlschaltung keine Bedeutung.

Im übrigen sind die gemischten Geräte wie Stromquellen zu behandeln, so daß Tabelle V sinngemäß umzuändern ist. Das ergibt eine Zusammenstellung.

Tabelle VI. Stromkreis mit mehreren gemischten Geräten.

Strom-quelle	Einzelschaltung	Wahlschaltung	Gesamtschaltung
Konstant. Spannung	a	b	c
Konstant. Strom	d		e

Beispiele:

Schema a. Zwei Motoren an einer Batterie einzeln oder parallel;

Schema b. Zwei Motoren wahlweise an einer Batterie;

Schema c. Eine Außenleiterdynamo ladet zwei Halbleiterbatterien in Serie;

Schema d. Eine Seriendynamo speist zwei Serienmotoren einzeln oder zusammen;

Schema e. Eine Seriendynamo speist zwei Serienmotoren, die stets zusammen arbeiten.

Kommen gleichzeitig gemischte und reine Geräte vor, so sind die Schaltungen nach Tabelle IV und VI sinngemäß zu verbinden.

VI. Mehrfache Stromkreise.

Mehrfache Stromkreise entstehen durch die Vereinigung mehrerer Stromquellen und mehrerer reiner oder gemischter Geräte mit den erforderlichen Schaltern. Die Gesetze hierfür sind an Hand der für den einfachen Schaltstromkreis gegebenen Ausführungen abzuleiten.

Wenn die Stromquellen konstante Spannung haben, so ergeben sich im allgemeinen eine Anzahl paralleler Kreise, die nur an gewissen Punkten zusammenhängen. Diese gemeinsamen Leitungsteile werden oft zweckmäßig als Sammelschienen ausgeführt, wodurch sich nicht nur das Verständnis der Leitungsführung, sondern oft auch die räumliche Anordnung wesentlich vereinfacht, ferner können dadurch im Bau Ersparnisse erzielt werden.

Abb. 15a ist eine Anordnung für zwei Stromquellen konstanter Spannung, zwei Arbeitsstromgeräte und ein Ruhestromgerät, die in derselben Art aufgebaut und dargestellt ist, wie wir dies bei den einfachen Stromkreisen gesehen haben. Es zeigt sich nun, daß sämtliche Stromquellen,

ebenso wie sämtliche Verbraucher, an je zwei Punkten zusammenliegen,
und zwar sind dies die Verbindungen in der Mitte des Schemas und die
Verbindung der beiden Enden links von den Stromquellen und rechts
von den Geräten außen herum. Diese beiden Punkte kann man also
als Sammelschienen ausbilden, an die auf der einen Seite die Enden
der Stromquellen und Geräte, auf der anderen die freien Enden der
Schalter angeschlossen sind. Man kommt dann zu der Darstellung
Abb. 15b, welche zunächst sachlich nichts ändert, aber augenfällig die
leichtere Übersichtlichkeit und Deutlichkeit zeigt. Diese Vorteile sind

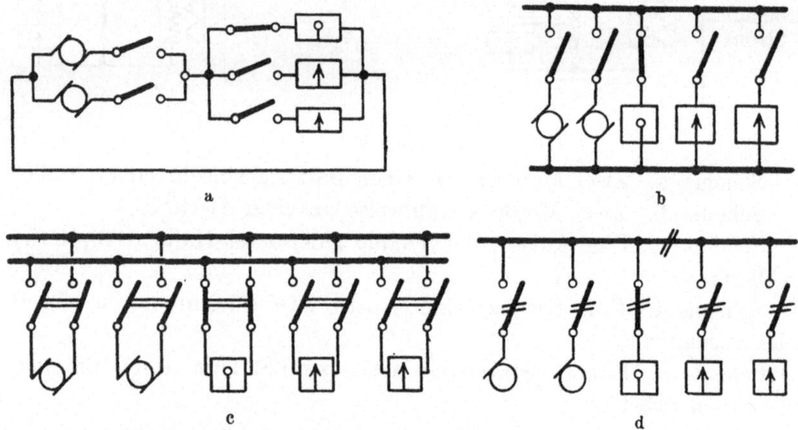

Abb. 15. a) Beispiel eines mehrfachen Stromkreises. b) Dasselbe Beispiel mit Sammelschienen.
c) Dasselbe Beispiel mit allpoliger Schaltung und Sammelschienen. d) Dasselbe Beispiel in
vereinfachter Darstellung.

in der Praxis vielleicht noch von viel größerem Wert als in der schematischen Darstellung, die nur seltener benutzt wird.

Für die vorstehende Ableitung war Voraussetzung, daß die einzelnen
Stromkreise, welche den größeren Komplex bilden, gewisse gemeinsame
Punkte besitzen. Sind solche nicht vorhanden, so zerfällt das Ganze in
eine Anzahl einfacherer Stromkreise, die gegebenenfalls weiter nach
Vorstehendem oder nach den Regeln für die einfachen Schaltstrom-
kreise zu behandeln sind.

Legt man in Abb. 15b zwischen die Stromquelle und Geräte einerseits und die untere Sammelschiene andererseits weitere Schalter und
kuppelt die zusammengehörigen Schalterpaare, so kommt man zur
allpoligen Abschaltung, welche in Abb. 15c in einer etwas übersicht-
licheren und bequemeren Form dargestellt ist und dasselbe Beispiel
zeigt, wie die Abb. 15a und 15b. Die beiden Sammelschienen sind hier
nicht an beiden Enden der betreffenden Stromkreisteile, sondern auf
einer Seite gezeichnet; die Schalterpaare liegen dann zusammen.

Man ist nun in der zeichnerischen Darstellung noch einen Schritt weitergegangen, indem man die beiden unter sich gleichen Stränge der Leitungen, Schalter und Sammelschiene nur einmal zeichnet und durch einen symbolischen Zusatz angibt, daß die einmalige Darstellung in Wirklichkeit doppelt auszuführen ist. So entsteht aus dem Schema 15 c bzw. den früher gezeigten Schemata 15 a und 15 b nunmehr die einfachste und übersichtlichste Form Abb. 15 d, welche sich durch ihre Einfachheit zur Verwendung auch in den verwickeltsten Schaltungen eignet.

Es versteht sich von selbst, daß die Entwicklung, welche hier für zweipolige Stromkreise gezeigt wurde, genau so für eine andere Polzahl verwendet werden kann, daß man also dreipolige Schalter, Leitungen und Sammelschienen in gleicher Weise durch je eine Linie mit den symbolischen drei Querstrichen darstellen kann.

Infolge der überwiegenden Verwendung von Stromquellen mit konstanter Spannung erscheint das Beispiel für diese Gattung leicht verständlich und trivial. Die Behandlung von Stromkreisen für konstanten Strom ist aber durchaus ebenso einfach durchzuführen, wie ein Beispiel (Abb. 16) zeigen soll. Hier sind ebenfalls zwei Stromquellen, zwei Arbeitsstromgeräte und ein Ruhestromgerät zusammengeschaltet. Es ist also dieselbe Aufgabe wie vorstehend für eine Stromquelle mit konstanter Spannung hier für eine Stromquelle mit konstantem Strom gelöst. Wo vorher Parallelschaltung, findet sich hier Reihenschaltung. Wo vorher offene Schalter, hier geschlossene und umgekehrt.

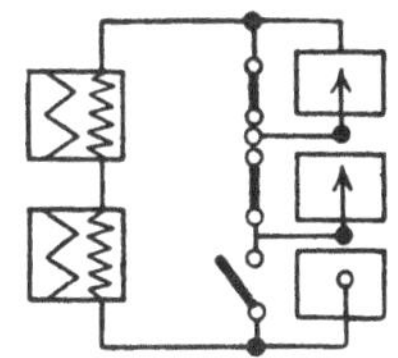

Abb. 16. Beispiel eines mehrfachen Stromkreises für konstanten Strom.

Die Gegenüberstellung der beiden Grundschemata Abb. 15 a und 16 zeigt also in deutlichster Form, wie man auch für diesen selteneren Fall die Ableitung zu machen hat.

Bei dem Reihenschaltungssystem, d. h. den Anlagen mit Stromquellen konstanten Stromes fallen natürlich die gemeinsamen Punkte fort, die bei dem Parallelschaltungssystem mit Stromquelle konstanter Spannung häufig sind und zur Ausbildung der Sammelschienen Veranlassung geben. Deshalb ist auch eine Vereinfachung der Schemata nicht im gleichen Maße möglich. Im übrigen aber sind an sich die Serienschemata immer etwas einfacher als die in gleicher Art dargestellten Parallelschaltungsschemata.

Ganz allgemein sei bemerkt, daß die Ermittlung gemeinsamer Teile in Verzweigungen oft einen guten Anhalt für den Entwurf von Schaltungen gibt, da sie gewissermaßen den Kernpunkt bilden, um den die ganze Anordnung sich kristallisiert. Ein Beispiel hierzu für Anlagen mit konstantem Strom mag dies zeigen (Abb. 17):

Zwei Stromwandler Q_1 und Q_2 sollen je ein Maximalrelais G_1 und G_2 und gemeinsam eine Auslösespule G_3 speisen. Es ist dies eine Aufgabe des zweiphasigen Überstromschutzes in Drehstrom-Hochspannungsanlagen mittels sog. Sekundärrelais, welche sehr häufig vorkommt, also von großer praktischer Wichtigkeit ist. Die Auslösung durch die Auslösespule G_3 wird in diesem Falle, insbesondere wenn kein Gleichstrom vorhanden ist, durch den Stromwandler bewirkt. (Vgl. a. Stromwandlerauslösungen S. 74.)

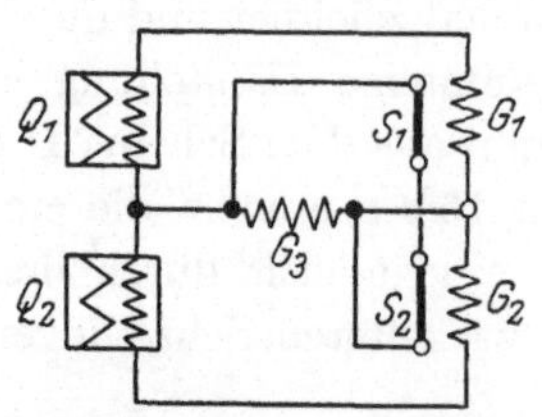

Abb. 17. Ableitung der Schaltung vom gemeinsamen Teil (zweiphasige Stromwandler-Überstromauslösung).

Das symmetrische, gemeinsame Element ist die Auslösespule G_3. Diese muß also in der Mitte liegen; und, da sie ein Arbeitsstromgerät ist und die Stromquellen konstanten Strom führen, nach Tabelle II, Schema 9 c, im Ruhezustand kurz geschlossen sein. Beide Relais, welche mit ihren Primärwicklungen in Serie mit dem gemeinsamen Gerät G_3 und ihrer eigenen Stromquelle liegen, erhalten also Ruhestromkontakte; und diese Ruhestromkontakte, welche auf ein Arbeitsstromgerät bei konstantem Strom einzeln wirken sollen, sind nach Tabelle III, Schema e, in Serie zu schalten. Sie schließen gemeinsam die Auslösespule kurz. Wenn einer dieser Kontakte sich öffnet, wird die Auslösespule vom Strom durchflossen, erhält, da das betreffende Maximalrelais nur bei großem Strom arbeitet, eine hinreichende Energie und bewirkt daher die Auslösung des Schalters. (Weitere Verstärkung durch Umdrehung eines Vektors s. S. 69.)

VII. Die Tabellenmethode.

Wenn die bisher gegebenen Regeln zur Ableitung der Schaltungen nicht genügen oder ihre Anwendung auf große Komplikationen und Schwierigkeiten stößt, so führt oft die nachstehender läuterte Tabellenmethode zum Ziel. Sie ist seit langem bekannt, u. a. von Edler erläutert, wahrscheinlich aber schon vorher benutzt worden. Sie eignet sich besonders für Schaltungen, welche mehrere Stellungen (Schaltmöglichkeiten) mit einer größeren Anzahl von Verbindungen für jede derselben erfordern. Als Organe für die praktischen Lösungen kommen Flachumschalter, Walzenschalter und Stöpselschalter verschiedener Art in Frage, welche die Vielfachumschaltungen auszuführen gestatten.

Unter Stellungen oder Schaltmöglichkeiten sind die verschiedenen Aufgaben zu verstehen, welche gleichzeitig zu erfüllen sind, also etwa beim Anlassen eines Kurzschlußmotors für Drehstrom die Ausschaltstellung, bei der der Motor vollständig abgestellt und spannungslos sein soll, die Sternschaltung, bei der die drei Wicklungen mit dem einen

Ende an Spannung liegen, während die anderen Enden an einen gemeinsamen Nullpunkt geführt sind, so daß jede Wicklung etwa 60 vH der vollen verketteten Spannung erhält, und schließlich die Dreieckschaltung, bei der jede Wicklung der vollen Spannung ausgesetzt ist.

Im allgemeinen werden immer eine gewisse Anzahl von Verbindungen in allen Schaltstellungen zulässig sein, ohne daß dadurch irgendwelche Nachteile entstehen. Diese Verbindungen können dann fest verlegt werden und sind in die Schaltvorrichtung nicht mit einzubeziehen, wodurch diese sich vereinfacht. Man wird also in erster Reihe diese festen Verbindungen heraussuchen und in ein Schema einzeichnen, welches die einzelnen Körper, also Stromquellen und Geräte, nebeneinander stellt und nur durch die genannten festen Verbindungen in Beziehung setzt. Alle übrigen Klemmen von Geräten und Stromquellen bleiben in diesem Schema offen und werden mit Buchstaben, Ziffern oder anderen Zeichen bezeichnet, desgleichen die Verbindungen, an denen weitere Leitungen anzuknüpfen sind. Man entwirft nun eine Tabelle, deren erste senkrechte Spalte die gewünschten Schaltstellungen und deren wagerechte Zeilen die zu jeder Schaltstellung gehörigen und notwendigen Verbindungen der vorher bezeichneten Klemmen enthalten. Dabei werden gleiche Verbindungen in den senkrechten Spalten untereinander gestellt und, soweit nicht gleiche Verbindungen möglich, solche, die wenigstens eine gleiche Klemme enthalten. Im übrigen sucht man mit einer möglichst geringen Zahl senkrechter Spalten für die Verbindungen auszukommen. Es ergibt sich also etwa nachstehende Tabelle, welche ohne Rücksicht auf irgendeine bestimmte Aufgabe willkürlich aufgestellt ist:

Schaltung	Verbindungen				
I	$a\,b$	$a\,m$	$c\,d$	$c\,n$	$e\,f$
II	$a\,b$	$a\,d$	$c\,m$	$c\,p$	$e\,f$
III	—	$a\,c$	—	—	—
IV	—	—	—	—	$e\,f$

Will man nun die Aufgabe mit gekuppelten Flachumschaltern lösen, so verwendet man so viel Umschalter, als Vertikalspalten in der Tabelle für die Verbindungen vorhanden sind, und nimmt die in einer derartigen Spalte gemeinsam vorkommenden Klemmen als Kurbelzentren, die übrigen als Außenkontakte. Die Flachumschalter erhalten so viel Außenkontakte, als Stellungen nötig sind, und die Zuordnung dieser Kontakte wird so bewirkt, daß je eine gleiche Kurbelstellung jedes Umschalters einer der gewünschten Schaltstellungen, und zwar in der Reihenfolge der Tabelle entspricht. Wo in der Tabelle Verbindungen fehlen, bleiben die entsprechenden Außenkontakte leer und sind Ausschaltkontakte.

Es ergibt sich für die mitgeteilte Tabelle demnach eine Lösung mit Flachumschaltern nach Abb. 18a.

Bei einiger Übung und Gewandtheit wird man es bald erreichen, mit dem Minimum an Polen für die Kurbelumschalter und mit der Mindestzahl an Leerkontakten auszukommen, also die Lösung praktisch möglichst einfach zu gestalten.

Soll die Aufgabe durch einen Walzenschalter erfüllt werden, so zeichnet man die Abwicklung der Walze mit den Schaltstellungen der ersten Spalte als horizontalen Mantellinien auf und stellt unter diese Abwicklung in einer horizontalen Reihe nebeneinander so viele Finger dar, wie bezeichnete Klemmen in der Tabelle bzw. der zu ihrer Aufstellung verwendeten schematischen Zusammenstellung vorkommen. In den Senkrechten über diesen Fingern, und zwar dem Schnittpunkte dieser

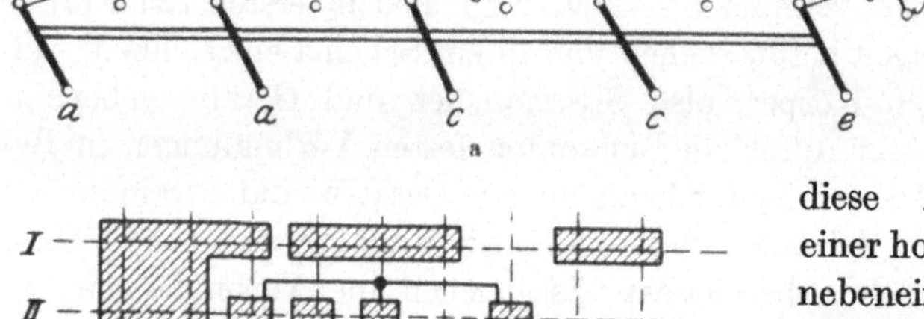

Abb. 18. a) Beispiel für die Tabellenmethode, Lösung mit Flachumschaltern. b) Dasselbe Beispiel für die Tabellenmethode, Lösung mit Walzenschalter.

Senkrechten mit den wagerechten Mantellinien der verschiedenen Schaltstellungen liegen dann die Gegenkontakte, welche in diesen Schaltstellungen mit den Fingern in Berührung zu bringen und nach der Tabelle durch Leitungen innerhalb der Walze so zu verbinden sind, daß in der betreffenden Schaltstellung die gewünschte Stromübertragung von dem einen zum anderen Finger bewirkt wird. Soweit möglich, wird man die Leitungen innerhalb der Walze dadurch ersetzen, daß die Kontaktstücke zu einer gemeinsamen Schiene oder Platte zusammengezogen werden, weil sich hierdurch die konstruktive Ausführung vereinfacht. Bei der Auswahl der Reihenfolge für die Finger längs der Schaltwalze wird man also so vorgehen, daß zusammengehörige Kontakte in möglichst vielen Stellungen nebeneinanderliegen und ohne Hilfsleitungen zusammengefaßt werden können. Das erfordert eine gewisse Übung, die aber schnell erworben ist. Abb. 18b zeigt die Lösung der in der vorstehenden Tabelle dargestellten Aufgabe.

Nur in verhältnismäßig einfachen Fällen wird man mit Hebel- oder Flachumschaltern und Walzenschaltern noch auskommen können. Letztere sind schon für kompliziertere Bedingungen verwendbar. Wenn die Anordnung noch wesentlich verwickelter wird, so sind, besonders für Laboratoriums- oder Untersuchungszwecke, Stöpselschaltungen (Pachytrope) zu verwenden. Werden die Stöpsel nicht zwischen festliegenden Schienen verwendet, sondern an flexiblen Schnüren befestigt, so daß die Schaltung durch diese erfolgt und der Stöpsel nur mit einer entsprechend gelochten Schiene in Verbindung tritt, so erhält man Linienwähler, welche im übrigen, wie aus der Schwachstromtechnik bekannt, noch mit weiteren Verbindungen oder Schalteinrichtungen verknüpft sein können.

Im nachstehenden sollen einige Beispiele zeigen, wie die Tabellenmethode in praktischer Form anscheinend komplizierte Aufgaben über Schaltungen zu lösen gestattet und wie man in der Hauptsache die praktischen Ausführungen darnach ausgestaltet.

Beispiel I: Vier Akkumulatorenzellen sind parallel, in Gruppen zu zwei in Reihe oder alle vier in Reihe zu schalten. Der Anfang der ersten und das Ende der vierten Zelle dürfen dauernd mit dem Nutzstromkreis verbunden bleiben.

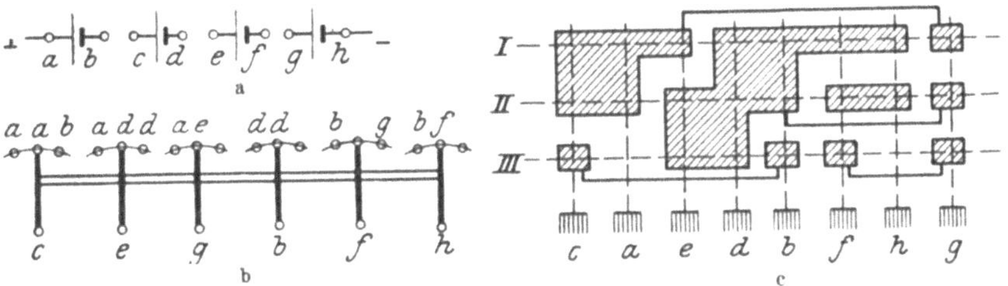

Abb. 19. Parallel-, Gruppen- und Reihenschaltung von vier Akkumulatoren.
a) Feste Verbindungen und Klemmen. b) Lösung mit Flachumschaltern. c) Lösung mit Walzenschalter.

In Abb. 19 a sind die Elemente nebeneinandergestellt und diejenigen Klemmen, welche in den verschiedenen Schaltstellungen verbunden werden müssen, mit Buchstaben bezeichnet. Es ergibt sich nachstehende Schalttabelle:

	Schaltung	Verbindungen					
1	Parallel . .	$a\,c$	$a\,c$	$a\,g$	$b\,d$	$b\,f$	$b\,h$
2	Gruppen .	$a\,c$	$d\,e$	$e\,g$	$b\,d$	—	$f\,h$
3	Serie . . .	$b\,c$	$d\,e$	—	—	$f\,g$	—

Die Ausführung mit Kurbelumschaltern ist in Abb. 19 b dargestellt, diejenige mit einem Walzenschalter in Abb. 19 c. Wie die wagerechte Zeile für die Parallelschaltung in der Tabelle ergibt, ist unter sechs Verbindungen eine Lösung nicht möglich. Diejenige wagerechte Zeile, welche die meisten Verbindungen enthält, ist natürlich maßgebend für die Anzahl der Pole in dem Kurbelumschalter Abb. 19 b.

Beispiel II: Die gleiche Schaltung ist mit Widerständen auszuführen. Da die Stromrichtung im Widerstand keine Rolle spielt, so kann das Ende des ersten und der Anfang des zweiten, ferner das Ende des dritten und der Anfang des vierten Widerstandes dauernd miteinander verbunden bleiben, wie das Zusammenstellungsschema Abb. 20 a zeigt. Bei der Parallelschaltung werden dann diese Verbindungsstellen an den anderen Pol gelegt, so daß einzelne Widerstandsleitungen bei der Parallelschaltung in anderem Sinne vom

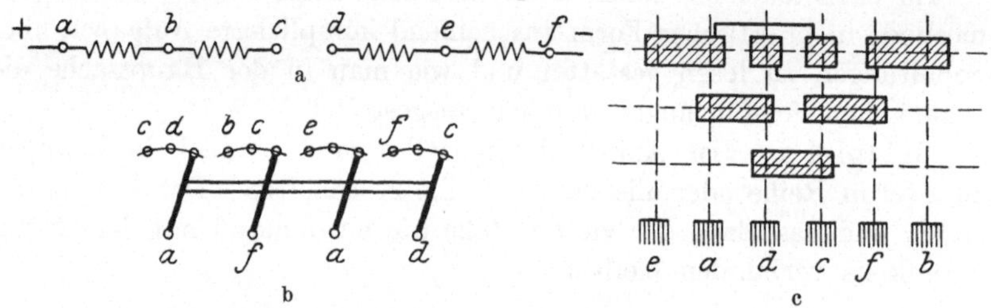

Abb. 20. Parallel-, Gruppen- und Reihenschaltung von vier Widerständen.
a) Feste Verbindungen und Klemmen. b) Lösung mit Flachumschaltern. c) Lösung mit Walzenschalter.

Strom durchflossen sind, als bei der Serienschaltung, eine Bedingung, die bei Akkumulatorenzellen nach Abb. 19 a, Beispiel I, nicht zulässig wäre.

Durch die Zulässigkeit weiterer dauernder Verbindungen vereinfacht sich die Lösung erheblich. Die Tabelle lautet:

	Schaltung	Verbindungeu			
1	Parallel . .	$a\,c$	$b\,f$	$a\,e$	$d\,f$
2	Gruppen .	$a\,d$	$c\,f$	—	—
3	Serie . . .	—	—	—	$c\,d$

Man sieht, daß man hier mit einem vierpoligen Kurbelschalter nach Abb. 20 b auskommt und auch der Walzenschalter Abb. 20 c wesentlich einfacher ausfällt.

Beispiel III. Mit zwei Widerständen von 1 und 2 Ohm sind mittels Kurbelschalters alle erreichbaren Abstufungen herzustellen.

Die Zusammenstellung der Elemente Abb. 21 a zeigt, daß wir mit einer einzigen Unterbrechung auskommen. Außerdem sind noch weitere Verbindungen notwendig, so daß im ganzen vier Klemmen in Frage kommen. Die Tabelle ist folgende:

Schaltung	Widerstand	Verbindungen	
Parallel . .	2/3 Ohm	a c	b d
W_1 einzeln .	1 ,,	—	b d
W_2 ,, .	2 ,,	a b	c d
In Serie . .	3 ,,	—	c d

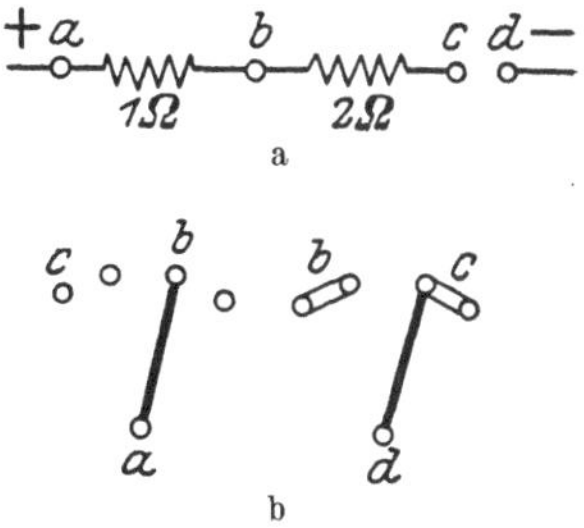

Abb. 21. Parallel-, Einzel- und Reihenschaltung zweier Widerstände.

Die praktische Lösung durch Kurbelumschalter ist in Abb. 21 b gegeben.

Beispiel IV: Mit drei Widerständen von 1, 2 und 4 Ohm sind alle erreichbaren Abstufungen herzustellen. Das Schema der Elemente ist in Abb. 22 a gezeichnet. Diese Aufgabe wird schon recht kompliziert, da es nicht weniger als 14 Schaltmöglichkeiten gibt. In der Spalte der Schaltstellungen sind die durch Parallel-, Einzel- oder Serienschaltung möglichen Kombinationen nach der ansteigenden Größe des Ge-

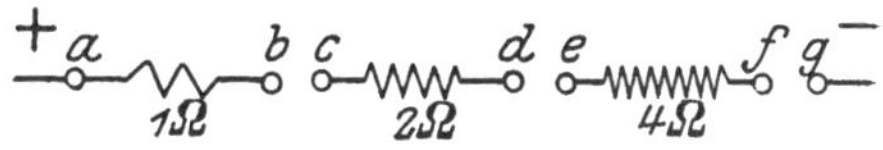

Abb. 22 a. Alle Schaltmöglichkeiten für drei Widerstände von 1, 2 und 4 Ohm.

samtwiderstandes geordnet, welcher in der dritten senkrechten Spalte ausgerechnet ist. Das Zeichen // bedeutet Parallelschaltung der beiden Elemente, zwischen denen es erscheint, das Zeichen + Serienschaltung der einzelnen Elemente oder der durch Parallelschaltung gebildeten Gruppe zu dem auf der anderen Seite des + Zeichens erscheinenden Element. Es ergibt sich hiermit folgende Schalttabelle:

Nr.	Schaltung	Widerstand	Verbindungen				
1	1 // 2 // 4	0,572 Ohm	a c	a e	b d	b f	f g
2	1 // 2	0,667 ,,	a c	—	b d	b f	f g
3	1 // 4	0,8 ,,	—	a e	—	b f	f g
4	1	1 ,,	—	—	—	b f	f g
5	2 // 4	1,333 ,,	a c	c e	—	d f	f g
6	2	2 ,,	a c	—	—	d f	f g
7	1 + 2 // 4	2,333 ,,	b c	c e	—	d f	f g
8	2 + 1 // 4	2,8 ,,	f c	a e	—	b f	d g
9	1 + 2	3 ,,	b c	—	—	d f	f g
10	4	4 ,,	—	a e	—	—	f g
11	1 // 2 + 4	4,667 ,,	a c	d e	b d	—	f g
12	1 + 4	5 ,,	—	b e	—	—	f g
13	2 + 4	6 ,,	a c	d e	—	—	f g
14	1 + 2 + 4	7 ,,	b c	d e	—	—	f g

Eine derartige Schaltung läßt sich nicht mehr mit Kurbelumschaltern herstellen, auch nicht mehr gut mit Walzenschaltern. Dagegen eignet sich dafür, sofern man eine jeweilige Herstellung der einzelnen Verbindungen und Zerstörung derselben nach Gebrauch vermeiden will, ein Pachytrop mit Stöpseln nach dem Schema der Abb. 22 b. Jede Horizontalreihe bedeutet hierin eine Schaltstellung, und zwar derart, daß deren Nummer der gleichen in der Schalttabelle entspricht; und es dürfen immer nur die Löcher einer Horizontalreihe gestöpselt werden. Gemäß den fünf senkrechten Spalten in den Verbindungen der Tabelle sind fünf senkrechte Schienensysteme vorhanden, von denen die linke Schiene jeweils von oben bis unten durchgeht und dem Kurbelzentrum in den früheren Beispielen mit Flachumschaltern entspricht.

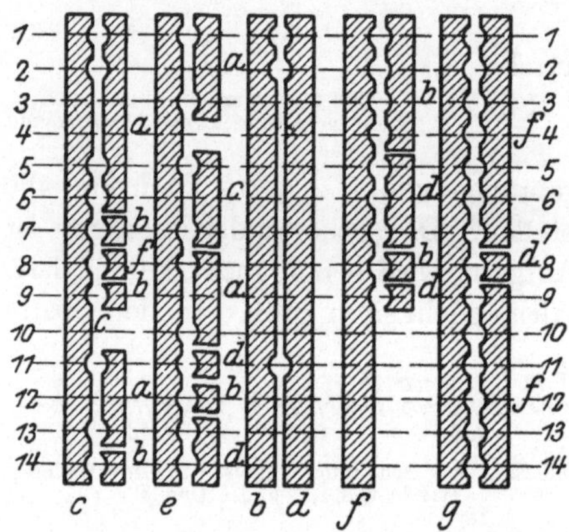

Abb. 22 b. Pachytrop mit freien Stöpseln für Beispiel IV.

In der Stellung 1 sind 5 Stöpsel zu stecken, in allen anderen Stellungen weniger, in der Stellung 4 z. B. nur 2 Stöpsel.

Ob man dabei die Schienen, wie dies der Deutlichkeit halber gezeichnet ist, vor der Schalttafel nebeneinanderlegt, oder ob man sie vor und hinter einer Isolierplatte anordnet und durch den durchgehenden Stöpsel in der Richtung senkrecht zur Schaltplatte verbindet, ist für die Schaltung unerheblich.

Verzichtet man auf die Schaltstellung 8, deren Widerstandswert mit 2,8 Ohm gegen die Stellung 9 mit 3 Ohm nicht sehr stark verschieden ist, so kann man die Lösung wesentlich vereinfachen, indem man das fünfte Schienensystem rechts vollständig fortläßt.

Während in dieser Ausführung des Beispiels durch die Stöpsel nur eine Verbindung von jeweils zwei ruhenden Schienen hergestellt wird, der Stöpsel aber im herausgezogenen Zustand ohne jede Verbindung mit strom- oder spannungsführenden Teilen bleibt, kann man die Lösung auch mit Stöpseln an schmiegsamen Schnüren bewirken. Die senkrecht durchgehende linke Schiene jedes Paares in Abb. 23 b ist dann durch einen Stöpsel mit seiner Schnur zu ersetzen und die Kontaktstücke auf der rechten Hälfte jedes Schienenpaares als feste Kontakte mit entsprechenden Stöpsellöchern auszubilden. So entsteht die Schaltung Abb. 22 c. Hierbei sind die mit dem gleichen Punkte zu verbindenden festen Kontaktstücke soweit wie möglich zu gemeinsamen

Stücken zusammengezogen worden, welche bisweilen eine recht absonderliche Form erhalten. In der Senkrechten über den durch Pfeile gekennzeichneten einzelnen Stöpseln mit ihren Schnüren befinden sich die Aufnahmelöcher für diese. Sie sind nur da gebohrt, wo jeweils der betreffende Stöpsel einzustecken ist, also wieder in Stellung 1 5 Löcher zur Aufnahme aller 5 Stöpsel, in Stellung 4 nur 2 Löcher zur Aufnahme der beiden letzten Stöpsel rechts usw. Auch hier gilt die Bedingung, daß nur diejenigen Stöpsel gesteckt werden dürfen, welche der betreffenden Schaltstellung, also der durch die zugehörige Ziffer gekennzeichneten Horizontalreihe angehören.

Der Vollständigkeit halber sei hier noch auf die Möglichkeit hingewiesen, durch den Stecker bei seiner Einführung weitere Schaltungen durch Tasten zu bewirken, indem federnde Zungen durch Gegenkontakte heruntergedrückt oder von ihnen abgehoben werden. Leitende Berührung des Stöpsels mit den Tasten oder Isolation dieser Teile gegeneinander, mehrfache Ausbildung der Tasten, sowie Verwendung derselben als Arbeits- und Ruhestromkontakte, Vor- oder Nacheilung der Schaltwirkung des einen Teiles gegen den anderen geben weitere Möglichkeiten zur Ausbildung und Ausnutzung des Systems. Da es aber in der Starkstromtechnik bisher keine Anwendung gefunden hat, sondern vorwiegend bei den Linienwählern der Fernsprechanlagen, so mögen diese Hinweise auf eine gelegentlich brauchbare Konstruktion genügen.

Beispiel: V Mehrere Geräte mögen in beliebigen Zusammenstellungen auf mehrere Stromquellen zu schalten sein; eine Anordnung, die in Laboratorien und Prüfräumen häufig benötigt wird. Die Aufgabe läßt sich so einfach durch Pachytrope lösen, daß die Aufstellung einer Schalttabelle entbehrlich wird.

In Abb. 23 ist ein Linienwähler für drei Arbeitsstromgeräte G_1, G_2, G_3, und drei Stromquellen, zwei Gleichstromnetze $+1-$ und $+2-$ und ein Drehstromnetz $R\,S\,T$, dargestellt. Die wagerechten Schienen sind für die Geräte bestimmt, die senkrechten, dahinterliegenden für die Stromquellen. In der Ausführung werden die Schienen entweder in verschiedenen Ebenen vor der Schalttafel oder das eine System vor, das andere hinter einer Isolierplatte aus Marmor oder Hartpapier liegen. Die Kreise stellen Löcher dar, welche in der hinteren Schiene Gewinde,

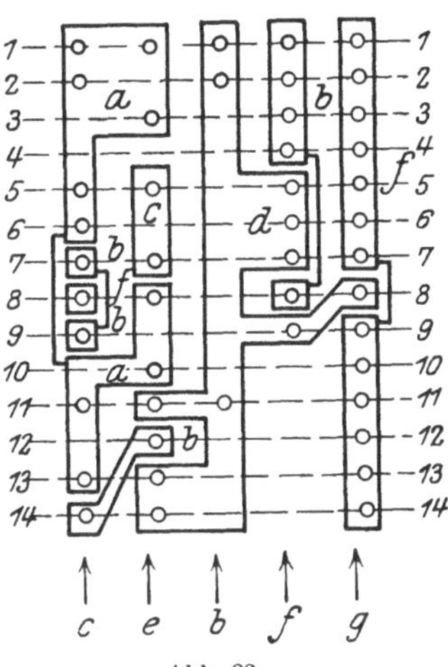

Abb. 22 c.
Pachytrop mit Stöpseln an schmiegsamen Schnüren für Beispiel IV.

in der vorderen zum Stöpsel passende konische Bohrungen haben, während der Stöpsel in dem Durchgangsloch der Isolierplatte hinreichendes Spiel hat. Statt der konischen Bohrung in der vorderen Schiene kann auch eine zylindrische mit Spiel treten, sofern man sich auf eine Schulter des Stöpsels verläßt, die gegen die Vorderfläche der vorderen Schiene gepreßt wird.

Es ist leicht ersichtlich, daß, um die erste Gleichstromquelle auf das Gerät G_2 zu schalten, nur die beiden Stöpsel an den Kreuzungen der beiden Schienen einzusetzen sind.

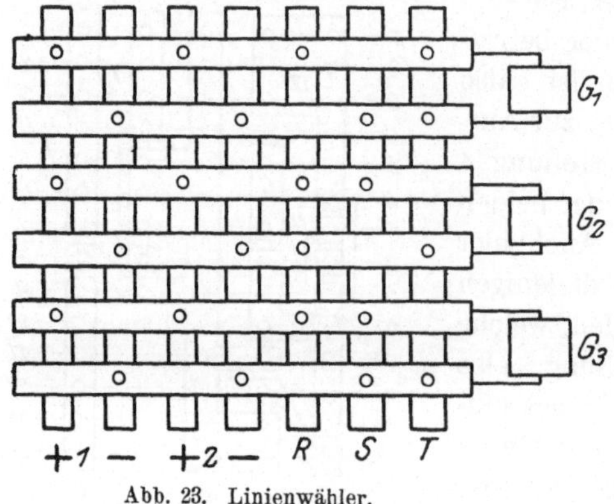

Abb. 23. Linienwähler.

Diese Löcher befinden sich weder wagerecht nebeneinander noch senkrecht untereinander, sondern schräg zueinander, und es ist bei der Verwendung des Linienwählers darauf zu achten, daß immer nur zwei schräg zueinanderliegende Löcher benutzt werden dürfen. Die Verwendung zweier nebeneinanderliegender Löcher kann im Drehstromteil zum Kurzschluß zwischen zwei Phasen, im Gleichstromteil und im Drehstromteil zur unerwünschten Verbindung verschiedener Netze führen. Die Benutzung zweier senkrecht aufeinanderliegender Löcher bedeutet Kurzschließung eines Gerätes oder Verbindung zweier Klemmen, die nicht einem Gerät, sondern zwei verschiedenen angehören, daher keine Wirkung erzielen.

Da jedes zweipolige Gerät beliebig zwischen die drei Phasen des Drehstromes geschaltet werden soll, sind mehr Löcher in den horizontalen Schienen der Geräte notwendig als Anschlüsse an die vertikalen Schienen, d. h. die Phasen des Drehstromes, vorkommen. Hier ist also zur Vermeidung von Kurzschlüssen Vorsicht geboten. Wenn man aber die Regel befolgt, nur zwei schräg zueinanderliegende Löcher zu stöpseln und nur zusammengehörige Schienensysteme verwendet, so ist ein Fehler ausgeschlossen.

Wo man nicht mit hinreichend sorgfältiger Bedienung zu rechnen hat, sollte man durch Veränderung der Abstände, z. B. durch Auseinanderrücken der nicht zusammengehörigen Schienensysteme, die Übersichtlichkeit gegenüber der gleichmäßigen Anordnung nach Abb. 23 erhöhen. Man wird z. B. die beiden Horizontalschienen eines Gerätes nahe aneinandersetzen, den Zwischenraum zwischen diesem Schienenpaar und demjenigen des nächsten Gerätes dagegen größer machen.

Ebenso wird man bei den senkrechten Schienen diejenigen für eine Stromquelle zusammenfassen und diejenigen für mehrere Stromquellen auseinanderrücken.

Beispiel VI: Ein elektrischer Heizkörper besitzt zwei verschiedene Widerstandswicklungen, welche durch Stöpsel mit Schnüren in verschiedener Weise geschaltet werden.

Die Lösung ist in Abb. 24 gegeben. Im oberen Teil sind die beiden Wicklungen des Gerätes mit drei Steckern dargestellt, welche an den Enden bzw. zwischen den Widerständen angeschlossen sind. Darunter sind die flexiblen Schnüre gezeigt, welche in Steckdosen endigen, und zwar der Pluspol in einer Dose, der Minuspol in zwei parallel ge-

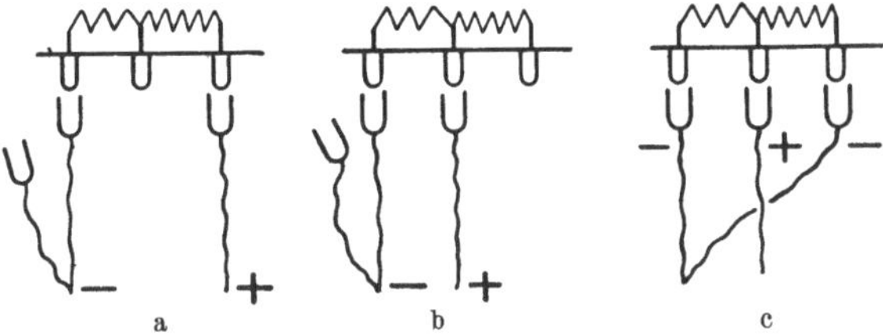

Abb. 24. Schaltung eines Heizkörpers in drei Stufen durch Stöpsel mit Schnüren.

schalteten. Abb. 24a zeigt die Serienschaltung der beiden Widerstände zwischen Plus und Minus, also die geringste Wärme. Abb. 24b zeigt die Einzelschaltung, wobei der Pluspol am mittleren Stöpsel liegt, und der Minuspol entweder links (kleiner Widerstand, dritte Stufe) oder rechts (großer Widerstand, zweite Stufe) gestöpselt ist. Die höchste Wärme erzielt man bei Parallelschaltung nach Abb. 24c, Plusstöpsel in der Mitte, beide Minusstöpsel an beiden Enden.

VIII. Allgemeine Grundsätze der Regelung.

Von den beiden Möglichkeiten der Veränderungen in den Beziehungen von Geräten und Stromquellen haben wir bisher nur die eine, die Schaltung, betrachtet, während von der Regelung nur eingangs in kurzen Worten gesprochen wurde. Es sollen nunmehr die wesentlichen Gesichtspunkte für die Regelung gegeben werden, welche in Ergänzung der vorstehenden Ausführungen über die Schaltung auch allgemeine Aufgaben zu lösen gestatten.

Das Regelorgan ist im allgemeinen nicht mit dem Schaltorgan identisch, doch gibt es auch Fälle, in denen das Regelorgan als Schaltorgan dienen kann.

Ein Beispiel hierfür ist der Anlasser für Gleichstrommotoren, welcher einen Ausschaltkontakt besitzt und zum Stillsetzen des Motors verwendet werden kann. Da der Anlasser den Motor nur einpolig abtrennt, so wird man entsprechend den bestehenden Vorschriften zum mindesten im anderen Pole noch einen Schalter gebrauchen. Aber eigentlich stellt der Anlasser den wirklichen Schalter vor. Denn nach den Vorschriften und Grundsätzen des Verbandes Deutscher Elektrotechniker ist im kritischen Falle, wenn z. B. der Motor nicht anläuft, die Ausschaltung nicht durch den Schalter, sondern durch den Anlasser zu vollziehen, da der Schalter im allgemeinen den Beanspruchungen einer Ausschaltung so hoher Selbstinduktionen mit großen Stromstärken und voller Spannung ohne gegenelektromotorische Kraft nicht gewachsen ist. Der Schalter spielt mehr die Rolle eines Trennschalters.

In ähnlicher Weise sind Nebenschlußregler mit Ausschalt- und Kurzschlußkontakten versehen, so daß sie in den Endstellungen sowohl die Funktion der ganzen Ausschaltung wie der völligen Einschaltung übernehmen.

Rotoranlasser für Drehstromschleifringmotoren haben einen Kurzschlußkontakt, der die vollständige Einschaltung bewirkt.

Es gibt andere Fälle, in denen das eigentliche Regelungsorgan vollständig fortfällt und durch abwechselndes Öffnen und Schließen eines Schalters ersetzt wird. Solche Einrichtungen kommen hauptsächlich zur Regelung von Größen in Frage, welche nicht elektrischer, sondern anderer, etwa mechanischer Natur sind, aber auf elektrischem Wege gesteuert werden, z. B. Wasser- und Druckluftbehälter, Temperaturen und ähnliches. Weitere Angaben hierüber werden unten gemacht (Kap. XXVIII).

Im allgemeinen aber wird die Regelung dadurch bewirkt, daß außer dem eigentlichen Schaltorgan noch ein Regelungsorgan angewendet wird, also durch Hinzufügung eines weiteren, für diesen besonderen Zweck bestimmten und geeigneten Gliedes. Dabei ist dieses im wesentlichen in bezug auf die Schaltung wie ein Schalter zu behandeln. Bei Anlagen mit konstanter Spannung wird in der Hauptsache von der Serienschaltung des Regelgerätes mit dem Nutzgerät Gebrauch gemacht. Man schaltet also Widerstände oder Drosselspulen in Reihe mit dem Gerät. Zur Vereinfachung soll im folgenden nur von Widerständen gesprochen werden, wobei aber für Wechselstromkreise stillschweigend vorausgesetzt werden soll, daß diese Widerstände Reaktanzen sind, also Kombinationen Ohmscher Widerstände mit Selbstinduktion.

Soll der Strom im Nutzgerät fallen, also dessen Wirkung bei Arbeitsstrom verringert werden, so muß der Widerstand steigen, der Grenzwert ist unendlich, d. h. Ausschaltung. Soll der Strom im Nutzgerät steigen, d. h. dessen Wirkung bei Arbeitsstrom höher werden, so ist der Vorschaltwiderstand zu verringern, der Grenzwert ist dadurch gegeben, daß der Widerstand Null wird, die Wirkung also voll eintritt.

Bei Anlagen für konstanten Strom und, gemäß unseren grundlegenden Ausführungen, auch in den Teilen von Anlagen mit konstanter Spannung, welche in Reihe mit großen konstanten Belastungen geschaltet sind und daher in sich konstanten Strom führen, sind die Widerstände im Nebenschluß zum Gerät zu verwenden. Die Wirkung ist die Umkehrung der vorstehend für die Vorschaltwiderstände bei konstanter Spannung erläuterten. Will man die Wirkung des Gerätes schwächen, so muß der Widerstand verringert werden bis zum Wert Null, d. h. Kurzschluß und Unwirksamkeit des Gerätes. Will man die Wirkung des Gerätes stärken, so muß man den Widerstand erhöhen bis zum Grenzwert Unendlich, wobei das Gerät die volle Wirkung erhält.

Eine weitere, grundsätzlich andere Art der Regelung geschieht durch Belastungswiderstände. Sie spielt insbesondere bei labilen Maschinenaggregaten eine Rolle, z. B. bei Turbinen oder Wasserrädern, wo durch plötzliche Entlastung die Gefahr des Durchgehens gegeben ist. In diesem Fall muß an Stelle der ausfallenden Nutzbelastung ein Ballast auf die Maschine geworfen werden, um Unfälle zu verhüten, unter Umständen auch schon, um eine merkliche Erhöhung der Tourenzahl und damit der Spannung zu verhindern. Derartige, an sich unrationelle, weil energieverzehrende Belastungsschaltungen sind im allgemeinen als Notbehelf zu betrachten. Man sucht sie vollständig zu vermeiden, indem man schnell wirkende Regler an den Maschinen anbringt, welche durch Drosselung der Zufuhr des Energiemittels (z. B. Wasser) das Durchgehen selbsttätig verhindern.

Ferner werden Belastungswiderstände zur Prüfung von Maschinen oder Anlagen benötigt; ebenso wenn man beispielsweise von einer Stromquelle verhältnismäßig hoher Spannung eine kleine Akkumulatorenbatterie mit wenigen Zellen zu laden hat, die also bei dem Ladevorgang nur einen geringen Teil der durch die Stromentnahme bedingten Energielieferung der Stromquelle aufnehmen kann.

Für Belastungswiderstände wird im allgemeinen die Parallelschaltung der einzelnen Stufen verwendet, jedoch findet sich bisweilen auch die Serienschaltung, welche allerdings technisch wesentlich ungünstiger ist und eine sehr feine Abstufung der Querschnitte der einzelnen Stufen voraussetzt.

Für die allgemeine Erörterung der statischen Regelung von Stromkreisen durch Widerstände mögen die vorstehenden Angaben genügen. Die einzelnen Fälle werden in Form von Beispielen in einem besonderen Teil dieser Abhandlung näher erläutert werden. Eine allgemeine Ableitung aller möglichen und verwendbaren Schaltungen gestaltet sich zu verwickelt, als daß sie hier, wo die Anweisungen für den Praktiker gegeben werden sollen, Platz finden könnte. Man muß sich also auf

Beispiele beschränken, es sei auf die weiteren Erörterungen in dem besonderen Teil verwiesen.

Eine andere Art der Regelung geschieht im Gegensatz zu den vorstehenden Veränderungen im Schaltstromkreis direkt an der Stromquelle. Bei Anlagen für konstante Spannung verändert man die Erregung der Maschine, bei Gleichstrom, wo eine Rücksicht auf Konstanthaltung der Frequenz entfällt, auch die Tourenzahl. Die Veränderung der Erregung an der Maschine selbst, also zwischen Erregermaschine oder Erregerstromquelle und Wicklung der Hauptmaschine, kann ersetzt werden durch eine Regelung im Erregerkreise der Erregermaschine, sofern eine solche vorhanden ist. Dadurch gewinnt man den Vorteil, wesentlich geringere Energiemengen durch magnetische Felder zu steuern, also mit viel leichteren Steuerorganen auszukommen. (Beispiel s. Abb. 115 und 116, S. 108.)

Die vorstehend beschriebenen Änderungen finden eigentlich innerhalb der Maschine statt, so daß sie mehr zum Gebiet der Behandlung von Maschinen als zu dem der Schaltungslehre gehören. Immerhin sind auch hier einige Beispiele gegeben, insbesondere für Pufferschaltungen mit Akkumulatorenbatterie (Kap. XXI), um das Wesentlichste zu zeigen. Auf eine ausführliche Behandlung der hier liegenden Möglichkeiten wurde aber verzichtet, weil dies zu weit geführt hätte.

Weitere Veränderungen in den Stromquellen bei konstanter Spannung ergeben sich durch Parallel- und Serienschaltung von Maschinen oder Batteriegruppen bzw. einzelnen Zellen (Kap. XIX), ferner durch Zu- und Gegenschaltung von Maschinen (Zusatz- und Ausgleichsmaschinen für Batterieladung und für Dreileiternetze) (Kap. XX) und von Akkumulatorgruppen oder einzelnen Elementen (z. B. Hilfszellen) (Kap. XIX); bei Drehstrom tritt Umschaltung von Stern auf Dreieck oder umgekehrt (Kap. XI) hinzu. Die hier genannten Möglichkeiten fallen in das Gebiet der Schaltungslehre und sind im besonderen Teil als Beispiele ausführlicher erörtert.

Bei konstantem Strom erfolgt eine Regelung der Maschine durch Veränderung der Tourenzahl und der Erregung, sowie durch Serienschaltung von Maschinen, bei Stromwandlern durch Serienschaltung ihrer Sekundärwicklungen. Diese Regulierungen für konstanten Strom haben praktisch keine sehr große Bedeutung, so daß auf ihre Behandlung in besonderen Beispielen verzichtet werden konnte.

Alle vorstehenden Regelungselemente kann man unter dem Begriff statischer Regelungen zusammenfassen. Es gibt jeweils immer einen Ruhezustand, in dem ein bestimmtes Verhältnis der Ströme und Spannungen konstant ist und bleibt. Das Gegenspiel hierfür bietet die dynamische Regelung, welche durch abwechselndes Ein- und Ausschalten bzw. (unter Umständen) Kurzschließen und Öffnen erfolgt. Auch hier können wir Anlagen mit konstantem Strom, bei denen ein zeitweiliges oder periodisches Kurzschließen durch Parallelschalten eines Nebenschlusses und Öffnen durch Ausschalten des Nebenschlusses in Frage käme, aus der Erörterung ausscheiden, weil derartige Einrichtungen praktisch wenig benutzt werden.

Bei Anlagen mit konstanter Spannung haben wir zwei Arten dynamischer Regelung zu unterscheiden. Zunächst eine solche, bei der zeitweilig je nach Bedarf der Stromkreis ein- bzw. ausgeschaltet wird, oder ein Widerstand vor den betreffenden Nutzstromkreis gelegt und kurzgeschlossen wird. Beispiele hierfür finden sich bei der selbsttätigen Pumpenanlage, wo ein Schwimmerschalter die Anlaßvorrichtung für den Pumpenmotor in Betrieb setzt, wenn der Wasserstand auf eine gewisse tiefste Lage gesunken ist, und derselbe Schwimmerschalter die Pumpe abstellt, wenn der Wasserstand die der Füllung des Behälters entsprechende Höhe erreicht hat. Der Schalter hierfür ist im allgemeinen ein einfacher Umschalter, welcher in der einen Stellung die Anlaß- vorrichtung ein-, in der anderen ausschaltet, oder in der einen Stellung die Anlaßvorrichtung einschaltet, worauf diese absatzweise weiterläuft und sich von Zeit zu Zeit selbst ausschaltet, bis ein Zeitpunkt erreicht ist, wo der Schwimmerschalter in der zweiten Endstellung den Steuer- stromkreis unterbrochen hat und nunmehr keine weitere Einschaltung erfolgt.

Ähnliche Einrichtungen sind selbsttätige Steuerungen für Druckluft- behälter mit einem Kontaktmanometer, welches bei Unterschreitung eines gewissen Druckes und bei Überschreitung des maximal zulässigen Druckes die Steuerung bewirkt, ferner Einrichtungen zur Temperatur- regelung mit Kontaktthermometern, die einen Maximal- und einen Minimalkontakt besitzen, also auch wieder als Steuerumschalter wirken.

Ferner gehören hierher die langsam und mäßig schnell wirkenden Spannungsregler, bei denen ein Kontaktvoltmeter bei zu hoher Span- nung die Vorschaltung von Widerstand im Erregerkreis oder die Ab- schaltung von Batteriezellen, bei zu niedriger Spannung die Ausschal- tung von Widerstand im Erregerkreis bzw. die Zuschaltung von Batterie- elementen veranlaßt. Diese Anordnung ist gewissermaßen ein Zwischen- glied zwischen statischer und dynamischer Regelung, insofern sie beider Eigenschaften verbindet. Die absatzweise Steuerung durch das Kon- taktvoltmeter stellt eine dynamische Regelung dar, während die Ver- änderung des Widerstandes oder der Zellenzahl eine statische Beein- flussung bildet. (Ausführlichere Angaben s. Kap. XXVIII.)

Bei den vorstehend gegebenen Beispielen dynamischer Regelung erfolgt das Ein- und Ausschalten der Regelstromkreise in unregel- mäßigen Zeitabständen, welche durch die jeweilige Höhe der zu beob- achtenden Größe bestimmt sind. Ein periodisches Schalten mit im wesentlichen gleichbleibender Periodenzahl in der Zeiteinheit wird ebenfalls zur Regelung verwendet in Form der sog. Zitterkontakte, wie sie beispielsweise im Tirrill-Regler angewandt werden. Es wird entweder die Erregung einer Maschine in einem periodisch schnell wiederkehrenden Spiel ein- und ausgeschaltet oder verstärkt und geschwächt, letzteres etwa durch Öffnen und Kurzschließen eines Vorschaltwiderstandes. Auch hier wieder wird zwecks Schonung der Zitterkontakte, welche bei dem häufigen Unterbrechen starker magnetischer Energiemengen durch Funkenbildung leiden können, von dem Hilfsmittel Gebrauch gemacht, die zu steuernden Energien dadurch zu verringern, daß man die Steuerung nicht in den Erregerkreis der Hauptmaschine, sondern in den der viel kleineren Erregermaschine verlegt, unter Umständen sogar noch eine Erregermaschine zweiten Grades hinzufügt, in deren Erregung man die Steuerung bewirkt.

Da bei diesen Reglern die Periodenzahl des Zitterspieles im wesentlichen konstant gehalten wird, kann man eine Änderung dadurch bewirken, daß man die Dauer des Stromschlusses gegen diejenige der Stromöffnung innerhalb einer Periode verändert. Wird ein Vorschaltwiderstand längere Zeit kurzgeschlossen und kürzere Zeit geöffnet, so entspricht dies einer Erhöhung der Maschinenspannung. Wird umgekehrt die Erregung längere Zeit ausgeschaltet und kürzere Zeit eingeschaltet, so ergibt dies eine Verringerung der Maschinenspannung.

Durch die Selbstinduktion in den Maschinenkreisen und magnetische Trägheit werden die scharfen Impulse in ihrer Gesamtwirkung abgeschliffen, so daß im Netz nicht mehr das Zittern der Spannung beobachtet wird.

Als Beispiel sei, da diese Einrichtungen später nicht mehr ausführlich behandelt werden, die grundsätzliche Schaltung des Tirrill-Reglers

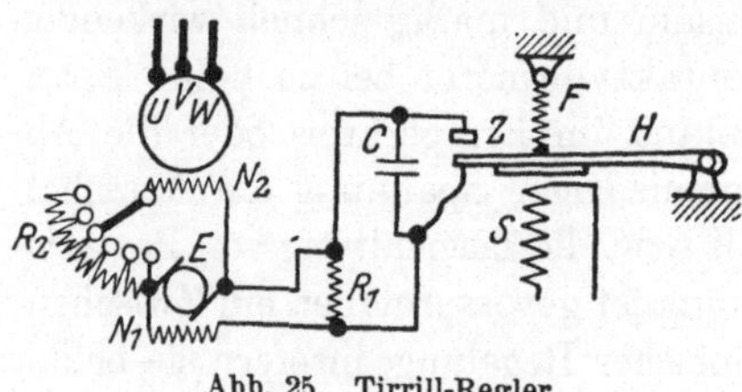

Abb. 25. Tirrill-Regler.

gegeben (Abb. 25). Die Reglerspule S wirkt entgegen einer Feder F auf den Schwinghebel H, der mit dem festen Kontakt zusammen den Zitterkontakt Z bildet. Dieser schließt periodisch den Vorschaltwiderstand R, vor dem Feld N_1 der Erregermaschine E kurz, welche über den Regulator R_2 auf das Feld N_2 der Hauptmaschine arbeitet. Zur Dämpfung der Unterbrechungsfunken liegt noch ein Kondensator C parallel zu den Zitterkontakten.

Je höher die Spannung der Reglerspule S ist, um so intensiver zieht sie den Hebel H vom Gegenkontakt ab, um so größer wird daher die Freigabezeit für den Vorschaltwiderstand im Erregerkreis der Erregermaschine. Fällt dadurch die Spannung an der Reglerspule S, so überwiegt die Rückzugskraft der Feder und zieht den Schwinghebel gegen den festen Kontakt zurück, wodurch der genannte Vorschaltwiderstand kurzgeschlossen wird, die Spannung also wieder ansteigt und das Spiel sich wiederholt.

Mit den vorstehenden Ausführungen über die Regelung, sowie den früher abgeleiteten Gesetzen für den Schaltstromkreis und der Tabellenmethode ist es möglich, alle vorkommenden Aufgaben der Schaltungen zu lösen. Ohne tiefgehende theoretische Erwägungen wird eine prinzipielle Klärung der vorkommenden Möglichkeiten nicht erreichbar sein. Es ist deshalb in den folgenden Kapiteln darauf verzichtet worden, die systematische Behandlung des ganzen Gebietes fortzusetzen. Es sind vielmehr einzelne Gebiete und Gruppen herausgehoben, welche als Beispiel behandelt werden. Auch hierbei lassen sich manche allgemeine Gesichtspunkte an Beispielen erläutern und hervorheben, insbesondere aber manche Winke geben, die für die Lösung besonderer Aufgaben einen Anhaltspunkt gewähren.

Zweiter Teil

Schaltungsgrundsätze für besondere Gebiete.

IX. Widerstandsschaltungen.

Die allgemeinen Gesichtspunkte für das Verhältnis zwischen Widerständen und Nutzgerät sind im vorhergehenden Kapitel erläutert, hier sollen einige spezielle Ausführungen der Schaltungen gegeben werden.

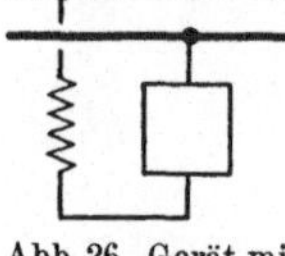

Abb. 26. Gerät mit einfachem Vorschaltwiderstand.

Das Gerät mit einfachem Vorschaltwiderstand zeigt Abb. 26. Wenn mehrere Vorschaltwiderstände wahlweise verwendet werden sollen, so erfolgt dies mittels eines Umschalters nach Abb. 27a, wobei jeder Widerstand für sich verwendet wird. Nimmt man an, es handle sich um ein Voltmeter mit mehreren Meßbereichen und die Widerstände seien 500, 2000 und 4500 Ohm, so sieht man, daß die beiden kleinen Widerstände von 500 und 2000 Ohm für die Bemessung des dritten von 4500 Ohm nicht benutzt werden können. Dafür ist aber der Leitungsquerschnitt jedes Widerstands so zu bemessen, daß er voll ausgenutzt wird.

Will man die Widerstände in bezug auf den Ohmwert besser ausnutzen, so kann man sie nach Abb. 27b hintereinander schalten. In der gezeichneten mittleren Stellung des Umschalters sind also zwei Stufen benutzt, so daß ihre Widerstände sich addieren. Allerdings ist die erstere Stufe infolge der Drosselung des Stromes nicht mehr so hoch belastet, wie sie es verträgt.

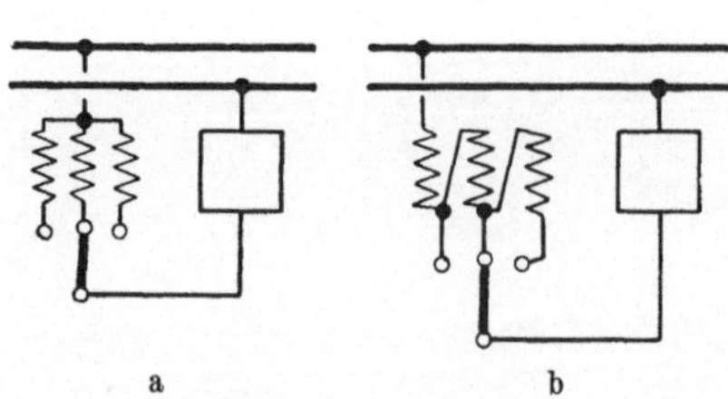

a   b

Abb. 27. a) Gerät mit mehreren Vorschaltwiderständen in Einzelschaltung. b) Gerät mit Stufen-Vorschaltwiderstand.

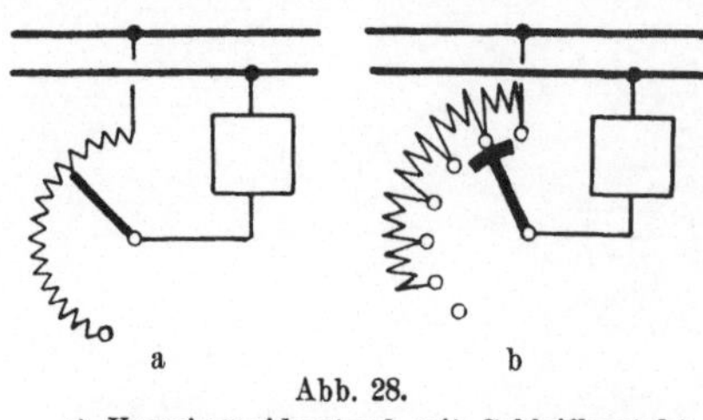

a   b

Abb. 28.
a) Vorschaltwiderstand mit Schleifkontakt.
b) Vorschaltwiderstand mit Kontaktbahn.

Regulierwiderstände werden häufig so ausgeführt, daß der Schleifkontakt auf der Widerstandsbahn selbst sich bewegt, z. B. bei den
bekannten Rohrwiderständen. Die Anordnung entspricht Abb. 28a.

In anderen Fällen wird der Widerstand selbst unabhängig von seiner
Kontaktbahn ausgeführt und nur die entsprechenden Punkte mit den
zugehörigen Kontakten verbunden (Abb. 28b).

Eine weitere Verfeinerung, die besonders für Laboratoriumszwecke
und Messungen Verwendung findet, besteht in einer Grob- und Feinschaltung derartiger Widerstände, wie
Abb. 29 zeigt. Hier ist ein Dekadenwiderstand mit vier Dekaden gezeigt.
Jeder Einzelwiderstand besitzt zehn
gleiche Stufen und elf Kontakte.
Die gesamte Widerstandsgröße der
ersten Kontaktbahn beträgt, wenn
wir den Widerstand einer Stufe $= 1$
(z. B. 1 Ohm) setzen, insgesamt 10.
Die nächste Kontaktbahn erhält Stufen von jeweils 10 Einheiten (z. B.
10 Ohm), die dritte Bahn zu 100, die
vierte zu 1000. In der gezeichneten
Stellung sind demnach auf der vierten

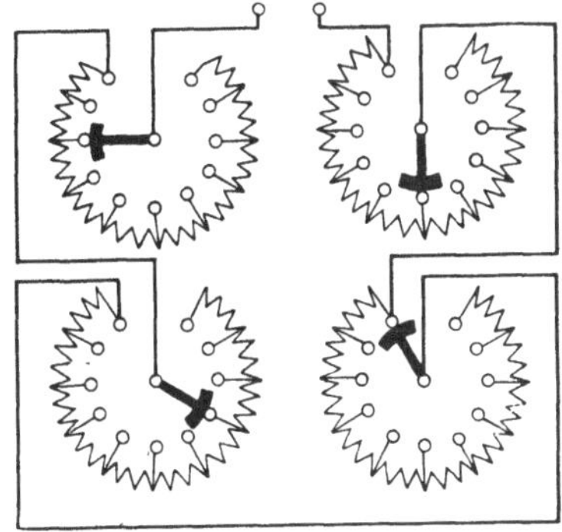

Abb. 29. Grob- und Feinschaltung von
Widerständen (Dekadenwiderstand).

Kontaktbahn fünf Stufen zu 1000 Einheiten, bei der dritten Kontaktbahn keine Stufe, bei der zweiten Kontaktbahn sieben Stufen zu
10 Einheiten, bei der ersten Kontaktbahn zwei Stufen zu einer Einheit
eingeschaltet, mithin insgesamt 5072 Einheiten, bzw. falls jede Stufe
1 Ohm oder 10, 100, 1000 Ohm entspricht, zusammeu 5072 Ohm.

Das Prinzip der Grob- und Feinschaltung mit Widerständen hat
man auch mit anderer Einteilung als dieser Dekadenschaltung eingeführt, z. B. mit einer Einteilung nach dem Gewichtssatz 1, 2, 2, 5,
10 usw. oder nach einem Zweiersystem 1, 2, 4, 8 usw.

Wenn ein Vorschaltwiderstand in seinem Bereich sehr verschiedene
Werte des Widerstandes und dementsprechend verschiedene Werte des
Stromes erhalten soll, so ist es zweckmäßig, die Querschnitte des Wider-
standsmaterials entsprechend abzustufen, um die Teile, welche höheren
Strom erhalten, aber weniger Widerstand besitzen sollen, mit großem
Querschnitt auszuführen, die Teile, welche schwach belastet werden
und hohe Widerstände erhalten, mit kleinem Querschnitt und nicht
allzu großer Drahtlänge. Wenn dagegen die Unterschiede in den Belastungen der einzelnen Abteilungen nicht sehr groß sind, so empfiehlt
es sich, aus Fabrikationsgründen die einzelnen Stufen gleichmäßig herzustellen, insbesondere den gleichen Drahtquerschnitt und das gleiche
Drahtmaterial zu benutzen. Ladewiderstände für Akkumulatoren-

batterien werden allgemein mit gleich bemessenen Drähten für die verschiedenen Stufen hergestellt.

Bei Belastungswiderständen zieht man die Parallelschaltung der einzelnen Abteilungen vor, weil sie die einfachste Anordnung ergibt (Abb. 30). Allerdings muß, wenn eine Kurbel verwendet wird, diese so ausgestaltet sein, daß sie von Null an bis zur vollen Kontaktzahl die Bahn gleichzeitig bestreichen kann. Anstatt solcher Kurbeln verwendet man auch zweckmäßig einzelne Schalter für jede einzelne Abteilung.

Auch bei Belastungswiderständen läßt sich das gleiche Prinzip verwenden wie bei den Dekadenwiderständen. In der Abb. 30 sind zwei Belastungswiderstände von je 5 Stufen dargestellt. Wenn man an-

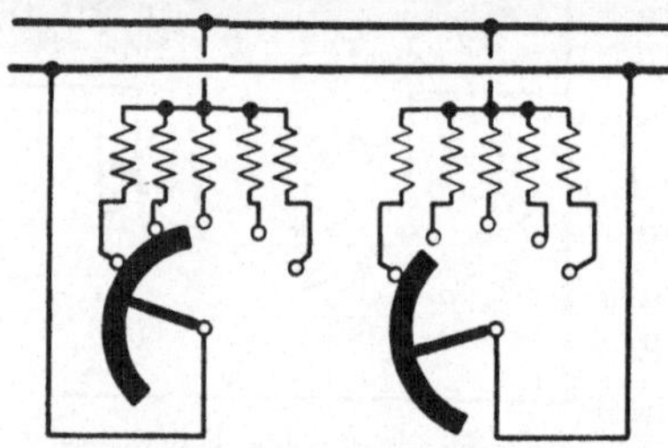

Abb. 30. Belastungswiderstand mit parallelen Stufen, Grob- und Feinschaltung.

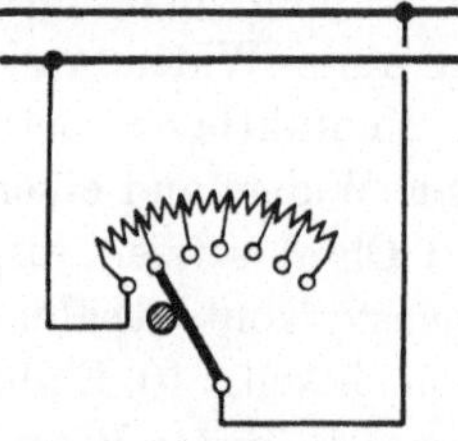

Abb. 31. Belastungswiderstand mit Serienschaltung der Stufen.

nimmt, daß der zweite als Stufe den gesamten Widerstand des ersten Körpers besitzt, so erhält man eine Grobschaltung zu 5 Stufen mit einer Feinschaltung zu 1 Stufe. Wird jeder Widerstand mit 10 Stufen ausgeführt, so erhalten wir einen Parallelschaltungs-Dekadenwiderstand, welcher dem Serienschaltungswiderstand nach Abb. 29 entspricht.

Bisweilen werden Belastungswiderstände auch in Serienschaltung ausgeführt (Abb. 31). Dabei ist aber zu beachten, daß je kleiner der Widerstand, also je näher die Kurbel an dem ersten Widerstandskontakt steht, um so höher die Belastung wird und um so größer der Drahtquerschnitt sein muß. Man wird also hier um eine Abstufung der Drahtquerschnitte nicht herumkommen, was diese Ausführungsform recht unbequem macht. Außerdem ist auch hier, wie bei allen Stromkreisen konstanter Spannung, dafür zu sorgen, daß kein Kurzschluß eintreten kann; die Kurbel muß daher einen Anschlag erhalten (in der Abb. 31 schraffiert dargestellt), welcher die Bewegung der Kurbel nach links bei dem zweiten Kontakt anhält und die Kurbel nicht auf den ersten Kontakt kommen läßt. Wenn man in die linke Zuleitung einen festen Widerstand legt, so kann man natürlich die Kurbel auch bis zum ersten Kontakt gehen lassen.

Nebenschlußwiderstände sind nach Abb. 32 zu schalten. Wenn mehrere Widerstände wahlweise zu dem Gerät parallel geschaltet werden sollen, entsteht eine Schaltung nach Abb. 33 a. Auch hier ergibt sich unter Umständen eine ungünstige Ausnutzung, denn eine kleine Widerstandsstufe wird viel Strom aufnehmen und einen großen Querschnitt erfordern, sie muß ja bei dieser Schaltung allein wirken. Will man die eine oder andere Widerstandsstufe mit hinzuziehen, so kommt man zur Parallelschaltung der Nebenschlußwiderstände nach Abb. 33 b mittels eines Umschalters, welcher die

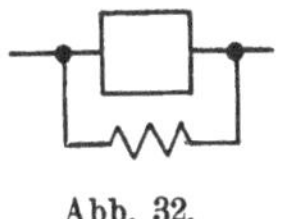

Abb. 32.
Einfacher
Nebenschluß.

Kontakte gleichzeitig zu berühren gestattet. In diesem Falle erhält jeder Widerstand einen höheren Ohmwert, aber kleineren Querschnitt, da durch die Parallelschaltung der Widerstand heruntergesetzt und der Querschnitt entlastet wird.

Wir wenden uns zu den Kombinationen von Widerständen, wobei wir zunächst diese als in sich unveränderlich betrachten, also im wesentlichen das, was man gemeinhin unter Widerständen versteht: solche mit verschwindend kleinen Temperaturkoeffizienten, vorwiegend aus Metall.

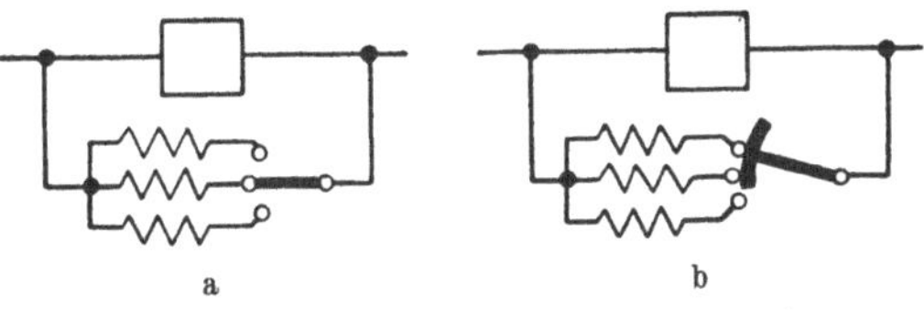

a   b

Abb. 33. a) Mehrere Nebenschlüsse mit Einzelwirkung.
b) Mehrere Nebenschlüsse in Stufenanordnung.

Werden mehrere Widerstände in Serie geschaltet, so ergibt sich ein Gesamtwiderstand gleich der Summe desselben.

Bei der Parallelschaltung der Widerstände verringert sich der Gesamtwiderstand; für zwei Widerstände z. B. ist der Gesamtwiderstand gleich dem Produkt der einzelnen Widerstandswerte, dividiert durch deren Summe.

Ist ein Widerstand zu einem Gerät parallel geschaltet und soll der Nebenschluß so bemessen werden, daß nur n vH des Gesamtstromes durch das Gerät gehen, ist ferner der Nebenschlußwiderstand w_2, der Gerätwiderstand w_1, so ist der Widerstand wie folgt zu bemessen:

$$w_2 = \frac{n}{100 - n}\, w_1.$$

Soll ein Drehspulstrommesser 1 vH des Gleichstromes aufnehmen, so muß sein Shunt $^1/_{99}$ des Widerstandes des Strommessers haben.

Ein Spannungsmesser nimmt nicht mehr als 1 vT der Stromkreisenergie auf, wenn sein Widerstand größer als das 999fache des Widerstandes im Nutzkreise beträgt. Von dieser Beziehung ist Gebrauch zu machen, wenn es sich darum handelt, festzustellen, ob die Messung mittels des Voltmeters die Messung im Hauptkreise nicht wesentlich beeinträchtigt.

Abzweigschaltung Abb. 34 ist die Parallelschaltung des Gerätes zu einem im Widerstandswert sehr kleinen Teilbetrage w des Gesamt-widerstandes W, welcher an einer Strom-quelle konstanter Spannung liegt. Man spricht von einer Abzweigschaltung nur dann, wenn die Spannung am Gerät

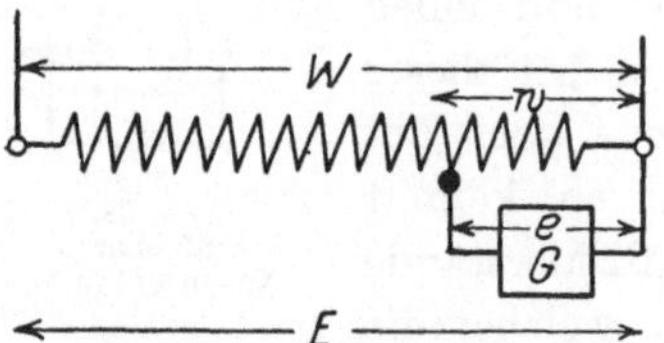

Abb. 34. Abzweigeschaltung.

$$e = \frac{w}{W}\, E,$$

und das ist der Fall, wenn der Strom im Gerät klein ist im Verhältnis zum Gesamtstrom im Widerstand W, also in unserer Parallelschaltungsformel (s. o.) n sehr klein ist.

Brückenschaltung, Abb. 35: Es kommt praktisch wohl für Be-triebsschaltungen nur die Wheatstonesche Brücke in Frage. In der Skizze sind die Ströme und Widerstände eingetragen. Die Formeln zur Entwicklung und Berechnung der einzelnen Ströme auf Grund der Widerstandswerte und der gegebenen Spannung lassen sich an Hand der eingezeichneten Verzweigungen mittels des Ohmschen und Kirch-hoffschen Gesetzes berechnen. Es ergibt sich daraus, daß der Brücken-strom i_5 positiv ist, wenn $w_2\, w_3$ größer als $w_1\, w_4$ ist, dagegen negativ, wenn diese Ungleichung sich umkehrt. Sind die beiden Größen gleich, so ist der Strom Null.

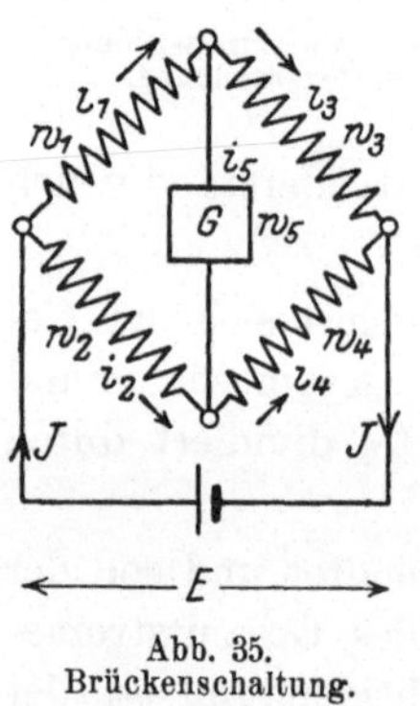

Abb. 35.
Brückenschaltung.

Die Größe des Brückenstromes hängt von der Spannung ab. Aber die Bedingung, welche die Umkehr des Stromes regelt, ist nur von den Widerständen gegeben. Verändert man also in der Brückenschaltung den einen Widerstand derart, daß die Ungleichung von der einen nach der anderen Seite übergeht — und dazu gehört nur eine sehr geringe Veränderung des betref-fenden Widerstandswertes —, so kehrt sich der Strom um, und diese Eigenschaft läßt sich dadurch ausnutzen, daß man Relais, die von der Stromrichtung abhängig sind, betätigen läßt.

Damit dürften die wesentlichen Schaltungen konstanter Wider-stände wenigstens in den Grundzügen besprochen sein. Wir betrachten nun die veränderlichen Widerstände, d. h. solche, die ohne elektrische Schaltung — also ohne etwa die Bewegung eines Bürstenschalters auf einer Kontaktbahn oder die Ein- und Ausschaltung von Schaltern — ihren Widerstandswert verändern. Die Ursache hierfür kann mannig-faltiger Art sein, wie nachstehende Beispiele zeigen, die wir der Übersicht halber in steigende und fallende Widerstände geordnet haben.

Widerstände mit positivem Temperaturkoeffizienten (Eisendrahtwiderstände, Metallwicklungen aus Kupfer und ähnlichen einfachen, nicht legierten Metallen, Metalldrahtlampen) erhöhen durch den Stromdurchfluß und die hierdurch bedingte Temperaturerhöhung ihren Widerstandswert allmählich. Auch Änderung der äußeren Raumtemperatur übt eine gleiche Einwirkung aus. Säulen aus Kohleplatten bieten größeren Durchgangswiderstand, wenn der Druck sich verringert. Selenzellen erhöhen ihren Widerstand, wenn sie beschattet oder verdunkelt werden.

Fallende Widerstände sind z. B. solche mit negativem Temperaturkoeffizienten (Nernstkörper, Kohlenfadenlampen, Widerstände aus Kohle). Durch Stromdurchfluß erhöht sich die Temperatur, dadurch wird der Widerstand geringer, es fließt mehr Strom hindurch und die Temperatur steigt weiter. Da mit erhöhter Temperatur die Wärmeableitung stärker steigt, stellt sich im allgemeinen ein Beharrungszustand ein.

Säulen aus Kohleplatten, deren Druck, sei es durch mechanische Betätigung, sei es durch Meßgeräte selbsttätig, z. B. durch Magnete, erhöht wird, verringern den Durchgangswiderstand. Selenzellen lassen im Widerstand nach, wenn sie belichtet werden. Siliziumkarbidwiderstände und ähnliche keramische Widerstandskörper verringern ihren Widerstand beim Anlegen hoher Spannungen.

Wir bezeichnen der Einfachheit halber diese veränderlichen Widerstände mit $v +$ und $v -$, je nachdem der Widerstand steigende oder fallende Charakteristik hat.

Die veränderlichen Widerstände werden zum Teil benutzt, um unerwünschte Arbeitscharakteristiken von Meßgeräten, Relais oder Reglern zu korrigieren und so umzuformen, daß sie den gestellten Bedingungen besser genügen, oder zur Ableitung von Bewegungen, sei es bei Erreichung bestimmter Widerstandswerte durch Über- oder Unterschreitung entsprechender Stromstärken und Spannungen, sei es durch eine Differential- oder Brückenmethode, bei welcher Geräte von verschiedenem Widerstandscharakter miteinander verglichen werden (konstanter gegen steigenden, konstanter gegen fallenden, steigender gegen fallenden Widerstand). Letztere Anordnungen kommen für Relais und Regler in Frage, aber auch für besondere Ausläufergebiete der Elektrotechnik, wie z. B. die Umsetzung von Licht in Elektrizität usw.

Die Serienschaltung eines Gerätes mit einem veränderlichen Widerstand an konstanter Spannung nach Abb. 36a dient zur Skalenkorrektur für Voltmeter. Der Strom im Gerät steigt mit fallendem Vorschaltwiderstand und umgekehrt. Das Voltmeter an sich, also ohne veränderlichen Vorschaltwiderstand, besitzt etwa quadratische Skala, d. h. eine solche, die im oberen Teil weit, am Anfang eng ist. Durch

Vorschaltung von Widerständen mit positivem Temperaturkoeffizienten, insbesondere Metallfadenlampen, erreicht man es bei entsprechender Bemessung, daß die Skala sich mehr dem gradlinigen Charakter nähert, also für gleiche Spannungsdifferenzen gleiche Entfernungen der Teilstriche erhält. Diese Änderung der Charakteristik ist besonders wichtig für Spannungsabfallrelais und Phasenvoltmeter, bei denen es auf die Messung bei niedrigen Spannungswerten besonders ankommt.

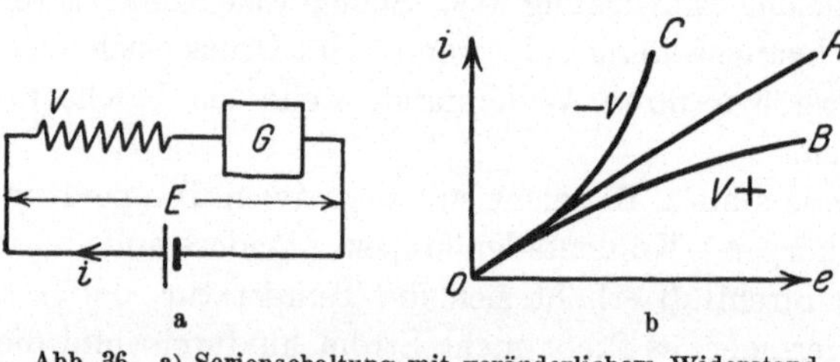

Abb. 36. a) Serienschaltung mit veränderlichem Widerstand. b) Änderung des Gerätestromes durch veränderlichen Vorschaltwiderstand.

In Abb. 36 b ist die Umformung des Skalencharakters eines solchen Voltmeters durch veränderlichen Vorschaltwiderstand gezeigt, wobei angenommen wird, daß das Voltmeter zunächst linearen Charakter habe, also z. B. ein Drehspulgerät bei Gleichstrom sei. Durch Vorschaltwiderstand mit positivem Temperaturkoeffizienten $V +$ wird die Skala nach unten abgebogen und von der Form OA in diejenige OB umgewandelt. Die Teilstriche stehen am Anfang weiter und werden am Ende näher zusammengerückt.

Durch Vorschaltung eines fallenden Widerstandes, also eines solchen mit negativem Temperaturkoeffizienten, wird die Kurve OA in eine solche OC umgewandelt, die Striche sind am Anfang der Skala eng und gehen oben auseinander.

Handelt es sich nicht um ein Meßgerät, sondern beispielsweise um einen Arbeitsmagneten, so erreicht man durch steigenden Vorschaltwiderstand, daß seine Kraft am Ende der Bewegung nicht so stark ansteigt, unter Umständen, daß die magnetische Kraft mit der steigenden Rückzugskraft nicht mitkommt und der Anker an der Stelle stehenbleibt, wo die Kurven der beiden Kräfte sich schneiden, daß er also nicht mehr in die Endlage geht. Vorschaltung von fallenden Widerständen nach der Kurve OC bedeutet dagegen eine immer raschere Steigerung der Zugkraft des Magneten mit zunehmendem Hube und einen kräftigen Schlag in der Endstellung.

Die Parallelschaltung von Gerät und veränderlichem Widerstand an konstanter Spannung hat keinen Sinn, weil die Veränderung des Widerstandes auf das Gerät keinen Einfluß hat.

Dagegen bietet die Differenzschaltung zweier Magnetwicklungen mit verschiedener Charakteristik an einer konstanten Spannung praktische Vorteile. Nach Abb. 37a arbeiten an einem Wagebalken mit gleichen Hebelarmen zwei Magnete, die von einer gemeinsamen Stromquelle gespeist werden und deren einer veränderlichen, deren anderer konstanten Widerstandswert besitzt oder deren beide Seiten in verschiedenem Sinne veränderliche Widerstände haben. Ist das System zu Anfang so abgeglichen, daß die beiden Magnete sich das Gleichgewicht halten, so wird durch die eintretende Verschiebung das Gleichgewicht gestört und das Umschlagen des Wagebalkens hervorgerufen. Tritt dabei die Veränderung des Widerstandes auf der einen Seite durch seine eigene Erwärmung, also mit relativ geringer Geschwindigkeit ein, so wird es entsprechend lange dauern, bis der Wagebalken umkippt, und man kann die Einrichtung als Zeitrelais verwenden.

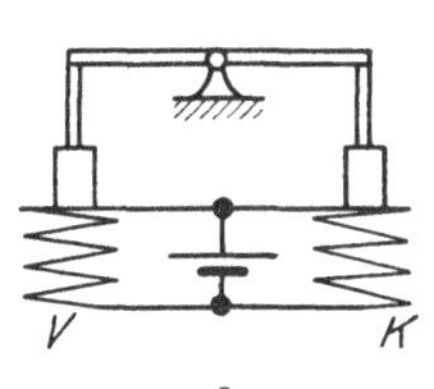
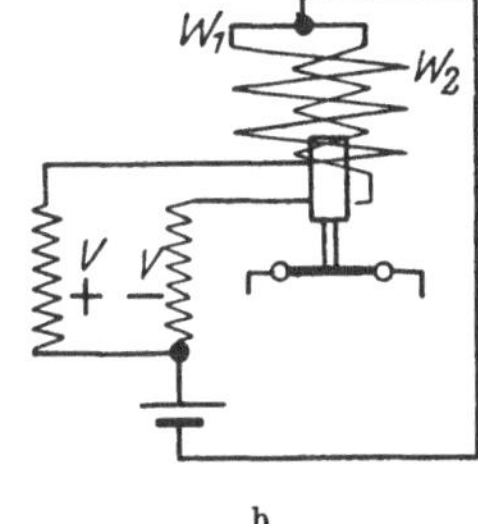

Abb. 37. a) Differenzschaltung von Wicklungen mit konstantem und veränderlichem Widerstand. b) Differenzschaltung mit konzentrischen Wicklungen.

Natürlich können die beiden Spulen, wie das bei Differenzschaltungen allgemein möglich ist, konzentrisch angeordnet werden, so daß ihre Magnetfelder sich im Anfangszustand aufheben und bei Änderung des einen der Überschuß ein entsprechendes Magnetfeld erzeugt. Diese Anordnung ist in Abb. 37 b dargestellt, die Wicklung W_1 hat steigenden Vorschaltwiderstand, die Wicklung W_2 fallenden. Beide liegen mit ihren Vorschaltwiderständen an einer gemeinsamen Stromquelle. Wenn im Anfangszustand, also unmittelbar nach Einschaltung der Stromquelle, beide Zweige gleichen Strom führen, so daß das Magnetfeld Null ist, so ändert sich mit der Zeit die Verteilung, der Strom in der Wicklung W_1 nimmt ab, derjenige in der Wicklung W_2 zu, so daß eine Differenz merklich wird, die sich allmählich vergrößert, bis sie schließlich zur Anziehung des Ankers genügt.

Eine Abzweigschaltung an veränderlichem Widerstand, wobei das Gerät und dieser veränderliche Widerstand in Serie mit einem kon-

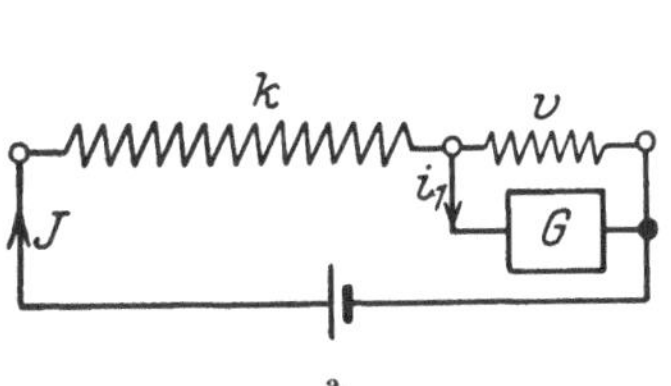

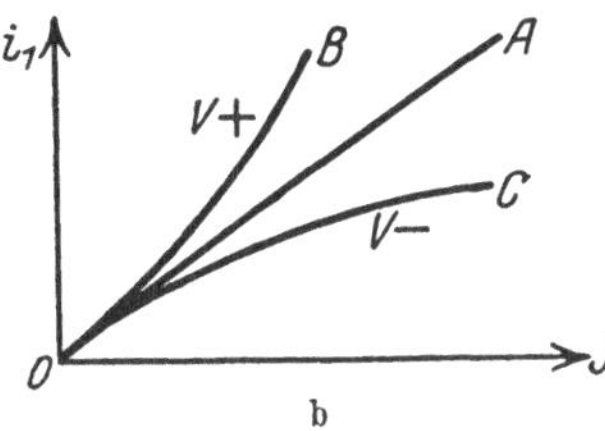

Abb. 38. a) Abzweigschaltung an veränderlichem Widerstand. b) Änderung des Gerätestromes durch veränderlichen Abzweigwiderstand.

stanten großen Widerstand liegen, nach Abb. 38a, läßt sich ebenfalls zur Beeinflussung von Geräten verwenden; mit fallendem Widerstand v

sinkt der Strom im Gerät G, mit steigendem Widerstand steigt der Strom.

Die Veränderung ist in Abb. 38 b dargestellt, welche den Gerätestrom als Funktion des Gesamtstromes darstellt. Wenn der Parallelwiderstand zum Gerät konstanten Wert hat, so steigt der Gerätestrom proportional dem Gesamtstrom nach der Geraden OA. Ist der Parallelwiderstand V mit steigender Charakteristik ausgerüstet, so drängt er immer mehr Strom in das Gerät, dieser steigt also schneller an als der Gesamtstrom, nach der Kurve OB. Hat der Parallelwiderstand fallenden Charakter, so saugt er vom Gerät immer mehr Strom weg, der Gerätestrom kann nicht in dem Maße nachfolgen, wie der Gesamtstrom ansteigt, er entwickelt sich nach der Kurve OC.

Man sieht, daß die Abzweigschaltung die umgekehrte Wirkung ergibt wie die Serienschaltung, indem man Abb. 36 b und 38 b vergleicht. Bei Serienschaltung bedeutet steigender Widerstand fallende Ausschläge, bei Parallelschaltung steigende Ausschläge und umgekehrt.

Brückenschaltung mit Verwendung eines veränderlichen Widerstandes oder zweier nebeneinander liegender und in entgegengesetztem Sinne veränderlicher Widerstände (Abb. 39 a) ist ein vorzügliches Mittel, bei kleinen Veränderungen große Wirkungen, also empfindliche Steuerungen, zu erzielen. Damit lassen sich Relais aufbauen, welche auf kleine Temperaturdifferenzen, auf die Belichtung von Selenzellen und ähnliche geringfügige Einwirkungen ansprechen.

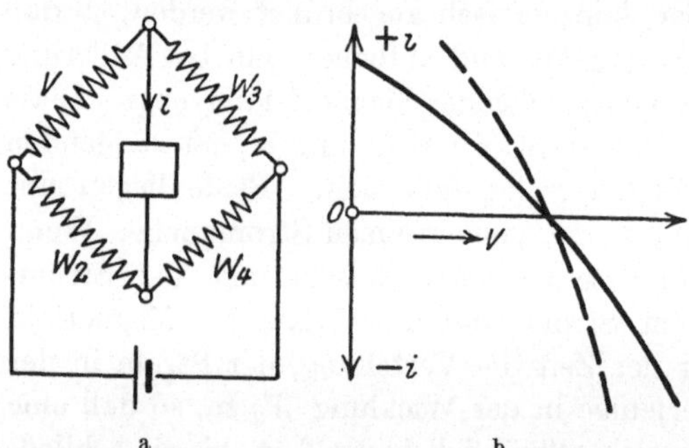

Abb. 39. a) Brückenschaltung mit veränderlichem Widerstand. b) Veränderung des Brückenstromes bei Abb. 39 a durch Veränderung eines oder zweier Brückenwiderstände.

Abb. 39 a zeigt die Brückenschaltung mit einem veränderlichen Widerstand V an Stelle des ursprünglichen Widerstandes W_1, Abb. 39 b die Größe des durch das Gerät fließenden Stromes i bei Veränderung des Widerstandes V in einer ausgezogenen Linie. Der Punkt O ist jedoch nicht der Nullwert des Vorschaltwiderstandes; letzterer würde viel weiter links liegen. Die Höhe der einzelnen Ordinaten ist von der Spannung abhängig, die Lage des Schnittpunktes mit der Nullinie nur von den Widerständen. Wenn auch der Widerstand W_2 veränderlich ist, und zwar im entgegengesetzten Sinne wie V und um entsprechende Beträge, so daß W_2 im gleichen Verhältnis abnimmt wie V ansteigt, so wird die Abhängigkeit des Stromes von den

Schwankungen der Widerstände erheblich stärker, wie die gestrichelte
Linie in Abb. 39 b zeigt.

X. Wechselschaltungen und Lichtgruppenschalter.

Die hier zu behandelnden Anordnungen sind, obwohl sie in der Be-
leuchtungstechnik und Installation viel vorkommen, von anscheinend
untergeordneter Bedeutung. Es findet sich aber beim Entwurfe mancher
komplizierten Schaltung immer wieder Gelegenheit, auf diese einfachen
Elemente zurückzugreifen, so daß ihre ausführliche Behandlung geboten erscheint.

Abb. 40 a stellt eine einfache Wechselschaltung, die sog. Hotelschal-
tung, dar. An zwei Stellen, 1 und 2, befinden sich Schalter, beispielsweise am unteren und oberen Ende einer Treppe. Wenn man von unten
kommt, will man mit dem einen Schalter das Licht einschalten, am
oberen Ende mit dem anderen ausschalten. Nachher soll sowohl jemand,
der von oben kommt, oben einschalten können, als auch jemand, der
von unten kommt, unten. Die Aufgabe wird mit zwei Umschaltern
gelöst, wie in der Abb. 40 a dargestellt. Das gesamte Aggregat ist
über die Stromquelle
und über die Lampe zu
schließen. In der ge-
zeichneten Stellung sind
beide Umschalter unten,
der Stromweg ist ge-

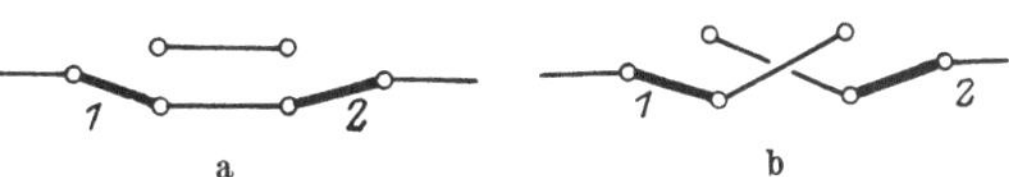

Abb. 40. a) Einfache Wechselschaltung. b) Gekreuzte
Wechselschaltung.

schlossen, die Lampe brennt; wird einer der beiden Schalter umgelegt,
so wird der Stromkreis geöffnet, die Lampe erlischt. Werden beide
Schalter umgelegt, so brennt die Lampe wieder.

Allgemeiner gesprochen erreicht man bei dieser Anordnung, daß
bei gleicher Stellung beider Schalter der Stromkreis geschlossen, bei
ungleicher Stellung geöffnet ist, wobei es nebensächlich ist, ob die
gleichen Stellungen oben oder unten, die ungleichen Stellungen links
oben und rechts unten oder rechts oben und links unten sind.

Die Verbindung der beiden Umschalter erfordert zwei Leitungen,
die vom oberen zum oberen und vom unteren zum unteren Kontakt
führen.

Will man die Anordnung so umformen, daß bei ungleicher Stellung
der Schalter der Stromkreis geschlossen ist, bei gleicher Stellung aber
nicht, so sind die Verbindungsleitungen nach Abb. 40 b zu kreuzen
(Beispiel hierfür s. Abb. 93, S. 85, Fernschalter).

In den meisten Fällen wird man mit einer Wechselschaltung zwischen
zwei Stellen auskommen, wie bisher gezeigt. Bisweilen aber dürfte es
zweckmäßig oder erwünscht sein, eine Wechselschaltung von mehr als
zwei Stellen aus zu bewirken. Die entsprechenden Schaltbilder sind

in den folgenden Abb. 41 a bis 41 d abgeleitet; sie erfordern bis zu vier Stellungen jeweils zwei Verbindungen, bei fünf und sechs Stellungen aber zwischen den Stellungen 3 und 4 je vier Verbindungen. Im übrigen ist zu den Abb. 41 a bis 41 d nichts weiteres zu bemerken. Die Weiterfortbildung für ungerade Kontaktzahlen ergibt sich aus dem Vergleich der

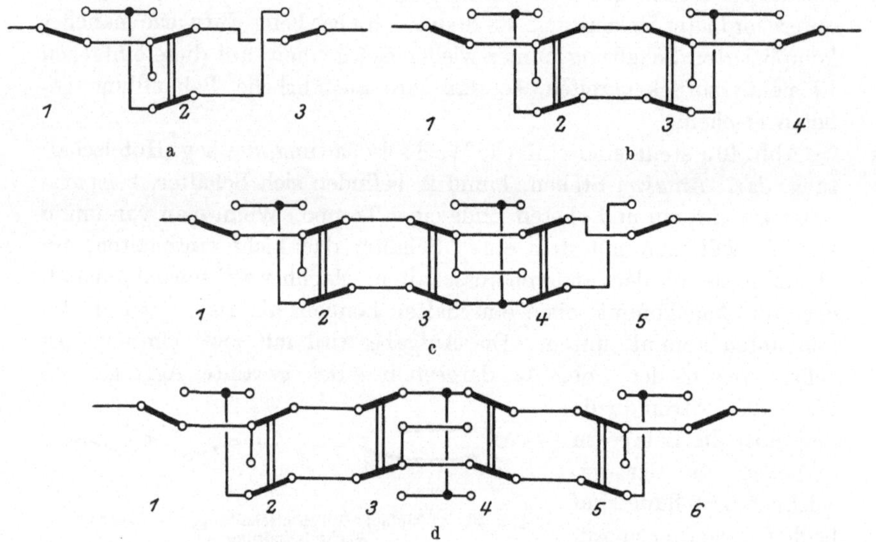

Abb. 41. Wechselschaltung für mehrere Stellen.

Abb. 41 a für drei Stellungen und Abb. 41 c für fünf Stellungen, sowie diejenige für gerade Stellungszahlen aus einem Vergleich der Abb. 41 b für vier Stellungen und Abb. 41 d für sechs Stellungen. Jedenfalls kommt man durchweg mit zweipoligen Umschaltern aus, auch wenn die Zahl der Stellungen noch weiter anwächst.

Ein Ausführungsbeispiel, welches die Anwendbarkeit der Wechselschaltung für einen komplizierteren Fall zeigt, ist in Abb. 42 dargestellt, und zwar für den Differenzschutz eines Transformators. Ausführliche Erläuterungen finden sich an anderer Stelle (Kapitel XVI). Hier kommt es nur auf die Verwendung der Wechselschaltung an. Der Transformator T hat auf der Primär- und Sekundärseite Maximalrelais M_1

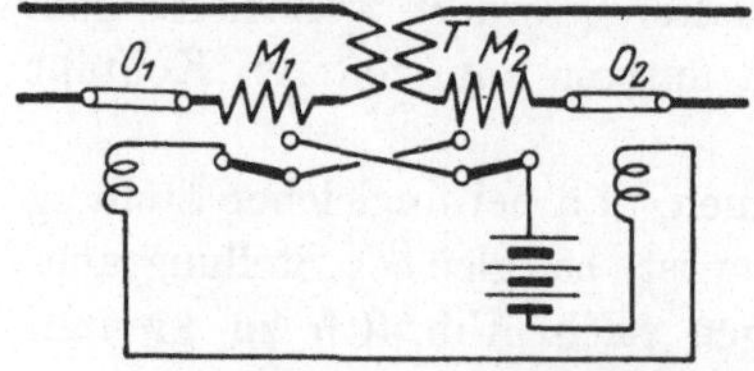

Abb. 42. Differenzschutz eines Transformators mit Wechselschaltung.

und M_2, sowie Ölschalter O_1 und O_2 mit Auslösespulen, die durch eine Batterie gespeist werden können. Die Auslösung soll bei einem Fehler im Transformator erfolgen, also dann, wenn die beiden Maximalrelais

M_1 und M_2 nicht mehr gleiche Energiemengen durchlassen, sondern diese verschieden werden. Wenn man an Stelle der Maximalrelais Energierichtungsrelais setzt, soll die Auslösung erfolgen, wenn beide Energien zum Transformator fließen. Das ist der Fall, wenn ein innerer Schluß im Transformator vorhanden ist. Formen wir die Aufgabe um, so lautet sie dahin, daß bei gleichzeitigem Loslassen, ebenso wie bei gleichzeitigem Ansprechen der Maximalrelais der Kontakt für die Arbeitsstromauslösespule nicht gegeben werden darf, daß er aber bei ungleichmäßigem Arbeiten der beiden Relais gegeben werden soll; also ist die gekreuzte Wechselschaltung zwischen den Sekundärkontakten der Relais zu verwenden (Abb. 40 b).

Ein in der Installationstechnik viel verwendetes Gerät ist der Lichtgruppenschalter, der in Abb. 43 in vier Stellungen dargestellt ist. Er

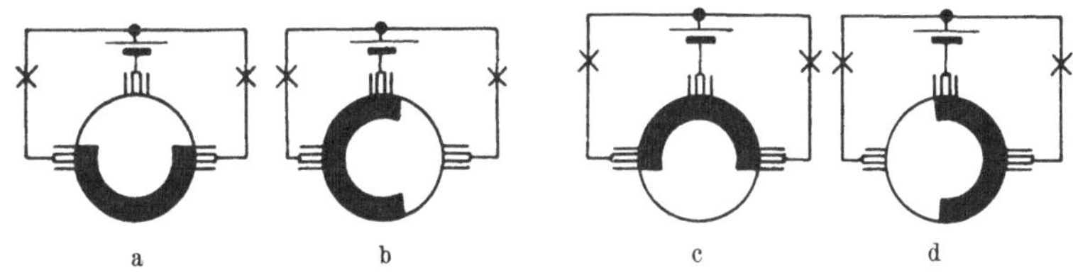

a   b   c   d

Abb. 43. Lichtgruppenschalter.

dient dazu, entweder eine Lampe oder zwei Lampen gemeinsam oder die andere Lampe zu speisen oder alles auszuschalten. An Stelle einer Lampe können Lampengruppen treten.

In Abb. 43a ist die Ausschaltstellung gezeichnet, der Kontaktfinger, welcher mit der Batterie verbunden ist, schleift auf Isolation. In Abb. 43b ist das Konktakstück des bewegten Teiles auf den Finger der linken Lampe und den der Batteriezuführung gelangt, es brennt die Lampe links, während die Lampe rechts dunkel bleibt. In der folgenden Stellung (Abb. 43c) ist das Kontaktsegment nach oben gekommen und verbindet den Finger der Batterie mit beiden Lampen, so daß beide brennen. In der nächsten Stellung (Abb. 43d) ist die Lampe links ausgeschaltet, die Lampe rechts brennt; beim weiteren Schritt kommt man in die Anfangsstellung nach Abb. 43a.

Auch diese Anordnung kann gelegentlich bei den Entwürfen von Schaltungen verwendet werden, weshalb sie hier erwähnt wurde.

XI. Sterndreieckumschaltungen.

In der Drehstromtechnik kommen Sterndreieckumschaltungen häufiger vor. Sie werden beim Anlassen von Kurzschlußankermotoren zur Begrenzung des Anlaufstromes verwendet; ferner zur Umschaltung von Spulen und Geräten für verschiedene Netze, im einen Falle zum

4*

Anschluß an ein Netz mit Nulleiter in Sternschaltung, im anderen Falle
an ein Netz ohne Nulleiter in Dreieckschaltung. Spannungsabfallrelais
für Selektivschutz von Wechselstromnetzen sollen, wenn es sich um
den Schutz gegen Kurzschlüsse handelt, an den verketteten Spannungen,
also in Dreieck, liegen, dagegen an Erde, also in Sternschaltung, wenn
es sich um den Schutz gegen Erdschlüsse handelt.

Die Ableitung der erforderlichen Umschaltungen ist durch die
Tabellenmethode und die grundlegenden Regeln des einfachen Stromkreises ohne weiteres gegeben. Im folgenden sollen einige Beispiele
für die wichtigsten Schaltungen, sowie ein etwas verwickelteres Beispiel
zur Erläuterung der Abteilung komplizierter Schaltungen gegeben
werden.

Erste Aufgabe: Ein Motor mit den Netzanschlüssen RST und
den freien, am entgegengesetzten Ende liegenden Klemmen abc ist einmal auf Stern, das andere Mal auf Dreieck zu schalten; eine Ausschaltstellung wird nicht verlangt, Abb. 44.

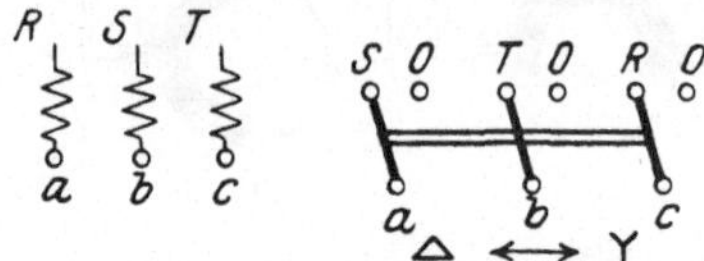

Abb. 44. Stern-Dreieck-Umschaltung ohne
Ausschaltstellung.

Die Lösung ist durch einen dreipoligen Umschalter für zwei Stellungen gegeben, dessen Klemmen
nach den angeschriebenen Bezeich-
nungen mit denen des Motors bzw.,
soweit sie die Bezeichnung O tragen,
untereinander zu einem Nullpunkt zu verbinden sind.

Zweite Aufgabe: Ein Kurzschlußankermotor ist durch Stern-
dreieckschalter anzulassen; dieser soll drei Stellungen erhalten: vollständige Ausschaltung, Sternschalturg und Dreieckschaltung. In Abb. 45 sind die Netzanschlüsse $R\,S\,T$,
die freien zum Netz gekehrten Klemmen $a^1\,b^1\,c^1$, die
freien, am anderen Ende befindlichen Klemmen $a\,b\,c$ und
die Nullverbindung O dargestellt. Darunter ist die Anordnung mit gekuppelten Kurbelumschaltern gezeigt. Es sind

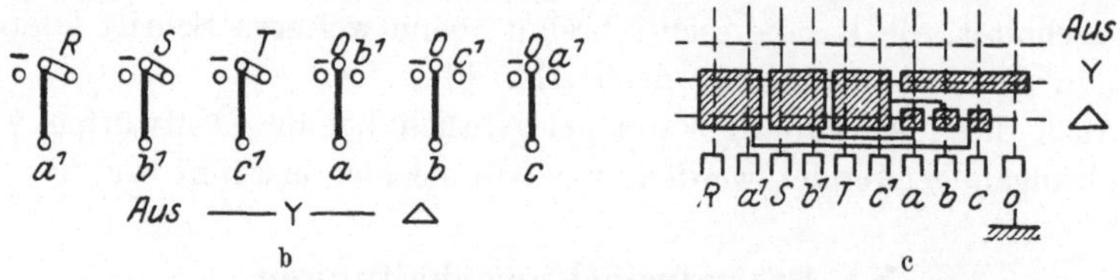

Abb. 45. Stern-Dreieck-Anlaßschalter. a) Klemmenschema. b) Lösung mit Flachumschaltern. c) Lösung mit Walzenschalter.

sechs Umschalter erforderlich, die in der linken Stellung durchweg ausgeschaltet sind, so daß die beiderseitigen Klemmen jeder Wicklung des
Motors vollkommen abgetrennt sind. In der mittleren Stellung, die

der Sternschaltung entspricht, sind die drei unteren Klemmen des
Motors mit der Nullklemme und gegebenenfalls mit Erde verbunden,
die drei oberen Klemmen mit den Netzzuleitungen RST. In der
letzten Stellung (Dreieckschaltung) sind die oberen Klemmen wieder
mit den Netzklemmen RST verbunden, außerdem aber in zyklischer
Vertauschung mit den unteren Klemmen, also a mit b^1, b mit c^1,
c mit a^1.

In Abb. 45c ist die Anordnung mit Walzenschalter dargestellt, welche
allgemein gebräuchlich ist. Man sieht, daß durch richtige Legung der
ruhenden Kontaktfinger die Walze recht einfach wird. Soll der Nullpunkt herausgeführt und geerdet werden, so ist die zehnte Klemme
rechts für den Erdschluß erforderlich; wenn dagegen eine Erdung des
Nullpunktes nicht vorgesehen ist, fällt diese Klemme und die entsprechende Verlängerung der mittleren rechten Kontaktschiene fort.

Dritte Aufgabe: Umschaltung von drei Spannungsverlustrelais
von Sternschaltung mit Erdung auf Dreieckschaltung. Da bei Dreieckschaltung die an die Spulen angelegte Spannung 70 vH höher ist als
bei Sternschaltung, da aber die Spulen in jeder Schaltung die volle
Erregung haben sollen, so ist es erforderlich, bei Dreieckschaltung
Widerstände vorzulegen, welche die überschüssige Spannung abdrosseln.

Man kann nun die
Widerstände auf die
Netzseite legen und
mit dem Netz
dauernd verbinden,
wie in Abb. 46a
dargestellt. Oder
man kann sie auf

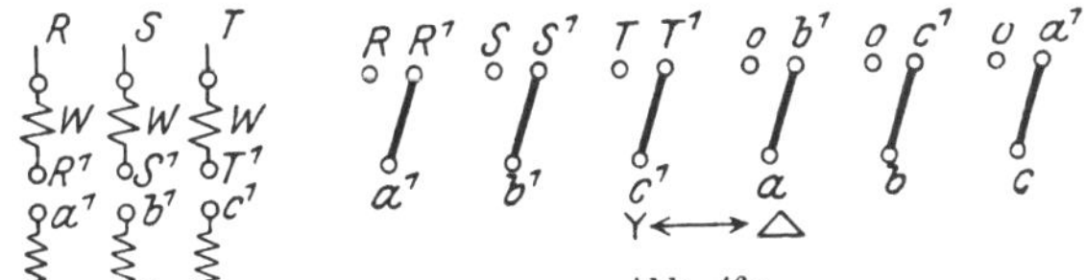

Abb. 46a.
Umschaltung dreier Spannungsverlust-Relais
von Sternschaltung auf Dreieckschaltung mit
Vorschaltwiderständen, erste Lösung.

die Nullseite legen und mit den Spulen und dem Netz dauernd verbunden lassen, wie Abb. 46b zeigt. Beide Anordnungen ergeben
verschiedene Lösungen.

Wir verfolgen zunächst die Anordnung nach Abb. 46a. Die Widerstände W sind mit den Netzanschlüssen RST fest verbunden, die freien
Enden der Widerstände $R^1 S^1 T^1$ sind für die Dreieckschaltung als Netzanschlüsse zu benutzen, während für die Sternschaltung die eigentlichen Netzklemmen RST gelten. Der eine oder andere Satz Netzklemmen ist mit den Anfangsklemmen $a^1 b^1 c^1$ des Motors zu verbinden,
die Endklemmen abc bei Sternschaltung mit dem Nullpunkt und Erde,
bei Dreieckschaltung dagegen in zyklischer Vertauschung mit den Anfangsklemmen, also a mit b^1, b mit c^1, c mit a^1. Bei Verwendung von
Flach- oder Hebelumschaltern ist also ein sechspoliger Umschalter mit
zwei Stellungen erforderlich (Abb. 46a rechts).

Wir betrachten die andere Lösung, bei der die Widerstände auf der Nullpunktseite liegen, nach Abb. 46b. Bei der Sternschaltung muß der Nullpunkt mit den unteren Klemmen der Spulen unter Umgehung der Widerstände verbunden sein. Bei Dreieckschaltung ist das untere Ende des Widerstandes mit den zyklisch benachbarten oberen Enden der Spulen zu verbinden, also a^2 mit c^1, c^2 mit b^1, b^2 mit a^1. Man kann hier keine Kurbelumschalter mehr verwenden, weil in der Tabelle keine gemeinsamen Punkte mehr vorhanden sind, welche dem Drehkontakt entsprechen. Es sind vielmehr Schalter zu benutzen, wie sie in Abb. 46b rechts dargestellt sind, d. h. Kontaktbrücken, welche in der linken Stellung das eine Kontaktpaar, in der rechten Stellung das andere Kontaktpaar verbinden. Dabei kommt man aber mit drei derartigen Kontaktbrücken aus.

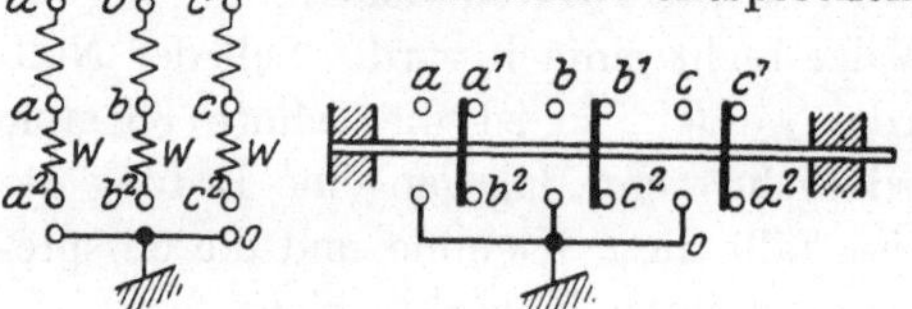

Abb. 46b. Dieselbe Umschaltung, zweite Lösung.

Die Abbildung zeigt schematisch eine Gradführung der die Kontaktmesser tragenden Isolierbrücke, um anzudeuten, daß sich die senkrecht stehenden Messer in horizontaler Richtung verschieben.

Vierte Aufgabe: Für einen vollständigen Selektivschutz, welcher aus Maximalrelais und Spannungsverlustrelais besteht, sollen die Spannungsverlustrelais im Falle eines Erdschlusses in Sternschaltung an Erde liegen, im Falle eines Phasenkurzschlusses in Dreieckschaltung mit Vorschaltwiderständen. Die Maximalrelais sollen die Umschaltung der Spannungsverlustrelais besorgen.

Erdschluß bewirkt das Ansprechen eines einzigen Maximalrelais, wobei wir annehmen, daß entweder der Nullpunkt des Netzes geerdet oder daß Erdschlüsse geringer Stromstärke nicht zu berücksichtigen seien. Ein Kurzschluß zwischen den Phasen kennzeichnet sich durch Ansprechen zweier oder aller drei Maximalrelais. Die Aufgabe ändert sich also dahin, daß beim Ansprechen eines Maximalrelais die Sternschaltung, beim gleichzeitigen Ansprechen zweier beliebiger von den drei Maximalrelais, ebenso auch beim Ansprechen aller drei die Dreieckschaltung zu bewirken ist. Die Lösung ist in Abb. 47 dargestellt. Jedes Maximalrelais erhält sieben Hilfsschalter der zuletzt beschriebenen Art mit geradlinig parallel zu sich bewegter Kontaktbrücke und getrennten, ruhenden Kontaktpaaren. Die Verbindungen vom Netz mit den Phasen UVW und der Nullschiene zu den Hilfskontakten sind nicht gezeichnet, sondern durch Anschreiben der betreffenden Buchstaben gekennzeichnet. Es wird vorausgesetzt, daß die Ruhestellung, bei der die Maximalrelais ihre Anker losgelassen haben und die Kontaktbrücken unten liegen, der Sternschaltung entspricht. Die Klemmen der Widerstände bzw. Spulen der Nullrelais $N_1 N_2 N_3$, welche zu den Hilfsschaltern der Maximalrelais zu führen sind, sind mit arabischen Buchstaben bezeichnet und die entsprechenden Buchstaben an den Hilfsschaltern angeschrieben.

Wir verfolgen zunächst die untere Lage der Hilfskontakte. Die beiden obersten Paare der unteren Hilfskontakte links und in der Mitte liegen mit dem einen Ende an Erde, das andere Ende ist parallel geschaltet, so daß nur bei gleichzeitigem Arbeiten beider eine Unterbrechung der Erdverbindung stattfindet. Von hier geht die Verbindung weiter zu den parallel geschalteten unteren Kontakten oberste Reihe rechts, zweite Reihe links, so daß der weitere Erdweg unterbrochen wird, wenn beide Kontakte sich öffnen, wenn also das erste und dritte Relais gleichzeitig ansprechen, und schließlich führt der Weg über die parallel geschalteten unteren Kontakte zweite Reihe Mitte und rechts zur Klemme 2. Bei der ersten Parallelschaltung wird der Erdweg nur dann unterbrochen, wenn Magnete 1 und 2 ansprechen, bei der zweiten Verbindung, wenn Magnete 1 und 3 ansprechen, bei der dritten Verbindung, wenn Magnete 2 und 3 ansprechen. Solange das nicht der Fall ist, ist die Erde mit der Klemme 2, d. h. mit dem oberen Anschluß des Spannungsverlustrelais N_1 verbunden. Dies ist also in Stern-

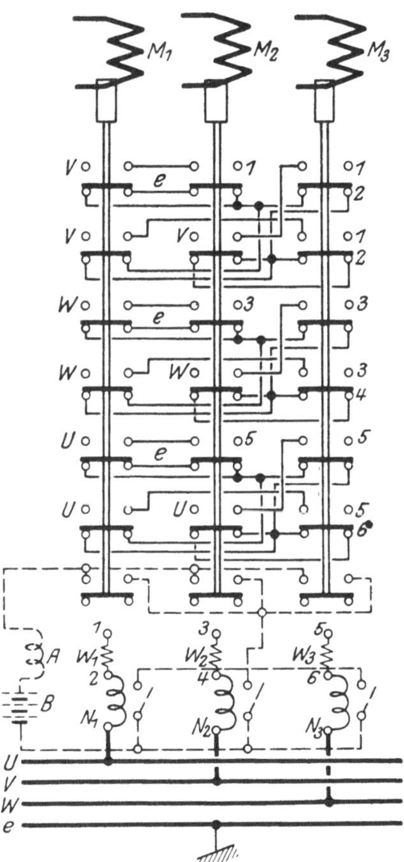

Abb. 47. Selektivschutz mit Stern-Dreieckumschaltung dreier Spannungsverlustrelais durch drei Maximalrelais.

schaltung gelegt. In gleicher Weise ist für die zweite Phase die Verbindung von Erde und Klemme 4 durch die sechs Hilfsschalter der zweiten und dritten Reihe in ihrer unteren Stellung und für die dritte Phase die Verbindung der Klemme 6 mit Erde durch die sechs unteren Hilfsschalter der fünften und sechsten Reihe bewirkt. Man sieht also, daß, solange nicht zwei Magnete angezogen haben, immer eine Erdverbindung zu den oberen Klemmen 2, 4, 6, der Spannungsverlustrelais bestehen bleibt, so daß die Sternschaltung aufrechterhalten wird, daß dagegen, sobald zwei Maximalrelais arbeiten, die Erdverbindung in allen drei Phasen unterbrochen wird, so daß die Relais für eine Dreieckschaltung frei werden.

Die Dreieckschaltung wird in der oberen Stellung der Kontaktbrücken bewirkt, und zwar nur dann, wenn wenigstens zwei Maximalrelais angezogen haben.

Wir verfolgen nun die oberen Stellungen der Kontaktbrücken und nehmen an, M_1 und M_2 hätten angezogen. Dann ergibt der linke und mittlere Kontakt der obersten Reihe die Verbindung von der Schiene V nach 1, d. h. die Vorschaltung des Widerstandes W_1 vor das Spannungsverlustrelais N_1 und die Einschaltung des Ganzen zwischen die Phasen UV. In gleicher Weise ergibt der linke und mittlere Schalter der dritten Reihe die Verbindung von W nach 3, der linke und mittlere Schalter der fünften Reihe die Verbindung von U nach 5. Ob dabei der dritte Magnet angezogen hat oder nicht, ist unerheblich.

Der rechte obere Schalter der ersten und der mittlere obere Schalter der zweiten Reihe geben die Verbindung von V nach 1 für den Fall, daß die Maximalrelais 2 und 3 angesprochen haben, der linke und rechte obere Schalter der zweiten Reihe für den Fall, daß der erste und dritte Maximalmagnet angesprochen haben.

Die Schaltung sieht reichlich kompliziert aus, ist aber logisch sehr einfach abzuleiten. Die unteren Stellungen der Kontaktbrücken sind Ruhestellungen, welche durch zwei Schalter bei gemeinsamer Wirkung zu unterbrechen sind. Es handelt sich um Ruhestromgeräte; demnach kommt nach Tabelle III auf S. 12, Schema d, die Parallelschaltung der betreffenden gemeinsam wirkenden Kontakte in Frage. Jedes Kontaktpaar, das so in Parallele geschaltet ist, soll unabhängig von dem anderen Kontaktpaar arbeiten. Diese Paare sind also in Serie zu schalten. Mit diesen Worten ist die ganze untere Schaltung definiert.

In der oberen Schaltung ist ein Arbeitsstromgerät einzuschalten; es handelt sich um konstante Spannung und um Gesamtwirkung je zweier Schalter. Nach Tabelle III, Schema c, sind sie in Serie zu schalten; daher die Verbindung des linken und mittleren Schalters der obersten Reihe hintereinander. Dieses Paar soll mit den anderen Paaren, die den Stellungen der Magnete M_1 und M_3 bzw. M_2 und M_3 entsprechen, einzeln wahlweise wirken; also sind die durch Serienschaltung der Kontakte gebildeten Gruppen parallel zu schalten, was dadurch geschehen ist, daß die gleichen Klemmen an den Enden angeschrieben sind.

Man sieht also, wie durch Überlegung und Zurückgreifen auf die grundlegenden Regeln des einfachen Schaltstromkreises solche Aufgaben gelöst werden können, die durch Probieren nur mit sehr großen Schwierigkeiten und vielen Fehlermöglichkeiten zu erledigen sind.

Nun sollen die Maximal- und die Spannungsverlustmagnete gemeinsam die Auslösung eines Ölschalters bewirken, wobei es gleichgültig ist, welcher Maximalmagnet und welcher Spannungsverlustmagnet jeweils arbeiten. Die Sekundärschaltung mit der Auslösespule und der Batterie B ist gestrichelt dargestellt, und zwar sind für diese Gleichstromkreise die oberen Kontakte der siebenten Kontaktreihe verwendet. Da jeder von diesen Kontakten einzeln wirken soll, sind sie parallel zu schalten, ebenso wie die drei Sekundärkontakte der Spannungsverlustrelais. Da aber immer ein Spannungsverlustrelais und mindestens ein Maximalrelais angesprochen haben muß, so sind die parallel geschalteten Gruppen der Sekundärkontakte der drei Maximalrelais und derjenigen der drei Spannungsverlustrelais in Reihe geschaltet. Eine Verfolgung der gestrichelten Linien in Abb. 47 zeigt, daß das Schließen eines beliebigen Schalters eines Spannungsverlustrelais und eines beliebigen Schalters eines Maximalrelais in der siebenten horizontalen Reihe die Auslösung bewirkt. Weiteres über Spannungsverlustzeitrelais s. Kap. XIII, S. 65.

XII. Funkenentziehungen und Funkendämpfungen.

Funkenentziehungen sind Vorrichtungen, die den Öffnungsfunken von einem Schalter oder von den Dauerkontakten desselben ganz wegnehmen und an eine andere Stelle bringen.

Funkendämpfungen sind Vorrichtungen, welche die Intensität des Funkens herabsetzen, ohne ihn ganz zu beseitigen oder an eine andere Stelle zu verlegen.

Für die Funkenentziehung ist es notwendig, zu dem Hauptschalter, von dem die Funken wegzubringen sind, einen weiteren Hilfsschalter, den Funkenentzieher, zuzufügen. Für die Verbindung der beiden Schalter gibt es zwei Möglichkeiten: Serienschaltung und Parallelschaltung.

Bei der Serienschaltung übertragen Hauptschalter und Funkenentzieher dauernd den vollen Strom. Der Funkenentzieher muß sich vor dem Hauptschalter öffnen und den Strom unterbrechen, so daß der Hauptschalter dann nur die Spannung wegzunehmen hat. Bei Parallelschaltung öffnet der Hauptschalter zuerst, worauf der Strom, der im wesentlichen durch den Hauptschalter gegangen ist, sich in voller Stärke auf den Funkenentzieher überträgt und nun von diesem unterbrochen wird. Bei der Parallelschaltung ist also der Funkenentzieher im allgemeinen durch den Hauptschalter entlastet und führt vollen Strom nur auf verhältnismäßig kurze Zeit. Man könnte daher die Dimensionen des Funkenentziehers sehr klein halten, wenn nicht eine Grenze sich ergäbe durch die Bedingung, daß der bei vollem Strom am Funkenentzieher eintretende Spannungsabfall nicht so groß werden darf, daß hierdurch wieder Funken am Hauptschalter auftreten. Man wird also sagen können, daß auch bei Überlastungen, die ohne Funken am Hauptschalter zu unterbrechen sind, der Spannungsabfall des Funkenentziehers durch den entsprechenden Überlastungsstrom etwa 1 Volt nicht übersteigen soll.

Ein Beispiel der Serienfunkenentziehung bieten Ölschalter und Trennschalter in Hochspannungsanlagen (Abb. 48): der Trennschalter

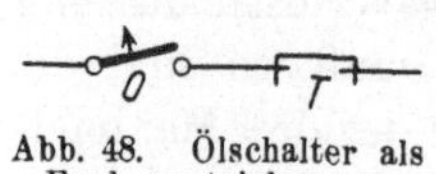

Abb. 48. Ölschalter als Funkenentzieher zum Trennschalter.

bewirkt die sichtbare Unterbrechung des Kreises und hat die außerordentlich wichtige Aufgabe zu kennzeichnen, ob eine gefahrlose Berührung der abgeschalteten Teile zulässig ist. Der Ölschalter übernimmt die Leistungsunterbrechung, ist also der Funkenentzieher für den Trennschalter.

Im allgemeinen verbindet man mit der Gegenüberstellung von Funkenentzieher und Hauptschalter den Begriff, daß der Funkenentzieher ein Hilfsapparat sei, dessen Preis gegenüber dem des Hauptschalters gering sein müsse. Im vorliegenden Falle ist es gerade umgekehrt, denn der Funkenentzieher (Ölschalter) wird sehr viel teurer als der Hauptschalter (Trennschalter). Es liegt daher nahe, zu versuchen, mit einem Funkenentzieher mehrere Hauptschalter zu bedienen, und dieser Gesichtspunkt führt zu Sparschaltungen für die Ölschalter.

Abb. 49 zeigt das Prinzip. Mehrere Maschinen arbeiten auf ein Doppelsammelschienensystem, dessen Schienen durch einen Kuppelölschalter parallel geschaltet sind. In der gezeichneten Stellung liegt Maschine 1 an der unteren, Maschinen 2 und 3 an der oberen Schiene.

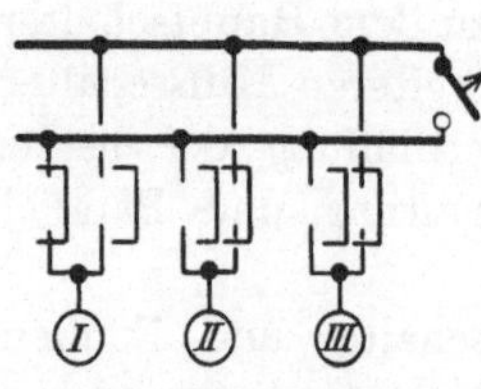

Abb. 49.
Sparschaltung: 1 Ölschalter für mehrere Generatoren.

Will man Maschine 1 abschalten, so öffnet man den Kuppelschalter und dann den bisher eingeschalteten Satz Trennschalter der Maschine 1. Will man Maschine 2 abschalten, so legt man den Kuppelschalter ein (gegebenenfalls nach Synchronisierung), schaltet Maschine 1 durch Schließen des rechten Trennschaltersatzes und Öffnen des linken auf das obere Sammelschienensystem, dann Maschine 2 durch Schließen des linken Trennschaltersatzes und Öffnen des rechten auf das untere System, schaltet nun Maschine 2 mittels des Kuppelschalters ab und öffnet deren Trennschalter.

Bei diesen Beispielen würden alle Maschinen und Freileitungen gemeinsam nur einen einzigen Ölschalter haben, während bei der üblichen Anordnung jeder Zweig seinen eigenen Ölschalter besitzt. Zwischen diesen beiden Extremen gibt es Mittelwege durch Bildung von Gruppen. Ein Beispiel hierfür ist Abb. 50, wobei sämtliche Verteilungsleitungen eine Gruppe mit gemeinsamem Ölschalter bilden, sämtliche Generatoren eine weitere Gruppe mit gemeinsamem Ölschalter und schließlich zwischen beiden Gruppen noch ein Kuppelölschalter zur Verbindung der Arbeitssammelschienen beider Gruppen. Das Prinzip läßt sich weiter ausbilden, und es sind auch verschiedene derartige Möglichkeiten ersonnen worden. In der Praxis scheint sich die Sache aber nicht bewährt zu haben, denn das Systen ist wieder verschwunden. Augenscheinlich ist es für den Betrieb doch zu umständlich, auch macht die Durchführung einer rationellen selbsttätigen Auslösung Schwierigkeiten. Besser ist es, nicht an den Ölschaltern allzu sehr zu sparen, und es ist charakteristisch, daß die Amerikaner, denen auf die Sicherheit des Betriebes sehr viel ankommt, für einen Ge-

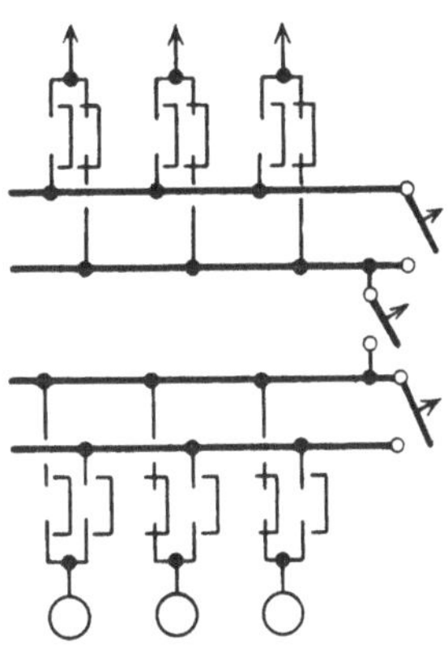

Abb. 50. Sparschaltung mit 1 Ölschalter für die Generatoren, 1 Ölschalter für die Verbraucher und 1 Kuppelölschalter.

nerator oder eine wichtige Freileitung nicht nur je einen Ölschalter verwenden, sondern sogar deren zwei, um einen stets in Reserve zu haben.

Eine weitere Serienfunkenentziehung findet sich bei Zellenschaltern zum Schutze der Kontaktbahn, welche kostspielig und infolge der langsamen Bewegung zur Stromunterbrechung ungeeignet ist. Das Vielfachschaltgerät des Hauptschalters wird durch einen einfachen, schneller bewegten und mit auswechselbaren Stücken für die abgenutzten Teile versehenen Hilfsschalter geschützt, der sämtliche Stufen der Hauptbahn entlastet.

Abb. 51 zeigt in vier aufeinander folgenden Augenblicken die Anordnung beim Übergang von einem Kontakt zum nächsten. In Abb. 51a steht die Hauptbürste auf dem unteren Kontakt, der Funkenentzieher links; nun wandert das Bürstensystem nach oben, der Funkenentzieher nach rechts. Ehe die Hauptbürste den Kontakt verläßt, öffnet der Funkenentzieher den Stromweg, welcher durch die Hauptbürste und die linke Schiene geführt hat, so daß der Strom nunmehr ganz durch die Nebenbürste, die rechte Schiene und den Widerstand in den Nutzstromkreis verläuft (Abb. 51b und 51c). Bei Fortsetzung der Bewegung kehrt sich die Bewegungsrichtung des Hilfsschalters um, er überbrückt seine Kontakte, nachdem die Hauptbürste auf den zweiten Kontakt in stromlosem Zustande aufgelaufen ist (Abb. 51d). Nunmehr ist die Zelle, die zwischen dem verlassenen, von der Nebenbürste bestrichenen Kontakt und dem neuen, von der Hauptbürste erreichten Kontakt liegt, durch einen Stromweg über die beiden Bürsten, die beiden

Schienen, den Widerstand und den Funkenentzieher kurzgeschlossen, und dieser Kurzschluß wird am Funkenentzieher geöffnet, ehe die

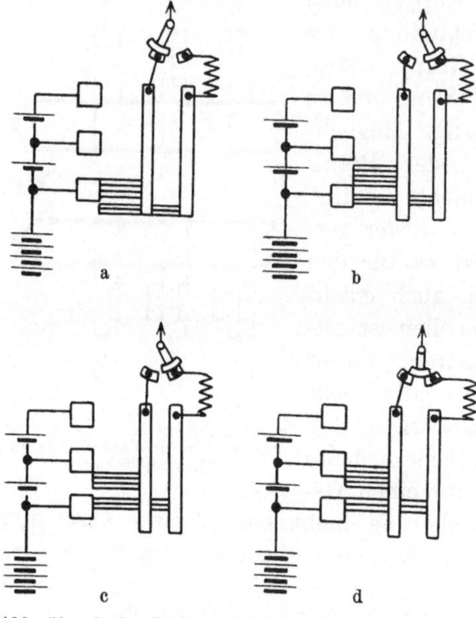

Abb. 51.   Serien-Funkenentziehung für Zellenschalter.

Nebenbürste ihren Kontakt verläßt, so daß auch diese funkenlos abläuft und die Anfangsstellung nach Abb. 51a wiederhergestellt wird.

Der Funkenentzieher muß dauernd den vollen Strom übertragen und entsprechend kräftig gebaut sein. Er wird selbst wieder durch einen weiteren Hilfsfunkenentzieher, einen Abbrennkontakt, zu schützen sein, damit die für die dauernde Stromübertragung bestimmten Kontaktteile nicht bei der Unterbrechung leiden und der Stromweg durch Abnutzung nicht verschlechtert wird.

Funkenentziehungen im Nebenschluß werden viel häufiger verwendet. Jeder Abbrennkontakt an einem Schalter (z. B. Hörner, Abb. 52) jeder Vorkontakt mit Schutzwiderstand bieten ein Beispiel hierfür. In schwierigeren Fällen werden mehrere Abbrennkontakte bzw. Funkenentzieher parallel geschaltet, von denen die zuletzt wirkenden immer leichter gebaut sind und immer größere Lichtbögen aufzunehmen haben. Der Hauptkontakt muß unbedingt geschützt

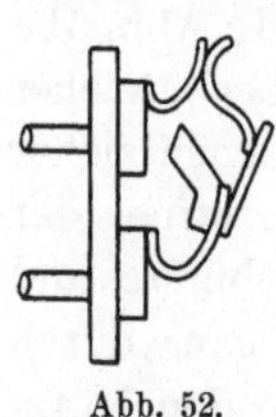

Abb. 52.
Bürstenschalter
mit Abbrenn-
hörnern.

werden und öffnet sich zuerst. Er ist für die dauernde volle Stromstärke bemessen, darf sich bei ihr nicht übermäßig erwärmen und bildet das wertvollste Stück am Apparat. Der nächste Funkenentzieher ist noch verhältnismäßig schwer gebaut, da er bei einer Überlastung bzw. einem Kurzschluß nach Öffnung des Hauptkontaktes keinen Spannungsabfall über 1 Volt hervorrufen darf.

Bei dem darauffolgenden kann man schon einen merklichen Spannungsabfall zulassen, da schließlich eine gewisse, wenn auch geringe Abnutzung am ersten Funkenentzieher erträglich ist. Der zweite Funkenentzieher wird sich also nach dem ersten öffnen und viel leichter gebaut sein. Bei allen großen Bürstenschaltern für schwerere Betriebe findet man mindestens zwei solcher Funkenentzieher.

Unter Umständen wird aber die Verwendung noch weiterer zweckmäßig sein.

Ölschalter mit Schutzwiderstand pflegen zwei Funkenentzieher zu haben, den Vorkontakt, welcher mit dem Schutzwiderstand verbunden ist und der den Abbrennkontakt schützt, so daß letzterer nur allerschlimmstenfalls die normale Stromstärke zu unterbrechen hat, und den Abbrennkontakt, welcher jede Funkenbildung am Hauptkontakt beseitigt.

Wenn ein Abbrennkontakt mit magnetischer Blasung zu versehen ist, so wird in vielen Fällen die Blasspule in die Leitung zwischen Haupt- und Abbrennkontakt gelegt, so daß sie ebenso wie der Abbrennkontakt nur dann stromdurchflossen ist, wenn der Hauptkontakt sich geöffnet hat. Das ergibt kleine und billige, aber sehr kräftig wirkende Blasspulen, auf der anderen Seite aber eine Erhöhung des Spannungsabfalles im Kreise des Abbrennkontaktes. Bei Schaltern, welche sehr schwere Kurzschlüsse häufig auszuschalten haben, z. B. Straßenbahnautomaten, wird zur Schonung der Hauptkontakte und zur Verringerung des Spannungsabfalles im Nebenkontakt die Blasspule meist in Serie mit dem Hauptkontakt gelegt, also dauernd dem Stromdurchfluß ausgesetzt. Das erfordert verhältnismäßig große Blasspulen, deren Querschnitt hinreichend stark bemessen sein muß.

Auch bei Zellenschaltern ist die Parallelschaltung des Funkenentziehers zur Kontaktbahn verwendet worden (Abb. 53). Außer der Hauptbürste sind zwei Nebenbürsten, eine vor- und eine nachlaufende, vorhanden und dementsprechend eine Haupt- schiene und zwei Nebenschienen. Der Funken- entzieher ist im Ruhezustand nicht strom- durchflossen, wie die Abbildung zeigt. Wenn der Bürstenschlitten mit den drei Bürsten sich nach oben bewegt, läuft der Funken- entzieher, wie der Pfeil zeigt, im Sinne des Uhrzeigers. Zunächst kommt die voreilende Bürste auf den oberen Kontakt, und zwar stromlos. Unterdessen hat die Hauptbürste sich zum Teil über den mittleren Kontakt hinausgeschoben, die untere Bürste ist aufge-

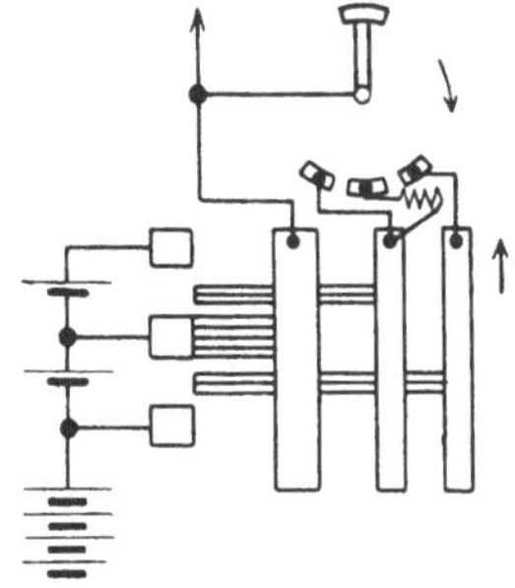

Abb. 53. Nebenschluß-Funken-entziehung für Zellenschalter.

laufen. Nun kommt der Funkenentzieher auf den rechten Kontakt und bildet einen parallelen Weg zur Hauptbürste und Hauptschiene, so daß die Hauptbürste von Strom entlastet ist und funkenlos ablaufen kann. Dann stehen beide Nebenbürsten auf den beiden Kontakten, die Hauptbürste zwischen denselben. Der Funkenentzieher über-brückt seinen mittleren und rechten Kontakt und stellt einen Strom-kreis her, welcher vom unteren Kontakt durch die nacheilende Bürste,

deren Schiene, den Funkenentzieher, den Widerstand, die linke Hilfsschiene, die voreilende Bürste, den oberen Kontakt und die zuzuschaltende Zelle zum unteren Kontakt zurückgeht. Diese Zelle ist also
auf den Widerstand kurzgeschlossen.

Darauf verläßt der Funkenentzieher das rechte Kontaktstück,
unterbricht damit diesen Kurzschlußstromkreis und macht die nachlaufende Bürste stromlos. Sodann überbrückt er mittleres und linkes
Kontaktstück, d. h. den Widerstand, so daß der Strom ohne Drosselung
vom nächsten Kontakt durch die Nebenbürste und den Funkenentzieher hinausgeht und die Hauptbürste nunmehr stromlos auflaufen
kann. Bei der Rückbewegung ist die Schaltung entsprechend, so daß
die Bürsten immer stromlos auf- und ablaufen.

Diese Funkenentziehung in Parallelschaltung wird durch ihre leichtere Bauart billiger als die Serienfunkenentziehung, wenngleich sie
einen etwas komplizierteren Mechanismus, sowie eine Hilfsbürste und
eine Hilfsschiene mehr erfordert. Wesentlich ist, daß die Funkenentziehung im Ruhezustand stromlos ist, sich daher nicht erwärmt. Der
Nachteil ist der, daß bei großen Stromstärken der Spannungsabfall in
der Funkenentziehung merklich werden könnte, was Funken an der
Hauptbahn hervorrufen würde. Will man also auch bei Überlastungen
die Kontaktbahn sicher schützen, so muß die Funkenentziehung entsprechend kräftiger ausgeführt werden.

Funkendämpfungen wirken nur quantitativ auf die Verringerung
der durch den Funken entstehenden Schäden, insbesondere handelt es
sich darum, die Spannungsstöße unschädlich zu machen, welche durch
eine allzu rasche Veränderung des Stromes entstehen und von der Selbstinduktion und Kapazität des Schaltstromkreises herrühren. Solche
Spannungsstöße, die durch Sprungwellen plötzliche Erhöhungen der
Spannung bedingen, erschweren die Unterbrechung des Lichtbogens,
verlängern seine mögliche Ausdehnung und seine Dauer. Die Funkendämpfungen sollen also in erster Reihe die Spannungsstöße beseitigen
und die Ausschaltung auf die normale, im Stromkreis herrschende
Spannung zurückführen.

Es wird allgemein ein Parallelweg für diese Spannungswellen ge-
schaffen, und zwar wird entweder parallel zur Unterbrechungsstelle
ein Widerstand oder ein Kondensator gelegt (vgl. auch Abb. 25, S. 38,
Tirrillregler), seltener eine Funkenstrecke (weil zu unempfindlich und
mit Entladeverzug behaftet), oder es wird eine Überbrückung der ge-
fährlichen Selbstinduktion angeordnet, sei es dauernd oder nur während
der Zeit der Ausschaltbewegung und des Ausschaltzustandes, und zwar
durch einen Widerstand, seltener wohl durch einen Kondensator.

Abb. 54 zeigt einen Strombegrenzer, bei dem parallel zur Unterbrechungsstelle ein Kondensator angeordnet ist. Übersteigt die ein-

geschaltete Lampenzahl die pauschalierte Stromstärke, so zieht der Magnet den Anker an und öffnet den Stromkreis, wodurch sich im Schalter ein Lichtbogen bildet, dessen Spannungsspitzen durch den Kondensator verringert werden. Besonders bei Verwendung von Queck-

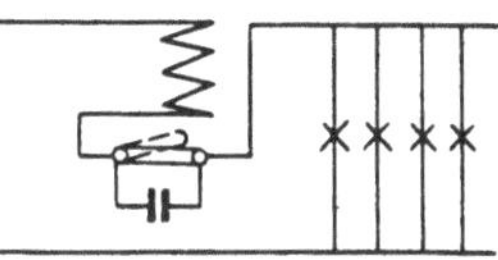

Abb. 54.
Strombegrenzer mit Kondensator zur Funkendämpfung.

silberschaltröhren, die gegen diese Spannungsspitzen empfindlich sind, sowie bei Gleichstrom höherer Spannung, dessen Ausschaltung ohnehin mehr Schwierigkeiten macht als die von Wechselstrom, hat sich die Parallelschaltung der Kondensatoren bewährt und ist geradezu notwendig, zum mindesten in den Fällen, wo die Konstanten der Leitungsanlage, insbesondere ihre Kapazität durch geerdete Leitungsrohre, die Spannungsstöße in unangenehmer Weise vergrößern.

Statt des Kondensators könnte man einen Widerstand parallel zur Schaltstrecke legen, der so groß zu wählen wäre, daß die Lichtzuckung hinreichend unangenehm wäre, um den Abnehmer zu zwingen, so viel Lampen abzuschalten, daß er unter den pauschalierten Betrag kommt. Da aber der Spannungsabfall des Widerstandes vom Strom, also von der Zahl der eingeschalteten Lampen abhängig ist und bei der geringsten Überschreitung der pauschalierten Lampenzahl hinreichend groß sein muß, bei Einschaltung einer größeren Lampenzahl aber wieder stärker beansprucht wird, so hat sich diese Lösung weniger bewährt als die mit Kondensatoren.

Für die Ausschaltung großer Selbstinduktionen, wie stärkere Magnete oder Feldwicklungen von Generatoren und Dynamomaschinen, sind Schalter nach Abb. 55 empfehlenswert, die vor der Unterbrechung des Hauptkreises links einen Widerstand W parallel zur Selbstinduktion S legen und dann die Ausschaltung beider bewirken. In der Abbildung ist die Ausführung ohne Momentbewegung dargestellt, die letzte Unterbrechung kann auch mit Momentbewegung erfolgen. Eine ähnliche Anordnung findet

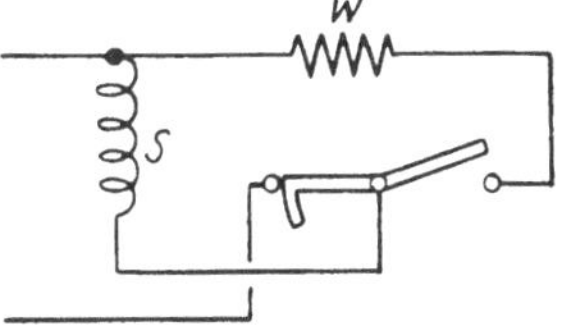

Abb. 55.
Magnetschalter mit Parallelwiderstand zur Funkendämpfung.

sich bei Anlassern und Feldregulatoren, wo der Anlaßwiderstand parallel zur Nebenschlußwicklung gelegt wird, um dann beide gemeinsam auszuschalten.

XIII. Verzögerungsschaltungen.

Künstliche Verzögerungen für die Auslösung von Selbstschaltern werden bei Verbrauchern, wie Motoren, angewendet, um eine Auslösung bei kurzzeitiger, zwar hoher, aber nicht gefährlicher Belastung zu verhindern. Ferner bei Verteilungsnetzen, um durch gesetzmäßige Abstufung der Auslösezeiten eine Selektivwirkung derart zu erzielen, daß nur der kranke Teil des Netzes ausgeschaltet wird die gesunden Teile aber in Betrieb bleiben.

Bei einem Teil der in Frage kommenden Selbstausschalter wird die Verzögerung mit dem Magneten, welcher die Auslösung bewirkt, direkt zusammengebaut, so daß eine besondere Schaltung nicht in Frage kommt. Diese Arten scheiden hier aus.

Die einfachste Schaltung, welche eine Verzögerung bewirkt, ist die Verwendung eines Zeitrelais nach Abb. 56. Drei Maximalrelais schalten einzeln oder auch gemeinsam die Wicklung eines Zeitrelais Z an die Batterie B. Nach Ablauf der durch das Zeitrelais gegebenen Dauer schließt es seinen Kontakt, so daß die Batterie nunmehr auf die Auslösespule A wirkt und den Ölschalter O auslöst.

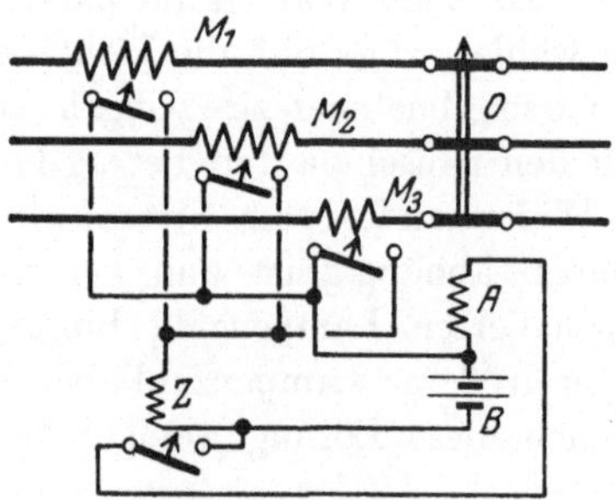

Abb. 56. Verzögerungsschaltung mit Gleichstrom-Zeitrelais.

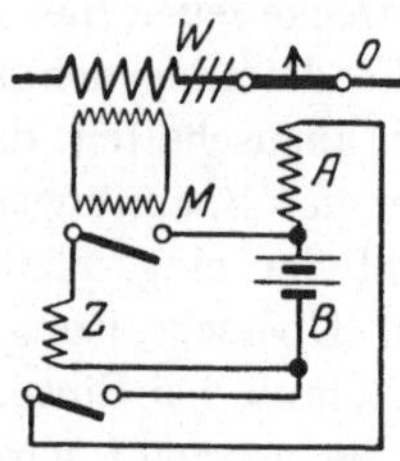

Abb. 57.
Verzögerungsschaltung mit sekundärem Überstrom- und Zeitrelais.

Bei dieser Anordnung der Zeitrelaiswicklung an einer Batterie tritt eine vom Netzstrom unabhängige Verzögerungsdauer ein, während man eine Abhängigkeit erreicht, wenn man die Erregung des Zeitrelais in den Hauptstrom oder an das Netz legt.

Statt der direkt in der Hochspannung liegenden Maximalrelais verwendet man in vielen Fällen Sekundärrelais nach Abb. 57. Die Stromwandler W speisen die sekundären Maximalrelais M, welche in der vorstehend geschilderten Weise das Zeitrelais betätigen, so daß dieses nach Ablauf die Auslösespule einschaltet.

Sowohl primäre als sekundäre Maximalrelais werden auch mit einer Doppelauslösung hergestellt derart, daß diese bei Überschreitung einer gewissen einstellbaren Stromstärke einen ersten Kontakt schließen, daß sie aber, wenn die Stromstärke ein zweites erheblich höheres Maß überschreitet, über diesen Kontakt hinweggehen und einen zweiten Kontakt schließen.

In Abb. 58 stellt DM ein derartiges Doppelmaximalrelais dar, welches bei der Überschreitung der unteren Einstellgrenze das Zeitrelais Z_1, bei Überschreitung der oberen Grenze dagegen das erheblich kürzer eingestellte Zeitrelais Z_2 einschaltet. Nach Ablauf eines der beiden Zeitrelais wird die Auslösespule erregt und der Ölschalter betätigt.

Wenn man bei der oberen Einstellgrenze nicht mehr eine Verzögerung benötigt, so verwendet man den oberen Kontakt des Doppelrelais DM dazu, die Auslösespule A direkt zu betätigen. Die Ableitung dieser Schaltung ist einfach.

Als Beispiel für die Betätigung einer Auslösung mit Stromwandlern sei Abb. 59 gegeben. Der Stromwandler W speist das Maximalzeitrelais MZ, dessen Sekundärkontakt die Auslösespule A normal kurzgeschlossen hält und nach Ablauf einer entsprechenden Zeit durch Öffnung dieses Kurzschlusses die Sekundärwicklung des Stromwandlers auf die Auslösespule wirken läßt, so daß der Ölschalter sich öffnet. Die Übertragung

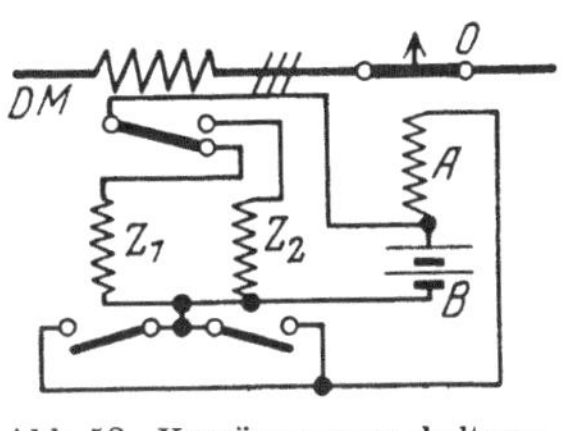

Abb. 58. Verzögerungsschaltung mit Doppelmaximal- und 2 Zeitrelais.

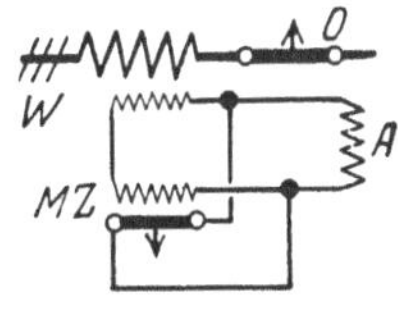

Abb. 59. Verzögerungsschaltung mit sekundärem Maximalzeitrelais und Stromwandlerauslösung.

dieser Anordnung auf Ausbildung mit zwei Stromwandlern und zwei Maximalrelais ist im allgemeinen Teil, S. 24, Abb. 17, dargestellt, wobei allerdings einfache Maximalrelais zugrunde gelegt sind, während hier Maximalzeitrelais zu verwenden sind. Bei dreiphasiger Auslösung erhält der dritte Pol eine eigene Auslösespule.

Die bisher geschilderte Anordnung mit willkürlich und nach bestimmtem Plan einstellbaren Zeiten ist für lineare Verteilungsnetze brauchbar. Sie versagt dagegen bei ringförmigen und Maschennetzen. Man muß dort die Zeit vom Spannungsabfall abhängig machen, so daß die der Fehlerstelle am nächsten liegenden Schalter automatisch die kürzeste Zeit, die weiter entfernt liegenden längere Zeit benötigen. Für derartige Spannungsverlust-Selektivsysteme gibt es eine ganze Reihe von Anordnungen, die mehr oder weniger eine mechanische Zusammenziehung der einzelnen in Frage kommenden Konstruktionselemente benutzen. Da es sich hier um Beschreibung von Schaltungen handelt, so wählen wir diejenige, welche gar keine mechanischen Verbindungen der einzelnen Teile aufweist. Abb. 60 zeigt das Prinzip: Der Stromwandler W speist

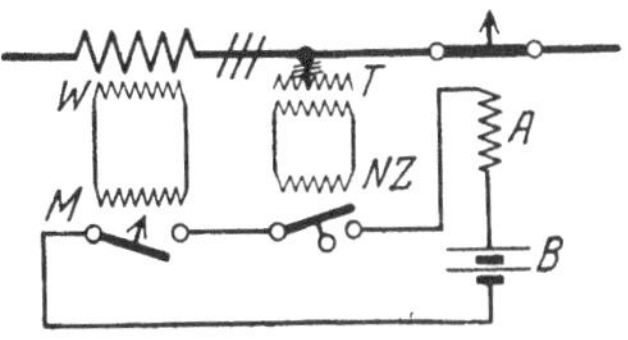

Abb. 60. Selektivschutz mit Maximal- und Spannungsverlust-Zeitrelais.

das Maximalrelais M, der Spannungswandler T das Spannungsverlustzeitrelais NZ. Die Sekundärkontakte der beiden Relais sind derart geschaltet, daß nur bei gleichzeitigem Ansprechen die Auslösespule betätigt wird, so daß sowohl eine Ausschaltung bei großer Stromstärke, aber nicht hinreichend lange andauerndem Sinken der Spannung, als auch eine Auslösung bei verschwindender Spannung ohne Überlastung verhindert wird. Man kann diese Schaltungen nicht gut anders als mit Batterie im Sekundärstromkreis der Relais ausführen; dann sind die Sekundärkontakte in Serie zu schalten, wie es die Abb. 60 zeigt. Tritt also eine Überlastung ein, so daß das Maximalrelais M seinen Kontakt schließt, und dauert diese Überlastung lange genug an, bis das Spannungsverlustrelais NZ durch langsames Heruntersinken seines Ankers ebenfalls seinen Kontakt schließt, so erfolgt die Auslösung. Die Zeit, welche bis zum Schluß des Kontaktes am Spannungsverlustzeitrelais NZ verstreicht, ist aber abhängig vom Spannungsverlust, d. h. eine Funktion der Entfernung von der Fehlerstelle. Die Zeit stellt sich also automatisch so ein, daß nur die dem Fehler am nächsten liegenden Relais auslösen, bei den anderen aber die Spannung dadurch sofort wiederkehrt und das Spannungsverlustzeitrelais NZ wieder in seine Ruhelage zurückzieht.

In Knotenpunktstationen genügt diese Ausrüstung noch nicht, weil mehrere Schalter in derselben Station an derselben Spannung liegen und daher dieselben Zeiten haben. Wenn diese Schalter nun von einem Strom durchflossen werden, der den eingestellten Grenzwert übersteigt, so würden sie gleichzeitig herausfallen, was gesunde Netzteile außer Betrieb bringen würde. Man kombiniert deshalb mit der beschriebenen Anordnung eine Auswahl nach der Richtung des Energieflusses und zwar derart, daß die Schalter, bei denen der Strom in die Station hineinfließt, verriegelt werden und nicht auslösen, während derjenige Schalter, bei dem der Strom aus der Station heraus zum Fehler fließt, ausgelöst werden kann.

Diese Schaltung ist in Abb. 61 dargestellt; außer dem Maximalrelais M und dem Spannungsverlustrelais Z haben wir noch ein Rück-

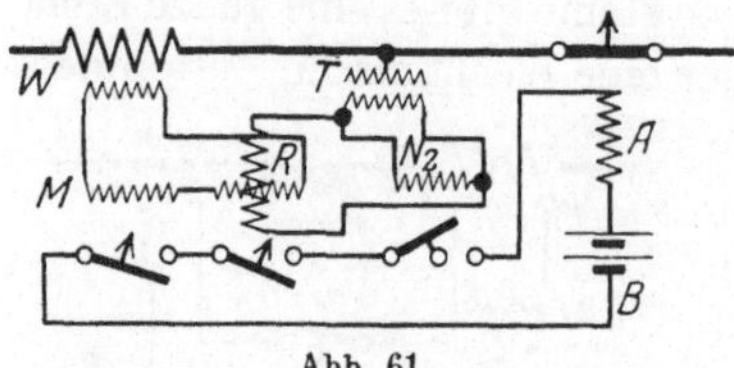

Abb. 61.
Selektivschutz mit Maximal-, Energierichtungs- und Spannungsverlustzeitrelais.

strom- bzw. Energierichtungsrelais R, welches ebenfalls an den Stromwandler W und den Meßtransformator T angeschlossen ist. Es ist ein einfaches Wattmetersystem, welches so geschaltet ist, daß es bei Stromfluß in die Station hinein den Kontakt nicht betätigt, sondern seine Zunge sich gegen einen festen Anschlag legt, während es bei Stromfluß aus der Station heraus seinen Kontakt schließt. Die Auslösung erfolgt also, wenn das Maximalrelais infolge Überschreitung der eingestellten Stromstärke und das Rückstromrelais infolge Energieflusses aus der Station heraus ihre Kontakte schließen und wenn dieser Zustand so lange andauert, bis das Spannungsverlustzeitrelais abgelaufen ist und nun ebenfalls seinen Kontakt schließt. Die drei Sekundärkontakte der Relais sind also in Gesamtschaltung angeordnet, d. h. hintereinander.

Die Spannungsverlustzeitrelais mehrerer Schalter in der gleichen Station liegen alle an der gleichen Spannung. Es ist deshalb im Interesse der Ersparnis erwünscht, nicht so viel Spannungsverlustzeitrelais zu verwenden, als Pole der Schalter vorhanden sind, sondern mehrere Relais, und zwar möglichst alle Relais der gleichen Phase, zu einem einzigen zusammenzuziehen. Dieses bestimmt die selbsttätige Verzögerung für die Station, während die zugehörigen Maximal- und Energierichtungsrelais die Auswahl desjenigen Schalters zu bewirken haben, der nach der betreffenden Zeit ausgelöst werden soll.

Abb. 62 zeigt das Prinzip dieser Schaltung; an den Sammelschienen liegen zwei Abzweige mit den Stromwandlern W_1, W_2, sowie der Meßtransformator T, welcher das Spannungsverlustzeitrelais NZ speist. Mit dem Sekundärkontakt dieses Spannungsverlustzeitrelais sind einerseits der Sekundärkontakt des Maximalrelais M_1 und die Auslösespule des entsprechenden Kreises A_1, andererseits der Sekundärkontakt des Maximalrelais M_2 und die zugehörige Auslösespule A_2 in Reihe geschaltet und mit der Batterie verbunden.

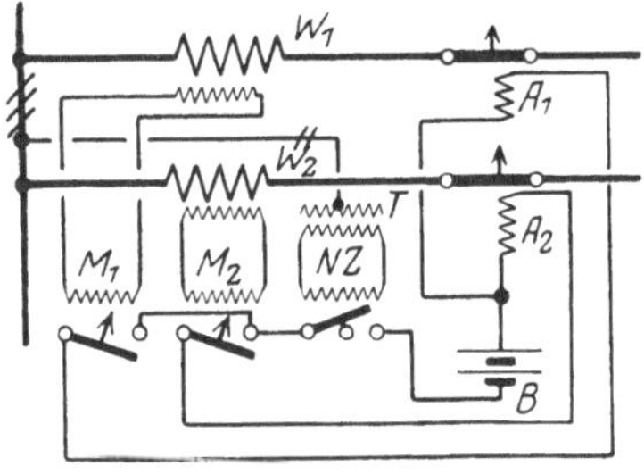

Abb. 62. Selektivschutz mit mehreren Maximal- und einem Spannungsverlustzeitrelais.

Schließt sich der Sekundärkontakt von M_1 und derjenige des Spannungsverlustzeitrelais NZ, so wird der Schalter 1 ausgelöst; schließen sich dagegen die Sekundärkontakte von M_2 und NZ, so öffnet sich der Schalter 2.

Die Ergänzung dieser Schaltung durch Hinzufügung der Energierichtungsrelais bedarf keiner weiteren Erläuterung.

Über die Umschaltung der Spannungsverlustzeitrelais in Drehstromanlagen von Stern auf Dreieck und umgekehrt sind ausführlichere Angaben in Kap. XI zu finden.

XIV. Schaltungen zur Phasenverschiebung.

In Wechselstromanlagen ist häufig die Notwendigkeit vorhanden, bestimmte Phasenverschiebungen von Spannungen gegeneinander, von Strömen gegen Spannungen oder von Strömen gegeneinander zu erzielen. Die Aufgabe kommt allerdings hauptsächlich in der reinen Meßtechnik vor, wo die dazu erforderlichen Hilfsvorrichtungen als Teile der Meßgeräte zu betrachten und im allgemeinen mit ihnen zusammengebaut sind, so daß sie hier ausscheiden. Immerhin sind bisweilen solche Phasenverschiebungsvorrichtungen auch in Relaisanlagen oder in Schaltanlagen erforderlich, so daß wenigstens einige kurze Ausführungen und Hinweise gegeben sein mögen.

Man kann Phasenverschiebungen dadurch erreichen, daß man ohne besondere Hilfsmittel die Anschlüsse an andere, passend gewählte Netzphasen legt. Verwendet man bei Drehstrom mit einigermaßen gleicher Belastung und ohne nennenswerte Verschiebung des Nullpunktes im System die drei verketteten Phasen und die drei Phasen gegen Null und benutzt man dabei als Hilfsmittel die Vertauschung der Klemmen, so daß man dieselbe Phase einmal im einen Sinne, das andere Mal im entgegengesetzten Sinne, also um 180^0 verschoben, anschließt, so kann man durch einfache Anlegung an entsprechende Punkte beliebige, von 0^0 bis 360^0 in Sprüngen von je 30^0 ansteigende Abstufungen erzielen. Man kann davon z. B. für die Ableitung von Blindverbrauchsmessungen Nutzen ziehen. Wo man eine 90^0-Verschiebung haben will, ist es oft zweckmäßig, einerseits den Strom oder die Spannung zwischen Null und der einen Phase, andererseits die verkettete Spannung bzw. den entsprechenden Strom zwischen den beiden anderen Phasen zu verwenden.

Eine andere Anordnung, die im Meßgerätebau sehr viel verwendet wird, ist die Spaltung der Phase durch Verwendung von Ohmschem und induktivem Widerstand. Ein idealer Ohmscher Widerstand ändert den Phasenwinkel nicht, ein idealer induktiver Widerstand verschiebt die Phase um 90^0. Da weder Ohmsche Widerstände noch Selbstinduktionen der Bedingung einer vollständigen Ausscheidung der anderen Komponente entsprechen, so erreicht man dadurch praktisch nicht ganz 90^0 und muß, wenn man eine genaue Verschiebung um den rechten Winkel haben will, noch weitere Hilfsmittel anwenden. Verbindet man jedoch diese Anordnung mit einer entsprechenden Auswahl der Klemmen, so daß man beispielsweise von einer um 30^0 verschobenen Phase ausgeht und dazu einen Winkel addiert, der 90^0 nicht ganz erreicht, so kommt man dem Ziel entsprechend näher.

Kapazitive Stromkreise haben eine 90^0-Verschiebung, welche derjenigen der induktiven Stromkreise entgegengesetzt ist. Man macht davon gelegentlich Gebrauch, um induktive Verschiebungen, die unerwünscht sind, zu kompensieren, oder um durch eine Selbstinduktion kapazitive Verschiebungen auszugleichen. Hat das Netz zu große induktive Verschiebung durch schwach belastete Motoren, so erzeugt man kapazitive Ausgleichswirkung durch Anschluß entsprechender Kondensatoren oder laufender Phasenschieber bzw. Synchronmotoren mit entsprechender Regulierung und Leerlauf. Stört die Kapazität eines Kabels, wie z. B. beim Fernsprechwesen, so fügt man Selbstinduktion zum Ausgleich zu, wie z. B. bei den Pupinspulen.

Strom- und Spannungswandler haben durch die Induktivität ihrer Wicklungen eine gewisse innere Phasenverschiebung, welche die Genauigkeit stört. Durch Anschluß von Kondensatoren an die Sekundärklemmen, also durch eine entsprechende kapazitive Belastung, kann man diese störenden Einflüsse ausgleichen.

Alle vorerwähnten Hilfsmittel sind in der Starkstromschaltungstechnik nicht übermäßig verbreitet, so daß eine weitere Erläuterung und Belegung mit Abbildungen sich erübrigen dürfte. Es sei noch auf eine zweckmäßige Anordnung hingewiesen, welche für Auslöseschaltungen eine Rolle spielen kann: Wird eine Auslösespule von zwei Stromwandlern gespeist und läßt man die Phasen in der üblichen Reihenfolge einwirken, so sind die beiden sich addierenden Ströme, die durch die Hintereinanderschaltung der Sekundärwicklungen der Stromwandler mit der Auslösespule entstehen, unter 120^0 gegeneinander versetzt. Nimmt man an, daß sie beide gleich sind, so ist der resultierende Strom in der Phase um 60^0 gegen die beiden versetzt und in der Größe gleich beiden.

Wenn man aber den einen Vektor umdreht, d. h. die Primär- oder Sekundäranschlüsse des einen Stromwandlers vertauscht, so sind die beiden Phasen nicht mehr um 120^0, sondern um 60^0 verschoben und der resultierende Strom ist bei gleichen Komponenten das 1,7fache jeder der beiden. Man gewinnt also durch diesen Kunstgriff eine Verstärkung des Stromes um 70 vH und, da die Kraftwirkung mit dem Quadrat des Stromes zu gehen pflegt, eine entsprechend große Erhöhung dieser Wirkung und damit der Sicherheit der Auslösung. (Über die Anwendung bei Stromwandlerauslösungen s. S. 24.)

XV. Meß- und Relaisschaltungen.

Meßschaltungen sind hier nur insoweit zu erörtern, als sie in Starkstromschaltanlagen fest eingebaut Verwendung finden, während die Kontrollschaltungen, die nicht betriebsmäßig vorzunehmen sind, ausscheiden. Von Relaisschaltungen werden nur diejenigen der Starkstromtechnik zu betrachten sein.

Da die Primärseite des Relais im Wesen mit dem Meßgerät zusammenfällt, so sollen zunächst die Schaltungen der Meßgeräte und der Primärseiten der Relais erörtert werden.

Geräte mit einer Hauptstromwicklung, also Strommesser, Amperestundenzähler und Maximalrelais, können nach Abb. 63 entweder direkt in den Stromkreis, und zwar in Serie, eingebaut oder auf der Sekun-

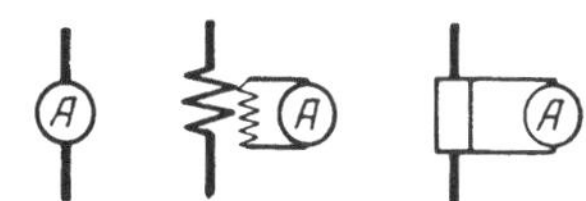

Abb. 63. Schaltung von Hauptstromgeräten.

därseite eines Stromwandlers oder schließlich parallel zu einem Nebenschlußwiderstand angeordnet sein. Letztere Schaltung ist für magnetische Geräte allerdings weniger gebräuchlich, weil sie Ungenauigkeiten zur Folge hat, da die Temperaturkoeffizienten der beiden Seiten selten gleich sind und sich dann durch die gegenseitige Veränderung der Widerstände die Stromverteilung verschiebt.

Sind mehrere Stromkreise zu messen, also z. B. bei Drehstrom die drei Phasen, so empfiehlt sich im allgemeinen die Verwendung getrennter Strommesser. Die Umschaltung ist wegen der Zeitverschiebung in den Ablesungen unzweckmäßig, bei Verwendung beliebiger Geräte ergibt sie auch keine Ersparnis.

Meßgeräte, die mit Nebenschlüssen verwendet werden, insbesondere Drehspul- und Hitzdrahtmeßgeräte, werden nach Abb. 64 umschaltbar angeordnet. Eine Klemme des Strommessers liegt am gemeinsamen

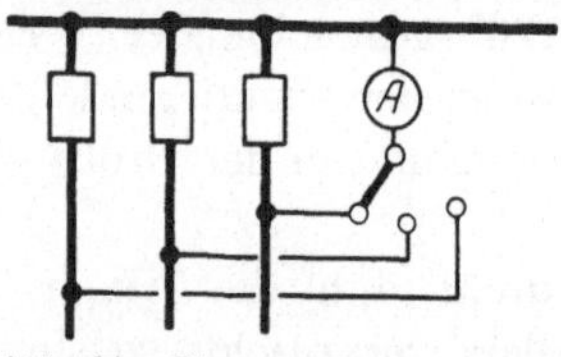

Abb. 64. Strommesser mit mehreren Nebenschlüssen und einpoliger Umschaltung.

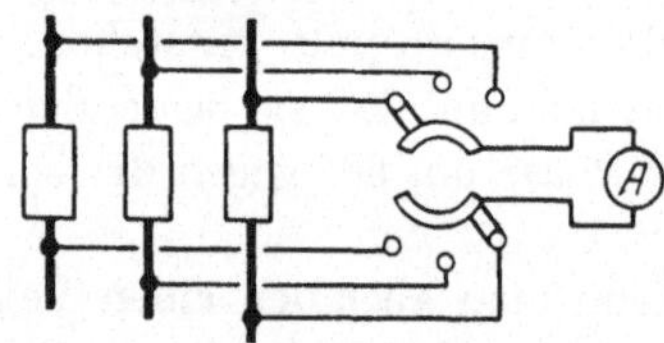

Abb 65. Strommesser mit mehreren Nebenschlüssen und zweipoliger Umschaltung.

Punkt der verschiedenen Meßwiderstände, das Instrument ist auf sie umschaltbar. Wenn die Meßwiderstände verschiedene Größen haben und zur Abstufung des Meßbereiches in einem Stromkreis verwendet werden, so sind auch noch die Nebenschlußwiderstände umzuschalten.

Wenn an Nebenschlußwiderständen gemessen werden muß, deren Klemmen nicht auf einer Seite zusammengelegt werden können, so ist nach Abb. 65 die Verwendung eines zweipoligen Umschalters für das Meßgerät erforderlich, wobei letzteres an den Zentralschienen des Umschalters und die Widerstände an zusammengehörigen, d. h. sich gegenüberliegenden Außenklemmen anzuschließen sind.

Für Drehspulmeßgeräte, deren Stromaufnahme gering ist, genügen die üblichen Meßumschalter, wie sie für Spannungsmesser verwendet werden. Wenn aber das Meßgerät höheren Strom aufnimmt, wie z. B. Hitzdrahtgeräte oder Amperestundenzähler, so ist ein hinreichend solider Umschalter zu verwenden, dessen Kontakt sorgfältig ausgeführt ist und dessen Spannungsabfall gering und gleichmäßig bleibt.

Wenn ein Stromwandler mit mehreren Meßgeräten verbunden werden soll, so sind sie nach Abb. 66 im Sekundärkreis in Reihe zu schalten. Die Abbildung zeigt an den Stromwandler angeschlossen einen Strommesser A, ein Maximalrelais MR und die Hauptstromwicklung eines Wattmeters W oder Wattstundenzählers.

Will man in einem Drehstromkreis die Ströme der drei Phasen messen, so empfiehlt sich, wie oben angegeben, bei Hochspannung die Verwendung von drei Strommessern, die an den drei Stromwandlern liegen. Will man mit nur einem Meßgerät auskommen, so sind nach Abb. 67 Spezialumschalter erforderlich, welche den jeweils benutzten Sekundärkreis öffnen und an die Klemmen des Instrumentes legen,

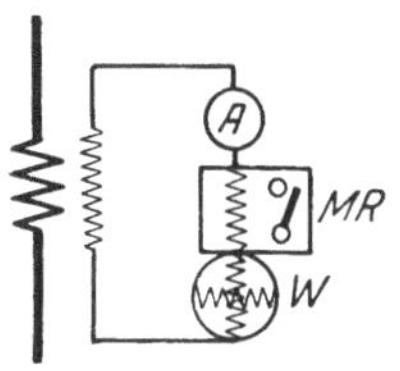

Abb. 66. Stromwandler mit mehreren Meßgeräten und Relais.

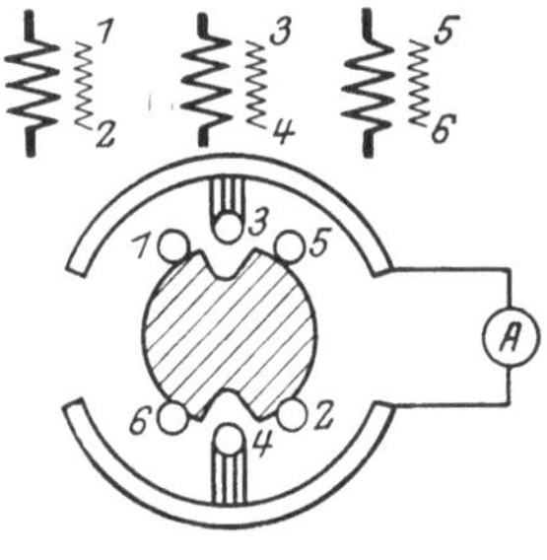

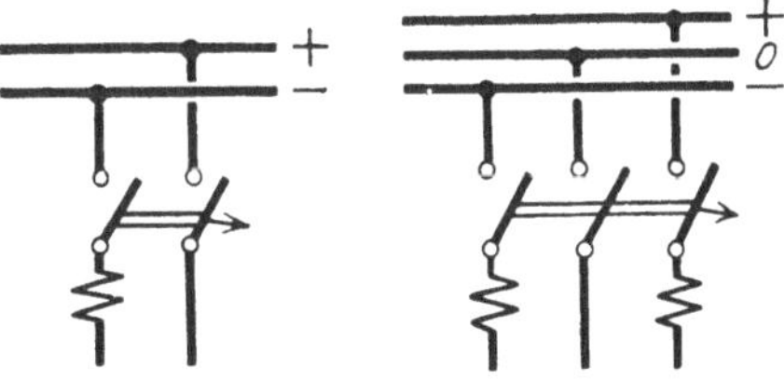

Abb. 67. Spezialumschalter für einen Strommesser mit mehreren Stromwandlern.

während die übrigen nichtbenutzten Sekundärkreise kurzgeschlossen sein müssen. Ein solcher Umschalter kostet meist mehr als die zwei ersparten Strommesser, so daß von der Verwendung abzuraten ist, um so mehr, als man die Ströme nicht gleichzeitig ablesen kann.

Die Maximalauslösungen werden bei Gleichstromzweileiteranlagen in einer Leitung verwendet. Bei Gleichstromdreileiteranlagen wird der Nulleiter nicht gesichert, die Außenleiter erhalten Maximalrelais (Abb. 68).

Für Drehstromkreise begnügt man sich nach Abb. 69a meist mit einer Sicherung durch Maximalauslöser oder Maximalrelais in zwei Phasen, erreicht dabei aber keinen hinreichenden Schutz gegen Erdschlüsse, die unter Umständen zwischen der dritten Phase und dem Nulleiter eintreten können. Will man auch hierfür sorgen, so sind nach Abb. 69b alle drei Phasen mit Maximalauslöser oder Maximalrelais auszurüsten.

Wenn in einem Netz zweiphasige Auslöser verwendet werden, so ist darauf zu achten, daß immer die gleichen Phasen mit Auslösern versehen werden. Andernfalls kann durch einen Gesellschaftserdschluß eine derartige Verteilung der Ströme eintreten, daß sie durch die ungesicherten Phasen sich schließen und die Maximalauslöser nicht wirken.

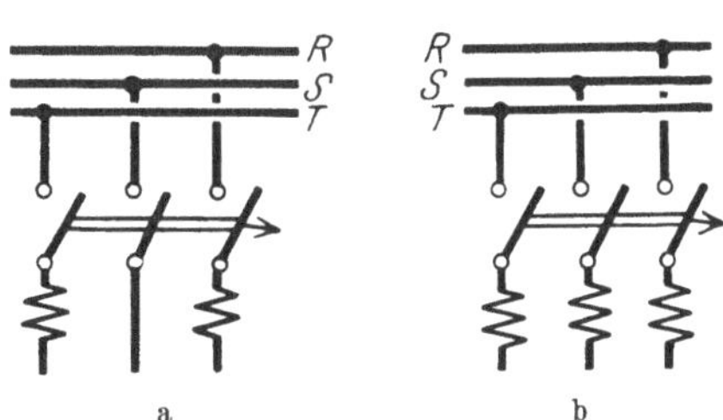

Abb. 68. Maximalauslöser bei Zweileiter- und Dreileiter-Gleichstrom.

Abb. 69. Maximalauslöser bei Drehstrom.

Spannungsmesser, Frequenzmesser, Nullspannungs- und Spannungsverlustrelais, Spannungsmaximalrelais und Zeitzähler sind nach Abb. 70 entweder direkt an die Spannung zu legen oder unter Vorschaltung eines Vorschaltwiderstandes oder unter Vermittlung eines Spannungswandlers.

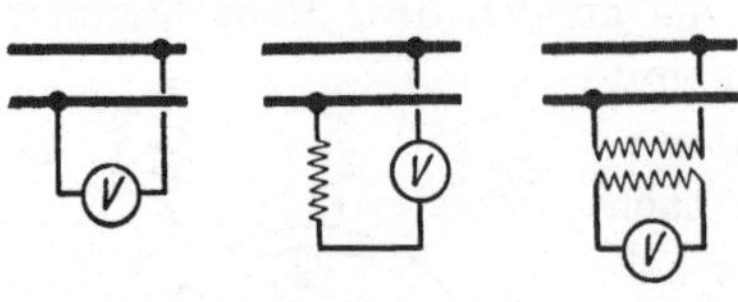

Abb. 70.   Anschluß von Meßgeräten mit Spannungswicklung.

Mehrere solcher Geräte sind an der Sekundärseite des Spannungswandlers parallel anzuordnen, wie in Abb. 71, welche an demselben Spannungswandler ein Voltmeter V, einen Frequenzmesser F und ein Nullrelais NR zeigt. Soll eines derselben entfernt werden, so ist es einfach abzuklemmen; es darf aber nicht kurzgeschlossen werden, während umgekehrt bei der Anordnung von Seriengeräten an Stromwandlern das Entfernen eines derselben ohne vorherigen Kurzschluß der Klemmen nicht zulässig ist.

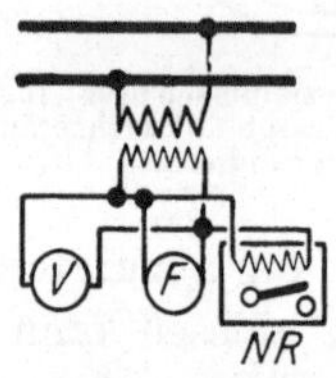

Abb. 71.   Anschluß mehrerer Meßgeräte mit Spannungswicklung an einem Spannungswandler.

Wenn ein Spannungsmeßgerät an verschiedene Kreise gelegt werden soll, ist die Verwendung eines Umschalters erforderlich. Abb. 72 zeigt einen Spannungsmesser, der wechselweise zwischen die verschiedenen Phasen $R\,S\,T$ gelegt werden kann.

Dreiphasige Meßgeräte, Auslöser oder Relais oder dreiphasige Gruppen einphasiger Geräte sind entweder nach Abb. 73a in Sternschaltung mit oder ohne Erdung des Nullpunktes, oder nach Abb. 73b in Dreieckschaltung zwischen den Phasen anzuordnen. Die beiden Skizzen zeigen den Anschluß dreiphasiger Nullspannungsauslöser. Für eine bestimmte Spannung ergibt die Sternschaltung geringere Beanspruchung der Wicklungen und dickere Drähte. Unter Umständen ist aber die Umschaltung von Stern auf Dreieck erwünscht, wenn man z. B. ein solches Gerät entweder für 220 oder 380 Volt verwenden will. Bei 380 Volt muß es dann in Sternschaltung angeordnet sein, bei 220 Volt in Dreieckschaltung. Da dies nur bei der Verwendung in verschiedenen Netzen in Frage kommt, wird man diese Umschaltungen durch entsprechende Verbindung der Klemmen bewirken, besondere Umschalter aber nicht verwenden. Betriebsmäßige Umschaltungen von Stern auf Dreieck und umgekehrt sind in Kap. XI behandelt.

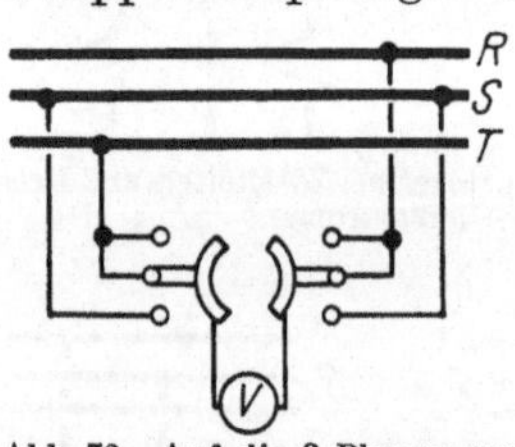

Abb. 72.   Auf die 3 Phasen umschaltbarer Spannungsmesser.

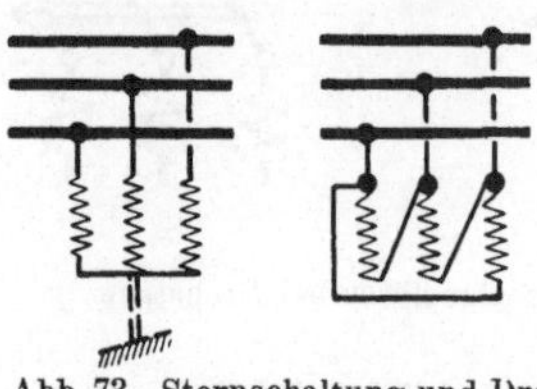

Abb. 73.   Sternschaltung und Dreieckschaltung dreiphasiger Meßgeräte oder Relais.

Geräte mit Strom- und Spannungswicklungen — wie Wattmeter, Rückstromrelais für Wechselstrom, Wattstundenzähler — sind mit der Stromwicklung wie Strommesser, mit der Spannungswicklung wie Spannungsmesser anzuschließen. Abb. 74 zeigt ein Beispiel für Hochspannung: der Stromwandler speist das Amperemeter A und das Maximalrelais $M\,R$, sowie die Stromwicklungen des Wattmeters W und des Zählers Z, alle in Serie. Der Spannungswandler speist das Voltmeter V und den Fre

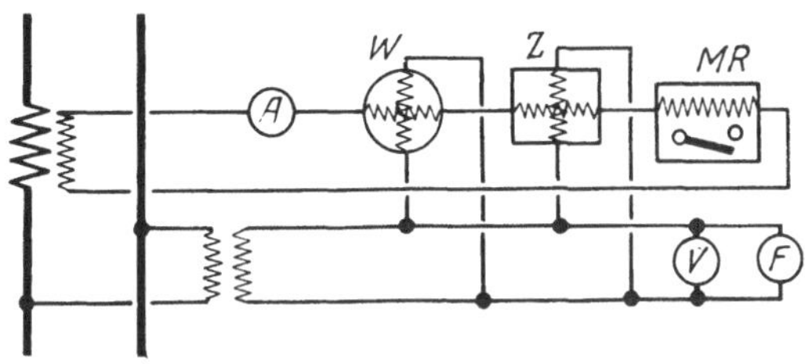

Abb. 74. Meßschaltung für mehrere Geräte mit Strom- und Spannungswandler.

quenzmesser F, sowie die Spannungswicklungen des Wattmeters und des Wattstundenzählers, alle parallel.

Bei Dreiphasenstrom werden diese Meßgeräte entweder einphasig benutzt oder in doppelter Anordnung zur Messung ungleicher Phasenbelastung verwendet; sie erhalten dann zwei Stromwicklungen und eine Spannungswicklung in der bekannten Aronschaltung.

Damit dürften die wesentlichen Gesichtspunkte für die Primärschaltungen von Relais, sowie für den Anschluß der Meßgeräte gegeben sein. Es sind nun die Sekundärschaltungen der Relais, d. h. die durch ihre Sekundärkontakte zu schaltenden Stromkreise, kurz zu behandeln. Dafür kommen drei Übertragungsmöglichkeiten in Frage:

1.

Mittels unabhängigen, bei Kurzschlüssen und Fehlern im Netz nicht versagenden Hilfsstromes. Praktisch dürfte das nur mit Gleichstrom, im Notfalle mittels einer besonderen Batterie, möglich sein, für deren Ladung aber dann zu sorgen ist, gegebenenfalls durch Aufstellung besonderer Ladeumformer. Der Auslösestromkreis ist ein solcher mit konstanter Spannung, welcher mit Arbeitsstrom die Auslösespule des Hauptschalters (Abb. 75) oder ein Signal — etwa eine Glocke, eine Hupe oder eine Merklampe — betätigt. Die Kontakte der Relais sind für Arbeitsstrom auszurüsten und müssen die Auslösespule oder das Signal einschalten. Sind mehrere Relais zu verwenden, welche einzeln die Auslösung bewirken, so sind ihre Se

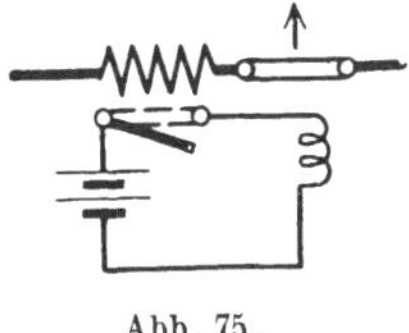

Abb. 75. Sekundärauslösung mit Gleichstrom.

kundärkontakte parallel zu schalten, sollen sie nur gemeinsam arbeiten, in Serie. Diese Auslöseart mit Gleichstrom ist von allen möglichen die sicherste. Nur muß für die einwandfreie Wirkung der Hilfsstromquelle gesorgt werden. Wenn also in einer Drehstromstation, die, abgesehen von einer kleinen Hilfsbatterie, keinen Gleichstrom führt, die Auslösung durch eine solche Batterie zu bewirken ist, so muß dafür gesorgt werden, daß sie immer hinreichend stark geladen ist.

2.

Eine Auslösemöglichkeit ist durch Ruhestrom von der Spannung des Netzes her gegeben, indem man einen Ruhestromauslöser direkt oder mittels Spannungswandlers speist (Abb. 76). Eine solche Übertragung wirkt aber nicht nur, wenn das Relais anspricht, dessen Sekundärkontakt den Ruhestromkreis zu unterbrechen hat und daher für Ruhestrom auszuführen ist, sondern auch, wenn die Spannung im Netze aus irgendeinem Grunde ausbleibt oder sehr stark sinkt, also z. B. bei einem Kurzschluß an anderer Stelle, beim Versagen der Erregung durch Schaltfehler, bei denen ein falscher Stromkreis ausgeschaltet wird, und anderen Schaltoperationen; schließlich durch absichtliche Ausschaltung einer Leitung zwecks

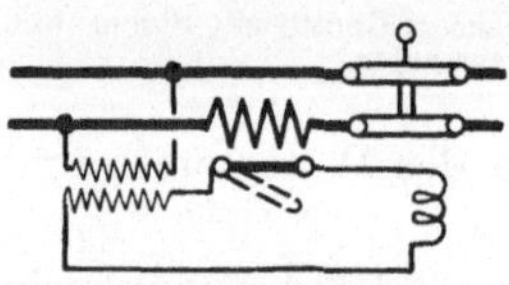

Abb. 76. Sekundärauslösung mit Ruhestrom vom Netz aus.

Besichtigung oder fürReparaturen. Die Auslösung erfolgt also dann unerwünscht, und zur Inbetriebsetzung muß der Schalter von Hand wieder eingeschaltet werden. Daher ist diese Methode nur bei solchen Stationen anwendbar, in denen mit Wartung gerechnet werden kann und daher die sofortige Wiedereinschaltung in einem derartigen Falle des Ausbleibens der Spannung möglich ist. Aber gerade in solchen Fällen hat man häufig Gleichstrom zur Verfügung, der eine viel bessere Lösung der Aufgabe gestattet. Der Auslöser am Schalter muß für Ruhestrom mit Netzspannung bzw. der sekundären Spannung ausgerüstet sein und durch Loslassen seines Ankers bei Ausschaltung des Erregerkreises den Hauptschalter herauswerfen. Die Relais erhalten Sekundärkontakte für Ruhestrom.

3.

Die dritte Möglichkeit ist durch Verwendung der Stromwandler als Auslösestromquelle gegeben (Abb. 77). Der Wandler ist mit der Auslösespule und der Spule des Maximalrelais in Serie geschaltet; letzteres hat Ruhestromkontakte und hält damit, solange es nicht angesprochen hat, die Auslösespule kurzgeschlossen, so daß sie nicht wirkt. Die Schaltung ist diejenige eines Kreises für konstanten Strom, im Gegensatz zu den beiden anderen (Nr. 1 u. 2), welche mit konstanter Spannung arbeiten. Diese Anordnung ist nur verwendbar, wenn im Augenblick der Benutzung, d. h. beim Ansprechen der Relais, mit Sicherheit auf genügenden Strom zur Speisung des Stromwandlers, des Relais und der Auslösespule gleichzeitig zu rechnen ist, z. B. bei einem

Überstromschutz gegen Kurzschluß. Sie ist aber unbrauchbar, wenn beim Ansprechen der Strom niedrig ist, wie z. B. bei einer Erdschlußauslösung oder unter Umständen bei einer Rückstromauslösung. (Vgl. a. Abb. 17, S. 24.)

Zu beachten ist bei Schaltung 3, daß die Sekundärkontakte dauernd den vollen Sekundärstrom (im allgemeinen 5 Amp.) und vom Eintritt der Überlastung bis zu ihrer Öffnung, also während einer unter Umständen nicht unerheblichen Verzögerungszeit (in der Größe von 10 Sek.), ein hohes Vielfaches desselben nicht nur durchlassen, sondern dabei noch so geringen Spannungsabfall gewährleisten müssen, daß die

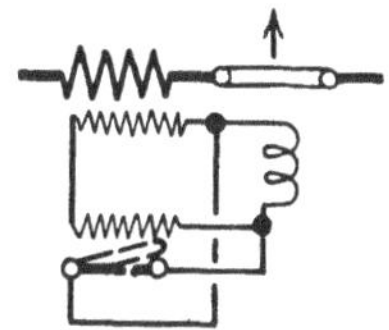

Abb. 77.
Sekundärauslösung mit Stromwandler.

Auslösespule während dieser Zeit nicht wirksam erregt wird. Das Maximalrelais ist ein Arbeitsstromrelais mit Ruhestromkontakten; diese müssen aber viel solider ausgeführt sein als bei der Schaltung mit Spannungswandler, wo der Ruhestromkontakt immer nur ganz kleine Ströme für die Spannungsspule führt.

In der Praxis handelt es sich stets um komplizierte Fälle, in denen nicht nur mehrere Phasen gleichzeitig auszurüsten, sondern auch meist mehrere Relaisarten für verschiedene Betriebsbedingungen zu verbinden sind, etwa Überstrom und Rückstrom, oder Überstrom und Spannungsverlust, oder Kurzschlußschutz und Erdschlußschutz. Diese Bedingungen werden durch entsprechende Zusammenstellung der Primärseiten der Relais erfüllt, wobei die im ersten Teil dieses Kapitels gegebenen Grundsätze zu berücksichtigen sind. Die Lösung der Aufgabe, wie die Sekundärkreise zu verbinden sind, ergibt sich aus den allgemeinen Betrachtungen über den einfachen Schaltstromkreis, indem wohl immer eine Stromquelle und ein Gerät (die Auslösespule) durch mehrere Schalter zu verbinden sind und dabei je nach der gewünschten Wirkung die Schalter einzeln oder gemeinsam zu wirken haben. Beispiele für derartige komplizierte Auslösungen sind mehrfach gegeben; es sei hier nur auf die vierte Aufgabe des Kapitels Sterndreieckumschaltungen besonders verwiesen.

XVI. Stromvergleichsschaltungen.

Bei diesen Schaltungen wird die Differenz oder die Summe mehrerer Ströme oder Spannungen gemessen, um Abweichungen vom normalen Zustand durch Vergleich festzustellen. Es kommen folgende Fälle in Frage:

1. Ein Vergleich zweier gleichartiger Größen, z. B. Ströme oder Spannungen; dies ergibt reine Differenz- und Differentialschaltungen.

2. Ein Vergleich von mehr als zwei gleichartigen Größen, z. B. Ströme; dies ergibt eine Summenschaltung, wobei die einzelnen Größen

nach Richtung und Phase zu berücksichtigen sind, also nicht eine algebraische, sondern eine geometrische Summe zu bilden ist.

3. Vergleich ungleichartiger Größen, z. B. Schaltung von Strömen gegen Spannung; solche Anordnungen kommen bei Rückstromautomaten für Gleichstrom vor, aber auch in besonderen Fällen in der Wechselstromtechnik.

In Abb. 78 ist eine Differenzschaltung dargestellt, bei welcher zwei Maximalrelais MR die Auslösespulen A der zugehörigen Ölschalter O auf die Batterie B schalten, wenn eines dieser Maximalrelais angesprochen hat, das andere aber nicht. Die Schaltung kommt nicht zustande, wenn beide Relais nicht angesprochen haben oder wenn beide Relais angesprochen haben.

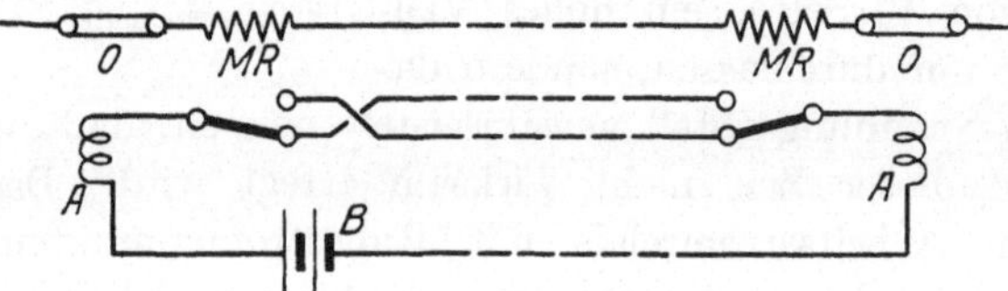

Abb. 78. Differenzschaltung zweier Maximalrelais.

Da die beiden Relais, wenn sie in der gleichen Phase an den Enden einer Leitung oder auf beiden Seiten eines Generators in der gleichen Wicklung liegen, unter normalen Verhältnissen gleichen Strom führen, sei er unter der normalen Größe oder über derselben, so wird im ungestörten Betriebe eine ungleiche Stellung der Maximalrelais nicht vorkommen. Die Ausschaltung erfolgt nur, wenn die Ströme ungleiche sind, nicht aber, wenn eine Überschreitung der normalen Größe auf beiden Enden stattfindet. Die Verbindung zwischen den beiden Hilfsschaltern der Maximalrelais geschieht mit gekreuzter Wechselschaltung (s. Kap. X, Abb. 40 b).

Diese Anordnung hat den Nachteil, daß die Maximalrelais nicht leicht genau gleichmäßig eingestellt werden können und unter Umständen bei gleicher Stromstärke schon Differenzen zeigen. Außerdem erfordert sie verhältnismäßig viele Hilfsleitungen, so daß sie für die Überbrückung größerer Entfernungen nicht zu verwenden ist.

Abb. 79a zeigt ein Differenzrelais mit zwei getrennten Spulen, welche mittels ihrer Kerne an gleichen Hebelarmen auf einen zweiarmigen Hebel einwirken. Je nach dem Überwiegen der einen oder anderen Größe schlägt der Hebel im einen oder anderen Sinne aus und gibt danach Kontakt. Das Drehmoment des Hebels hängt von der Differenz der Quadrate der Stromstärken in beiden Spulen ab, ist also von der Phase unabhängig.

Wenn man die beiden Spulen konzentrisch anordnet und im ungleichen Sinne vom Strom durchfließen läßt, kommt man zu der Abb. 79 b. Hier wirken die beiden Spulen auf einen gemeinsamen Kern, ihre Magnetfelder setzen sich zu einer Resultierenden zusammen; bei Gleichstrom ergeben gleiche Ströme das Magnetfeld Null, bei Wechselstrom nur dann, wenn die Ströme auch in Phase sind. Die Kraft des Magneten ist proportional dem Quadrat der geometrischen Differenz der beiden Ströme, also von der Phasenverschiebung bei Wechselstrom erheblich abhängig.

Eine derartige Differenzschaltung kann bei Gleichstromanlagen im Dreileitersystem für ein Relais benutzt werden, welches ungleichmäßige Belastung der beiden Hälften an- zeigt und dadurch die Bedienung auf die Zweckmäßigkeit von Um- schaltungen aufmerksam macht. Die Anordnung ist in Abb. 80 dar- gestellt. Zweckmäßig wird man die Form des Relais mit zwei an einem Hebelarm wirkenden Spulen nach Abb. 79 a wählen, um gleich

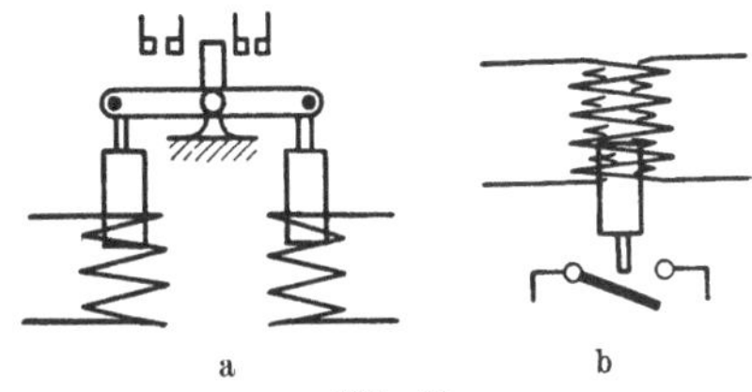

Abb. 79.
a) Differenzrelais mit getrennten Spulen.
b) Differenzrelais mit konzentrischen Spulen.

festzustellen, auf welcher Seite die höhere Belastung stattfindet.

Der eigentliche Differentialschutz, welcher von Merz und Price stammt, bezweckt die Vergleichung zweier in der gleichen Phase an den Enden einer Leitung, eines Transformators, eines Generators usw. fließender Ströme. Abb. 81 stellt den Schutz einer Leitung, z. B. eines Kabels, dar. An beiden Enden befinden sich Stromwandler W_1 und W_2 mit gleichen Primär- und Sekundärstromstärken; diese Wandler sind über zwei einfache Maximalrelais R_1 und R_2 derart verbunden, daß

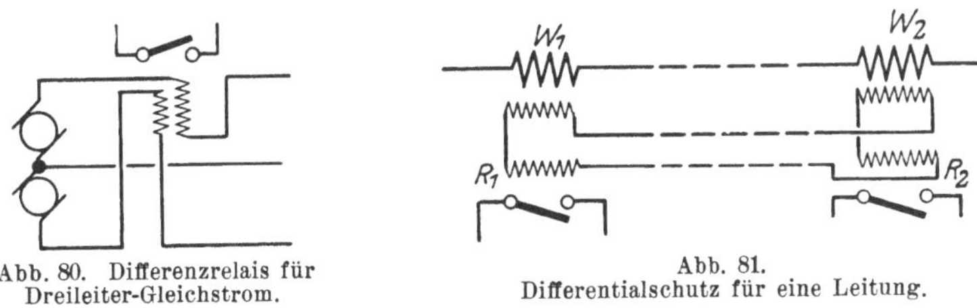

Abb. 80. Differenzrelais für
Dreileiter-Gleichstrom.

Abb. 81.
Differentialschutz für eine Leitung.

ihre sekundären Ströme sich aufheben. Das Ende der ersten Sekundär- wicklung ist also nicht mit dem Anfang, sondern mit dem Ende der zweiten zu verbinden. Fließen in beide Wandler gleiche Primärströme, so heben sich die Sekundärwirkungen auf, die Relais bleiben also in Ruhe, und zwar unabhängig von der Größe der Ströme, also sowohl bei normalem Betrieb als auch bei Überlastung und Kurzschluß. Tritt dagegen eine Verschiedenheit der Ströme auf, was nur durch einen Fehler auf der Strecke zwischen den beiden Wandlern vorkommen kann, sei es ein Erd- oder Kurzschluß, so ist die resultierende Stromstärke nicht mehr Null, sondern erreicht einen endlichen Wert, welcher bei hinreichender Größe die recht empfindlich eingestellten Relais R_1, R_2 zum Ansprechen bringt und durch deren Sekundärkontakte, die hier für Arbeitsstrom gezeichnet sind, die Auslösung bewirkt, z. B. mittels einer Batterie.

Die Anordnung ist in großem Umfang ausgeführt worden. Immerhin erfordert sie für eine Fernübertragung zwei Hilfsleitungen pro Phase, die durch Zusammenlegung noch etwas in der Zahl verringert werden können, aber doch recht erhebliche Kosten machen.

Wenn die beiden in bezug auf die Stromstärke zu vergleichenden Stellen räumlich nicht weit auseinander liegen, erweist sich das System als wesentlich brauchbarer. Abb. 82 zeigt den Schutz eines einphasigen Transformators. Die Wandler auf beiden Seiten des Transformators in der gleichen Phase erhalten derart abgestufte Primärstromstärken, daß bei gleichem Energiefluß auf beiden Seiten die Sekundärstromstärken sich aufheben. In Anbetracht der geringen Entfernung von Primär- und Sekundärschalter kommt man hier mit einem

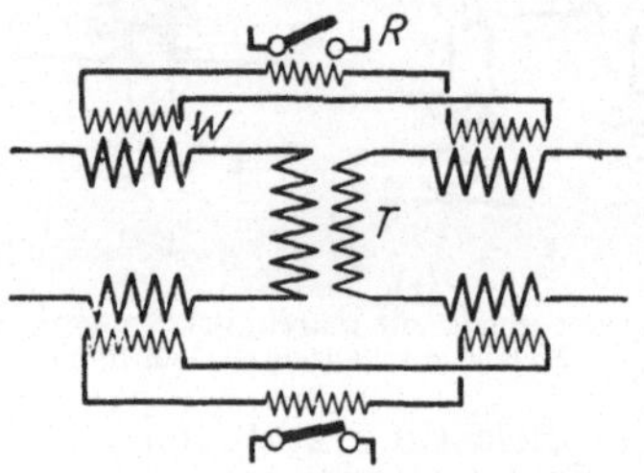

Abb. 82. Differentialschutz für einen Transformator.

einzigen Relais in der Verbindungsleitung der Wandler jeder Phase aus.

Auch zum Schutz von Generatoren ist das Differentialsystem mit Erfolg angewendet worden. Abb. 83 veranschaulicht das Schaltungsschema, wobei in jeder Phase G die Generatorwicklung, W_1 und W_2 die Wandler auf beiden Seiten derselben sind. W_1 liegt also zwischen der Generatorwicklung und dem herausgeführten Sternpunkt, W_2 zwischen der Generatorwicklung und dem Netz. Auch hier genügt für jede Phase ein einziges Relais. Ein Fehler innerhalb der Wicklung wird zur Folge haben, daß die beiden Ströme nicht mehr gleich sind, unter Umständen sogar, daß einer der Ströme sich umkehrt und von beiden Seiten Strom auf den Fehler hinfließt. Dadurch wird natürlich die Wirkung der Stromwandler auf das Relais ganz wesentlich verstärkt.

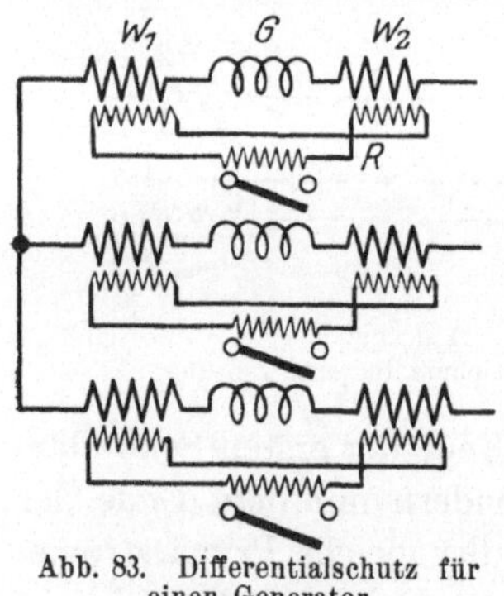

Abb. 83. Differentialschutz für einen Generator.

Während der Differentialschutz die Ströme an zwei Punkten der gleichen Phase untereinander vergleicht, erfolgt beim Summenschutz der Vergleich mehrerer Ströme in verschiedenen Phasen, aber an der gleichen Stelle. Da mehrere Ströme nicht mehr durch die Differenz verglichen werden können, so muß die Summe, und zwar die geometrische Summe, verwendet werden, welche in einem Dreileiterdrehstromsystem ohne fehlerhafte Ableitung bekanntlich immer Null ist. In Abb. 84 ist das Schema eines solchen Schutzes dargestellt. In den drei Phasen sind an einer Stelle einer Leitung für einen Transformator oder Generator oder Abzweig drei gleichartige Stromwandler eingebaut, deren Sekundärwicklungen hintereinander geschaltet sind (also Ende der einen mit Anfang der nächsten verbunden) und gemeinsam auf ein empfindliches Maximalrelais wirken. Solange kein Fehler vorhanden ist, ist

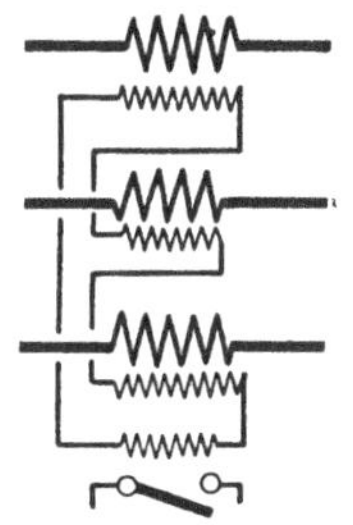

Abb. 84. Summenschutz für eine Drehstromleitung.

der Summenstrom Null, das Maximalrelais wirkt nicht. Tritt ein Fehler auf, dessen Größe man durch die Einstellung des Maximalrelais eingrenzen kann, so spricht dieses an.

Dieser Summenschutz hat den Vorteil, daß er keine Fernleitungen

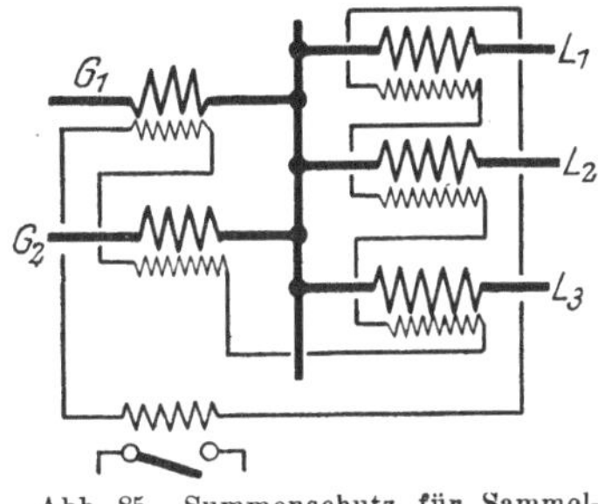

Abb. 85. Summenschutz für Sammelschienen.

benötigt. Dafür ist es schwerer, drei Stromwandler richtig aufeinander abzupassen, als beim Differentialschutz zwei solche.

Eine Verbindung des Differential- und Summenschutzes kann zur Überwachung von Sammelschienen verwendet werden, wie Abb. 85 zeigt. Es ist hier vorausgesetzt, daß auf eine Sammelschiene an jeder Phase zwei Generatoren arbeiten und von der Sammelschiene drei Leitungen abgehen. Wenn in der Sammelschiene kein Fehler vorliegt, muß die geometrische Summe der Generatorenströme gleich der geometrischen Summe der Ableitungsströme sein oder die Differenz beider Summen Null. Tritt ein Fehler auf, so wird die Differenz von Null verschieden sein, was man zum Erregen eines Maximalrelais benutzt. Jeder Generator und jede Leitung erhält also in jeder Phase einen Stromwandler, und zwar müssen sämtliche Stromwandler gleich sein, bzw. gleiches Übersetzungsverhältnis haben. Die Generatorenstromwandler sind unter sich in Reihe, aber nicht gekreuzt, angeordnet. Ebenso die Leitungsstromwandler. Zwischen beiden Gattungen aber ist eine Kreuzung vorhanden, so daß dadurch die Differenz der beiden Gruppen erzielt wird. Bei den Generatoren ist das Ende eines Stromwandlers mit dem Anfang des nächsten verbunden, bei den Leitungen auch. Vom Ende des Stromwandlers des letzten Generators geht es zum Ende des Stromwandlers der ersten Leitung auf der Sekundärseite.

Solche Überwachungsschaltungen für Sammelschienen sind verhältnismäßig wenig benutzt worden, weil einerseits die Abgleichung der Stromwandler bei der großen Anzahl erhöhte Schwierigkeiten bietet, andererseits ein Sammelschienensystem immer so sorgfältig ausgeführt wird und verhältnismäßig so einfach ist, daß die Wahrscheinlichkeit von Fehlern an dieser Stelle gering ist.

Ein Vergleich zwischen Strom und Spannung kommt bei Gleichstrom-Rückstrommagneten nach Abb. 86 in Frage. Ein Ruhestrommagnet wird von einer Strom- und einer Spannungswicklung gespeist, welche sich bei Vorwärtsstrom addieren, bei Rückwärtsstrom entgegenwirken. Bei einer gewissen Höhe des Rückwärtsstromes wird die Stromwicklung das Magnetfeld der Spannungswicklung soweit schwächen, daß die Rückzugskraft des Ankers genügt, um ihn abzuziehen. Dadurch wird die Auslösung mechanisch bewirkt oder es wird, falls es sich um ein Relais handelt, eine Kontaktgabe erzielt. Hier wird also der veränderliche Strom mit der konstanten Spannung verglichen, was insofern auch praktische Bedeutung hat, als mit erhöhter Spannung der Strom steigt. Im übrigen sind diese Differenzmagneten mit den früher gezeigten nicht eigentlich zu vergleichen, weil die eine Wicklung, nämlich die Spannungswicklung, im wesentlichen unveränderlich ist und ebensogut durch die Polarisation eines permanenten Magneten ersetzt werden könnte, wenn nicht letztere durch die verschiedenen Belastungen leiden würde.

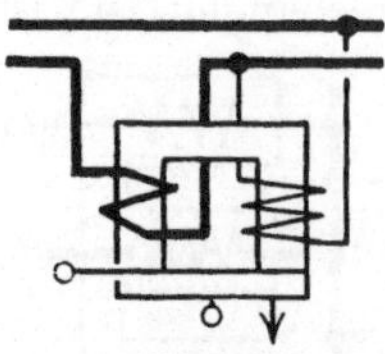

Abb. 86. Minimal-Rückstrom-Magnet.

Nicht zu verwechseln mit diesen Differenzmagneten sind die Gleichstromrückstrommagneten, welche auf der Summenwirkung von Strom- und Spannungsspulen beruhen, nach Abb. 87. Hier sind Strom- und Spannungsspulen bei normaler Stromrichtung gegeneinander geschaltet, bei Rückstrom unterstützen sie sich und steigern das Magnetfeld bei einer gewissen Grenzstromstärke auf eine solche Höhe, daß es die Gegenkraft, welche den Anker zurückzieht, überwindet. Diese Form des Maximalrückstrommagneten wirkt allerdings auch als Differenzmagnet, wenn nämlich bei Vorwärtsstrom dessen Größe immer weiter anwächst; dadurch wird nicht nur die Wirkung des Spannungsfeldes ganz aufgehoben, sondern eine so starke entgegengesetzte

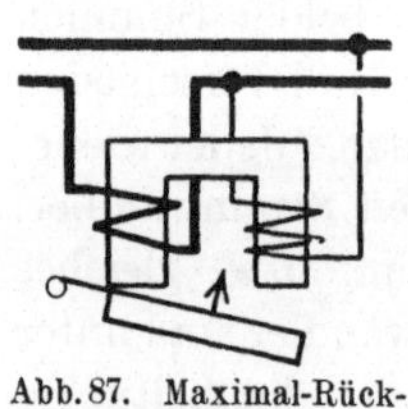

Abb. 87. Maximal-Rückstrom-Magnet.

Wirkung ausgeübt, daß schließlich unter Überwindung der Spannungseinwirkung die Anziehung des Ankers und die Auslösung erfolgt.

Nebenher sei bemerkt, daß beide hier gezeichneten Rückstrommagnete durch das Arbeiten des Ankers ihren magnetischen Widerstand sehr erheblich verändern, so daß die Ausschaltung der Hauptstromwicklung nicht genügt, um durch die Spannungsspule allein den Magneten in seine Ruhelage zurückzuführen, falls es sich um einen Minimalanker handelt (Abb. 86). Im anderen Fall (Abb. 87) hält die Spannungsspule allein den Maximalanker angezogen, auch wenn der Hauptstrom unterbrochen ist. Man muß also entweder für mechanische Rückbewegung des Ankers in die Ruhelage sorgen oder durch eine Hilfs-

schaltung (Übermagnetisierung der Spannungsspule beim Minimalmagneten nach Abb. 86 oder Schwächung der Spannungsspule beim
Maximalmagneten nach Abb. 87) die Rückführung bewirken.

Eine sehr geistreiche Anwendung der Vergleichung verschiedener
Größen findet sich bei der selbsttätigen Parallelschaltvorrichtung von
Vogelsang. Es soll hier bei Erreichung des Synchronismus ein Kontakt gegeben werden, d. h. bei Hellschaltung (s. Kap. XXIV) soll die
Schwebungsspannung zwischen beiden Maschinen eine gewisse Größe
in der Nähe ihres Maximalbereichs erreichen. Die Schwebung ist die
geometrische Summe der beiden Spannungen und wird durch Hintereinanderschaltung der gekreuzten Sekundärwicklungen mit einer entsprechenden Spule in dieser erzeugt. Man könnte nun den Kontakt bewirken, wenn die Schwebungsspannung eine gewisse absolute Höhe
erreicht hat, indem man den magnetischen Einfluß der Schwebungsspule eine konstante Gegenkraft, etwa ein Gewicht, überwinden läßt.
Das wäre aber unerwünscht, da man gar nicht bei einer bestimmten
absoluten Höhe der Schwebungsspannung parallel schalten will, sondern bei einer relativen Höhe zum Maximum der Schwebungsspannung.
Dieses aber ist von der jeweiligen Spannung der beiden Maschinen,
die ja an sich für die Zwecke des Parallelschaltens gleich gehalten werden,
abhängig. Man muß also die Gegenkraft mit der Maschinenspannung
verändern, und dies wird bei der hier besprochenen Anordnung dadurch erreicht, daß als Gegenkraft die arithmetische Summe der beiden
Maschinenspannungen verwendet wird. Die geometrische Summe zieht
auf der einen Seite eines doppelarmigen Hebels, die arithmetische Summe
auf der anderen. Der Maximalwert der geometrischen Summe erreicht
im Maximum der Schwebung den Wert der arithmetischen Summe.
Gibt man der Seite, an der
die geometrische Summe
wirkt, entweder durch Er-
höhung ihrer Amperewin-
dungszahl oder durch ein
kleines Übergewicht er-
höhte Kraft, so erreicht
man, daß der Hebel im
Maximum der Schwebungs-
spannung nach der Seite
ausschlägt, wo die geome-
trische Summe angreift.

In Abb. 88 ist die An-
ordnung dargestellt: Zwei

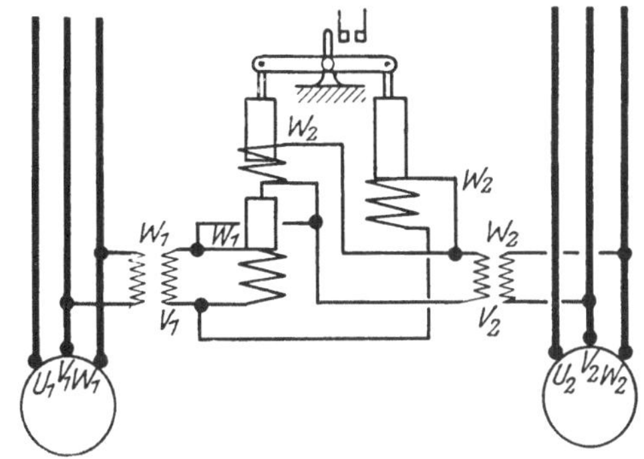

Abb. 88. Parallelschaltrelais mit Vergleich der geometrischen und arithmetischen Summe der Maschinenspannungen.

Generatoren arbeiten über Spannungswandler auf die Synchronisiervorrichtung. Das betreffende Relais besteht aus einem doppelarmigen

Hebel, an dem einerseits zwei Magnetanker hängen, welche durch die Spulen $v_1 w_1$ bzw. $v_2 w_2$ der beiden Maschinen getrennt erregt werden. Auf der anderen Seite hängt ein Anker, der von der Schwebungsspule beeinflußt wird. Diese liegt an den Klemmen $v_1 w_2$, während gleichzeitig $v_2 w_1$ direkt verbunden sind. Die Schwebungsspule ist also in Hellschaltung angeordnet.

Die arithmetische Summe ist in bekannter Weise dadurch abgeleitet, daß jede der Teilspulen ihren eigenen Anker und ihren eigenen magnetischen Kreis hat, die geometrische Summe durch die Verkettung der Stromkreise mit einem magnetischen Kreis.

Diese Anordnung hat zweifellos einen wesentlichen Vorteil, wenn bei verschiedener Spannung synchronisiert werden soll. Dafür ist aber eine erhebliche Komplikation in den Kauf zu nehmen. Begnügt man sich damit, daß bei einer bestimmten Spannung parallel zu schalten ist, oder wenigstens, daß diese Spannungswerte nicht stark voneinander abweichen, so vereinfacht sich die Anordnung merklich. Man läßt die beiden Spulen und Anker auf der linken Seite fort, ersetzt sie durch ein Gewicht und verwandelt die Hellschaltung auf der rechten Seite durch Aufhebung der Kreuzungen in eine Dunkelschaltung. Der Kontakt muß auf die andere Seite des Hebels gesetzt werden, da er zu betätigen ist, wenn die Schwebungsspannung so tief gesunken ist, daß das Gewicht den magnetischen Zug überwiegt.

XVII. Fernschaltung und Fernanzeige von Schalterstellungen.

Die Fernschalter dienen nicht nur zur Betätigung eines Schalters aus größerer Entfernung, sondern auch zu selbsttätiger Schaltung von Stromkreisen mittels Relais, die beim Eintritt irgendwelcher unzulässiger Betriebsbedingungen in gleicher Weise wie der Kommandoschalter eines Fernsteuerungskreises den Fernschalter auslösen.

Man hat zu unterscheiden zwischen Fernschaltern mit einseitiger Betätigung und Rückführung von Hand und solchen, bei denen die Betätigung in beiden Richtungen durch elektrische Impulse geschieht.

Die nach einer Richtung arbeitenden Fernschalter sind in der überwiegenden Zahl Fernausschalter, d. h. die auf elektrischem Wege gesteuerte Betätigung bedeutet die Ausschaltung eines Stromkreises, bzw. die Öffnung eines etwa vorher kurzgeschlossenen Widerstandes. Ferneinschalter, die in früheren Zeiten gelegentlich einmal verwendet wurden, sind seltener geworden, immerhin werden sie durch Quecksilberkippröhrenschalter auch heute noch vertreten.

Zur Unterscheidung sollen im folgenden die Apparate, welche nur einseitig wirken, Fernausschalter heißen, während wir mit Fernein-

und -ausschalter, bzw. der abgekürzten Bezeichnung Fernschalter, die beiderseits elektrisch betätigten Geräte benennen wollen.

Bei den Fernausschaltern sind wieder zwei Gruppen zu unterscheiden, nämlich solche mit Arbeitsstrom- und solche mit Ruhestromspulen, ferner bei den Geräten mit Arbeitsstromspule solche für Momentanbelastung oder für dauernde Belastung, schließlich solche mit Erregung vom eigenen und vom fremden Netz.

Abb. 89 stellt einen Arbeitsstromfernausschalter für Momentanbelastung und zum Anschluß an das Eigennetz dar. Durch Drücken des Knopfes D wird die Auslösespule A eingeschaltet und bewirkt die Öffnung des Fernschalters F. Der Anschluß der Arbeitsstromspule wird so gelegt, daß diese durch den Fernschalter selbst abgetrennt wird. An Fernleitungen ist, abgesehen von der unter Umständen aus anderen Gründen notwendigen Verbindung der Plusleitung am Kommandoapparat mit der Plusschiene am Fernaus-

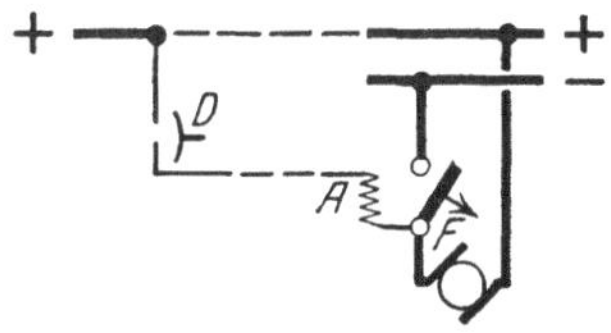

Abb. 89. Fernausschalter mit Druckknopfbetätigung durch Arbeitsstrom vom eigenen Netz.

schalter, noch eine Kommandoleitung zwischen dem Druckknopf D und der Auslösespule A notwendig. An Stelle des Druckknopfes kann auch ein Schalter treten, da durch die Ausschaltung mittels des Fernausschalters die Spule sofort wieder spannungslos wird.

Hat man dagegen einen Fernausschalter, der falsch geschaltet ist, bei dem also die Auslösespule vom Netz gesehen nicht hinter, sondern vor dem Fernausschalter — also in unserem Schema nicht unten, sondern oben — angeschlossen ist, so muß man einen Druckknopf verwenden, der beim Loslassen die Auslösespule außer Betrieb setzt. Bei Verwendung eines Schalters läge die Gefahr vor, daß der Schalter dauernd geschlossen bleibt und die Auslösespule verbrennt.

Eine Anordnung mit dauernd stromdurchflossener, vom eigenen Netz gespeister Auslösespule gibt Abb. 90. Der Kommandoschalter S betätigt die Auslösespule A für den Fernausschalter F. Diese Anordnung hat aber nur dann Sinn, wenn der Fernausschalter beim Stromloswerden der Auslösespule wieder in seine Ruhestellung zurückgehen kann, d. h. wenn er kein eigentlicher Fernausschalter, sondern ein Fernein- und -ausschalter ist. Derartige Geräte lassen sich mit Quecksilberkippröhren gut bauen; der Anker wird bei Erregung der Auslösespule

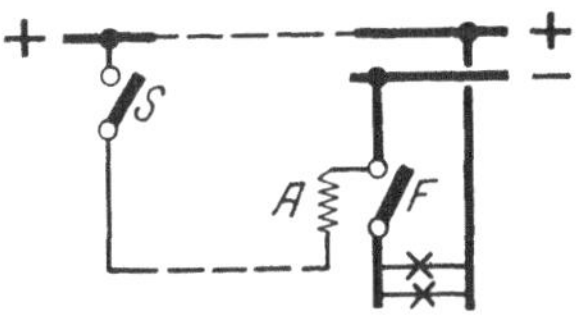

Abb. 90. Fernschalter mit dauernd belasteter Spule.

angezogen und die Quecksilberröhre nach der einen Richtung gekippt, beim Stromloswerden der Auslösespule fällt der Anker ab, und die Röhre kippt nach der anderen Richtung. Bei einer derartigen Anordnung ist es gleichgültig, ob man die Röhre so einsetzt, daß sie bei angezogenem Anker Kontakt gibt und bei losgelassenem öffnet oder umgekehrt. Danach ist also die Einschaltung mit der Erregung der Auslösespule verbunden und die Ausschaltung mit ihrem Stromloswerden oder die Einschaltung der Lampen mit der Ausschaltung der Auslösespule und umgekehrt. Bei diesen Fernschaltern muß die Auslösespule, vom Netz gesehen, vor dem Schalter abzweigen. Die Zahl der Fernleitungen ist dieselbe wie bei dem ersten Beispiel.

Ein Fernausschalter mit Erregung von einem fremden Netz ist in Abb. 91 gezeigt. Die Spule A, welche durch den Druckknopf D geschaltet wird, liegt an einem Betätigungsnetz $+ -$, der zu schaltende

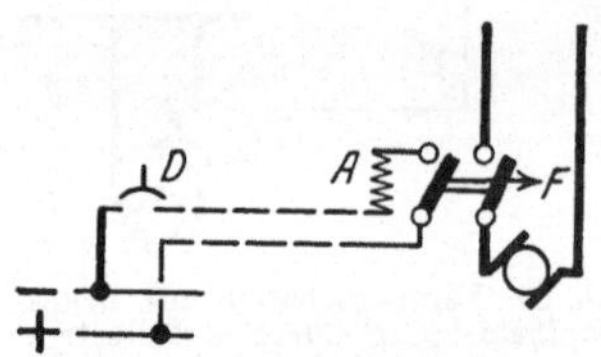

Abb. 91. Fernausschalter mit Hilfskontakt und Betätigung durch Arbeitsstrom vom fremden Netz.

Motor an einem anderen Netz. Die Auslösespule wird in diesem Fall meist für kurzzeitige Belastung bemessen sein, so daß sie nach dem Wirken abgeschaltet werden muß. Verwendet man einen Druckknopf, so besorgt dieser die Aufgabe selbst beim Loslassen. Benutzt man einen Schalter, so muß die Ausschaltung durch den Fernausschalter F mittels eines Hilfskontaktes bewirkt werden, wie dargestellt.

Auch hier ist die Zahl der Leitungen die gleiche; die Minusschiene ist am Kommandoapparat, die Plusschiene am Fernausschalter notwendig. Eine von beiden wird also, falls sie nicht aus anderen Gründen ohnehin vorhanden ist, von dem einen zum anderen Ort hinübergezogen werden müssen, ferner braucht man die Kommandoleitung DA.

Ein Ruhestromfernausschalter ist durch Abb. 92 erläutert. Es ist ein dreipoliger Schalter für Drehstrom, welcher mit dreiphasigem Magnet für Ruhestrom versehen ist, also ein sog. Nullspannungshalter.

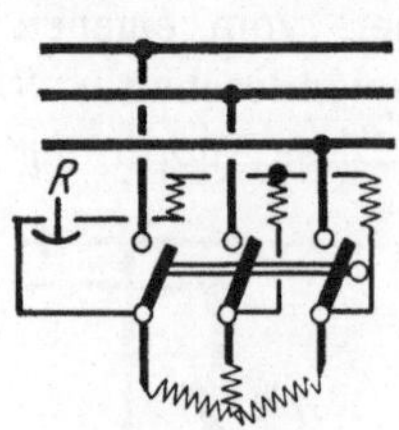

Abb. 92. Ruhestrom-Fernausschalter.

Die Zuleitung einer der Phasen ist nicht direkt an die Motorleitung, sondern an die Fernleitung über den Ruhestromdruckknopf R gelegt und wird beim Drücken desselben unterbrochen. Der Schalter muß bei einer derartigen einpoligen Betätigung so eingestellt sein, daß er beim Stromloswerden einer Magnetspule die Unterbrechung bewirkt. Läßt sich dies nicht erzielen, so ist zweiphasige Fernschaltung durch einen zweipoligen Schalter oder durch zwei gleichzeitig zu betätigende Ruhestromdruckknöpfe erforderlich. An Fernleitungen sind bei einphasiger Auslösung zwei, bei zweiphasiger vier solche notwendig, sofern nicht ein bzw. zwei Leitungen in Form von Netzleitungen ohnehin zwischen Hauptschalter und Kommandostelle liegen.

Die weiteren Bilder stellen Fernschalter mit elektrischer Steuerung der Ein- und Ausschaltung dar. Abb. 93 ist der einfachste Fall: 1 ein-, zwei- oder dreipoliger Hauptschalter mit einer Einschaltspule E und einer Ausschaltspule A, welche von fern durch einen Umschalter oder zwei Schalter oder zwei Druckknöpfe für die Einschaltung E und die Ausschaltung A gesteuert werden. Mit dem Hauptschalter ist ein Steuerumschalter gekuppelt, welcher in der Geschlossenstellung des Hauptschalters an der Ausschaltspule A, in der Offenstellung des Hauptschalters an der Einschaltspule E liegt und diese Spulen mit dem einen Pol der Steuerstromquelle verbindet, nach Abb. 93 mit dem Minuspol. Der Drehpunkt des Kommandoumschalters bzw. der gemeinsame Pol der

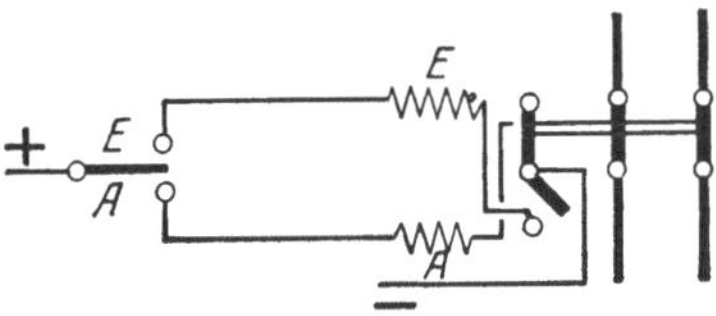

Abb. 93. Fern-Ein- und -Ausschalter mit Steuerschalter.

beiden Steuerschalter oder Steuerdruckknöpfe E und A liegt am anderen Pol, also hier am Pluspol.

Wird der Steuerschalter auf A gestellt, so wird die Auslösespule A erregt, der Schalter geht in die Ausschaltstellung, bereitet dadurch den Stromkreis für die Einschaltspulen vor und kann dann durch Betätigen des Steuerschalters E wieder eingeschaltet werden. Ein Vergleich mit unseren Ausführungen über die Wechselschaltung (Kap. X) zeigt, daß hier zwischen dem Steuerumschalter an der Kommandostelle und dem Hilfsumschalter am Fernschalter die einfache gekreuzte Wechselschaltung vorliegt. Dies ist dadurch bedingt, daß jeweils bei der einen Betätigung die zugehörige Spule abgeschaltet, die andere Spule arbeitsbereit gemacht werden muß.

Für diese Fernschalter sind, wie aus der Skizze ersichtlich, zwei eigene Kommandoleitungen und ferner die Minusverbindungsleitung erforderlich, welch letztere jedoch in vielen Fällen ohnehin vorhanden ist.

Bei allen wichtigeren Fernschaltern begnügt man sich nicht damit, durch den Kommandoschalter den Impuls zu geben, sondern man will auch sofort wissen, ob der Fernschalter diesem Impuls gefolgt ist. Häufig wird der Fernschalter auch als selbsttätiger Schalter ausgeführt sein, der bei Überlastung seinen Stromkreis unterbricht. Es könnte dann vorkommen, daß man glaubt, der Schalter sei eingeschaltet, während er durch eine Überlastung in der Zwischenzeit bereits wieder ausgelöst worden ist. Zur Kontrolle bedient man sich allgemein der Merklampen. Eine Fernsteuerung mit Fernanzeigevorrichtung wird also in der Kommandostelle einen Umschalter oder zwei Ausschalter oder zwei Druckknöpfe und zwei Merklampen, für die Einschalt- und für die Ausschaltstellung, enthalten. Diese Schaltung ist in Abb. 94 dargestellt. Der Fernschalter steht in der Ausschaltstellung, sein Hilfsschalter hat den Einschaltmagneten E arbeitsbereit gemacht. Gleichzeitig hat dieser Hilfsschalter aber die Leitung zur Ausschaltlampe A geschlossen und,

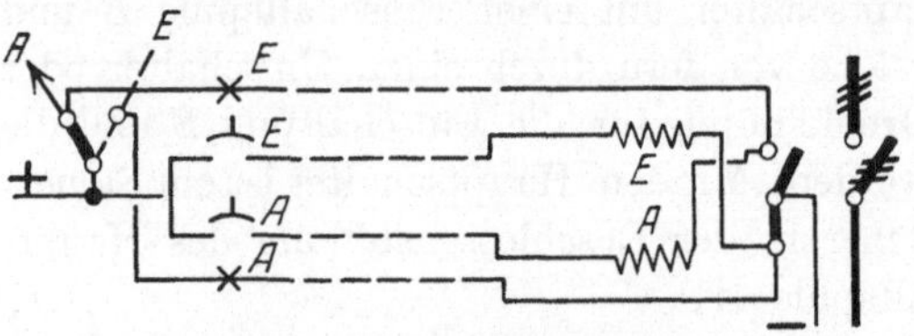

Abb. 94. Fernschalter mit Druckknopfsteuerung, Merklampen und Sparschalter.

wenn man sich den ganz links gezeichneten Umschalter zunächst fort und die linken Anschlüsse der Lampen an den Pluspol geführt denkt, so sieht man, daß die Ausschaltlampe A brennen muß, während die Einschaltlampe E durch den Hilfsumschalter des Fernschalters unterbrochen ist.

Drückt man nun den Einschaltdruckknopf E, so erhält die Einschaltspule E Strom und schaltet den Fernschalter ein, wodurch der Hilfsumschalter nach oben gelegt wird und die Aus-Lampe A erlischt, während die Ein-Lampe E aufleuchtet. In ähnlicher Weise erfolgt die Fernausschaltung.

Man sieht, daß bei dieser Anordnung — immer unter der Voraussetzung, daß der links gezeichnete Umschalter nicht vorhanden ist — stets eine der beiden Lampen E oder A brennt. In manchen Anlagen will man diese Stromkosten sparen und benutzt dazu den links gezeichneten Umschalter, den sog. Sparschalter. Dieser Umschalter schaltet die jeweils brennende Lampe ab, und sein Griff zeigt dann an, welche Lampe brennen würde, wenn der Schalter nicht vorhanden wäre. Im vorliegenden Fall ist der Hauptschalter ausgeschaltet. Es würde also die Aus-Lampe brennen. Sie ist aber durch den Sparschalter abgeschaltet, und dieser steht auf der Bezeichnung A. Wenn also keine Lampe brennt, so gibt die Stellung des Sparschalters die Stellung des Hauptschalters an. Brennt dagegen eine Lampe, so gibt diese die Stellung an. Ist der Sparschalter z. B. auf E gestellt und der Hauptschalter eingeschaltet, so brennt keine Lampe. Erfolgt am Hauptschalter eine selbsttätige Ausschaltung, so leuchtet die Aus-Lampe auf, trotzdem der Sparschalter auf E steht; das ist ein Zeichen, daß eine nicht beabsichtigte oder wenigstens am Sparschalter nicht berücksichtigte Schaltung des Hauptschalters vorgekommen ist.

Bei größeren Anlagen empfiehlt es sich, von dieser Sparschaltung Abstand zu nehmen, weil die geringe Energie der Lampen wirklich keine Rolle spielt. Es ist unbedingt vorzuziehen, stets eine Lampe brennen zu lassen. Man merkt dann allerdings nicht, ob eine unbeabsichtigte Schaltung vorgekommen ist, aber man sieht immer, wie der Schalter steht, und auch bei einer Leitungsunterbrechung im Signalkreise oder beim Zerbrechen einer Lampe wird dies sofort bemerkt, während bei Anlagen mit Sparschaltung ein solcher Fehler leicht unbemerkt bleiben und verhängnisvolle Irrtümer nach sich ziehen kann.

An Fernleitungen sind bei der zuletzt erläuterten Anordnung vier erforderlich, sowie die hinüberzuziehende Minusleitung, falls sie nicht ohnehin vorhanden ist. Man kann aber eine der Steuerleitungen auch noch sparen, wenn man die Schaltung nach Abb. 95 verwendet, d. h. die Ein-Lampe mit der Aus-Spule in Serie schaltet. Will man die Fern-

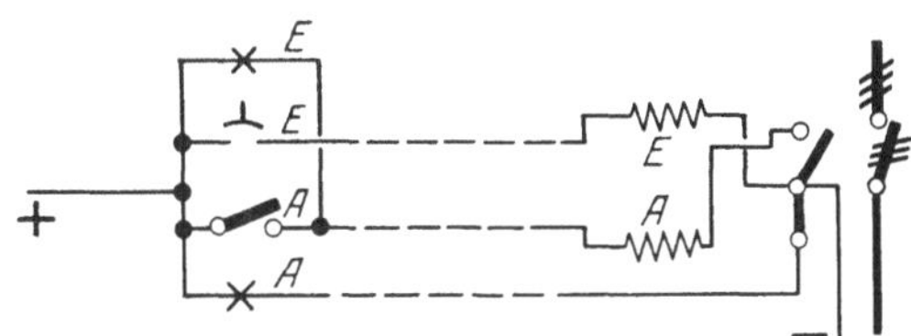

Abb. 95. Fernschalter mit verringerter Leitungszahl und Abschaltung der Einschaltspule am Steuerschalter.

ausschaltung bewirken, so wird der Kommandoschalter *A* gedrückt, und die Aus-Spule liegt direkt zwischen Plus und Minus. Ist dieser Kommandoschalter offen und steht der Fernschalter in der Einschaltstellung, so sind die Ein-Lampe und die Ausschaltspule in Serie zwischen Plus und Minus geschaltet. Bei richtiger Bemessung beider Teile ist leicht zu bewirken, daß die Aus-Spule einen geringen Teil der Spannung für sich in Anspruch nimmt, so daß die Ein-Lampe noch hinreichend hell brennt.

Eine andere Anordnung mit einem eigenartigen Steuerschalter bildet den Gegenstand der Abb. 96. Fernschalter, Ein- und Aus-Spule, Hilfsumschalter sind die gleichen wie in den früheren Beispielen. Der Kommandoschalter ist ein Umschalter, dessen Mittelpunkt am Pluspol liegt und der bei einer Drehung um 60° nach oben den Kontakt für die Ein-Lampe gibt, so daß sie bei Berühren dieses Kontaktes aufleuchtet, falls der Fernschalter eingeschaltet ist. Geht man mit dem Hebel wei-

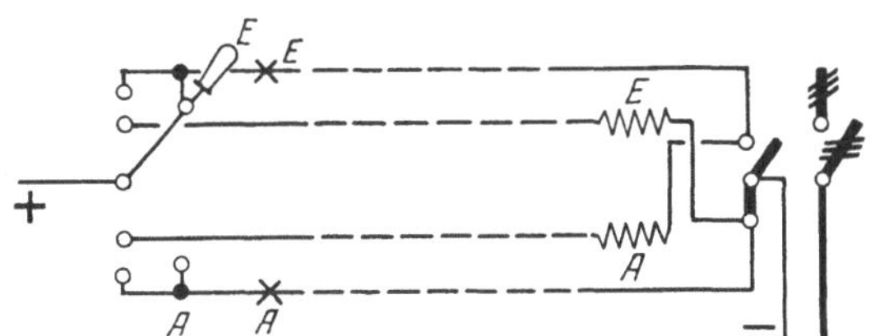

Abb. 96. Eigenartiger Steuerschalter für Fernschalter.

ter nach oben, so unterbricht man die Lampe wieder, um in der senkrechten Endstellung den Pluspol mit der Ein-Lampe und der Einschaltspule zu verbinden. Die Einschaltspule bewirkt die Einschaltung des Fernschalters und damit das Aufleuchten der Ein-Lampe. Läßt man den Griff los, so geht er ein Stück zurück und unterbricht damit den Stromkreis der Einschaltspule wieder, er stellt sich zwar immer noch nach oben, aber durch eine Rast gehalten, etwas tiefer als der Vorkontakt der Ein-Lampe, also etwa unter 30° bis 45° nach oben. Diese Stellung zeigt, daß der Schalter eingeschaltet ist. Will man sich davon noch genauer überzeugen, so führt man den Griff etwas weiter nach oben, bis er den Vorkontakt der Lampe erreicht hat. Brennt die Lampe hier, so weiß man, daß der Schalter wirklich eingeschaltet und der Signalkreis in Ordnung ist. Zum Ausschalten ist der Griff nach unten zu drücken, wobei die gleichen Vorrichtungen für die Ausschaltung in Frage kommen, wie oben für die Umschaltung gezeigt.

Es ist bereits mehrfach erwähnt worden, daß der zu steuernde Fernschalter häufig mit einer selbsttätigen Auslösung versehen ist. Diese kann unter Umständen sofort nach der Einschaltung, ja sogar vor Beendigung derselben, eine Auslösung bewirken, und wenn man dann den Kommandoschalter weiter geschlossen oder den Einschaltdruckknopf heruntergedrückt hält, so springt der Hauptschalter aus seiner Ausschaltstellung zum zweitenmal in die Einschaltstellung, um, falls der Fehler bis dahin nicht behoben ist, wieder herauszufallen usw. Es entsteht also ein andauerndes Hin- und Herspringen, das sog. Tanzen des Fernschalters.

Die gleiche Erscheinung kann dann eintreten, wenn der Mechanismus des Schalters nicht ganz in Ordnung ist und die Klinke, welche die Einschaltlage festhalten soll, nicht richtig faßt. Auch dann wird der Schalter nach der Einschaltung nicht in der Einschaltstellung bleiben, sondern zurückfallen und tanzen. Die häufige Ein- und Ausschaltung hat aber die Bildung und häufige Unterbrechung größerer Lichtbögen zur Folge, unter Umständen, wie z. B. bei Ölschaltern, noch viel bedenklichere Folgen, starke Zersetzung des Öles und eine Explosion. Um diese Schwierigkeiten zu beseitigen und um zu erreichen, daß bei einmaliger, aber allzu langer Betätigung des Kommandoschalters der Fernschalter nicht mehr als einmal in seine Einschaltstellung gehen kann, ist eine Anordnung nach Abb. 97 zu treffen, wobei der Einschaltdruckknopf selbst mit einer Freiauslösung versehen ist. Zwischen dem Knopf und der Kontaktbrücke ist eine durch eine Arbeitsstromspule gesteuerte Klinke angeordnet, welche bei Erregung der Arbeitsspule herausgerissen wird und die Verbindung des Einschaltknopfes mit seiner

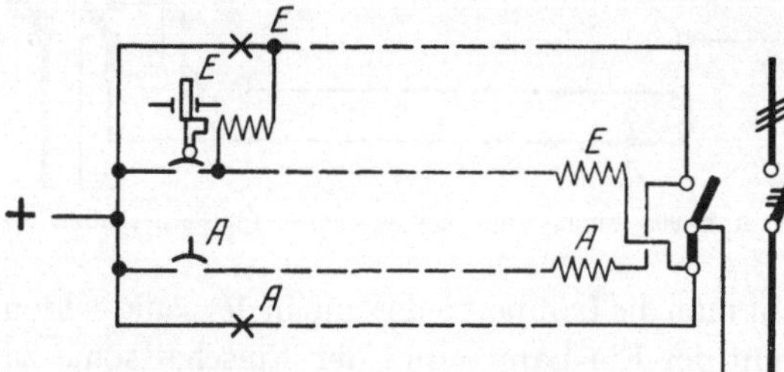

Abb. 97. Freiauslösung am Einschalt-Druckknopf zur Verhütung des Tanzens.

Schaltbrücke unterbricht, so daß die Brücke zurückspringt, auch wenn der Knopf heruntergedrückt bleibt. Läßt man den Knopf los, so geht er nach oben zurück, die Klinke fällt wieder ein und man kann die Brücke von neuem herunterdrücken. Die Auslösespule dieser Freiauslösung liegt mit der Brücke des Druckknopfes in Reihe, beide zusammen parallel zur Einschaltspule.

Wie erwähnt, findet ein Tanzen leicht dadurch statt, daß die Klinke in der Einschaltstellung nicht faßt. Der Hilfsumschalter, der mit dem Fernschalter verbunden ist, muß die Einschaltspule nach ihrer Arbeit abschalten. Wenn er mit dem Fernschalter direkt verbunden ist und nicht eine gewisse zeitliche Nacheilung besitzt, so tut er das zu früh. Die Folge wird sein, daß der Einschaltmagnet zu schnell abschaltet und die Bewegung des Schalters zu früh unterbrochen wird, so daß er nicht ganz bis in die Einschaltstellung kommt. Es ist eine ganz bestimmte Nacheilung in der Wirkung dieses Hilfsumschalters notwendig, damit die Einschaltspule ihre Wirkung ganz vollziehen kann. Es scheint sehr einfach, diese Nacheilung zu erreichen, praktisch ist es aber doch manchmal schwierig. Die Kontakte des Hilfsumschalters nutzen sich durch die starke Lichtbogenbildung, welche mit der Ausschaltung der induktiven Einschaltspule verbunden ist, erheblich ab. Auch erfolgen die Bewegungen des Hilfsumschalters mit einem starken Schlage, der noch schlimmer wird, wenn die Einschaltspule etwa eine erhöhte Spannung erhält, die den Normalwert übersteigt. Die Vorschriften des Verbandes Deutscher Elektrotechniker begrenzen deshalb die zulässige erhöhte Spannung auf 10 vH über der Normalspannung. Aber schon hierbei sind Schläge nicht zu vermeiden, welche recht unangenehm sind.

Einzelne Firmen sind aus diesem Grunde dazu übergegangen, nur die Ausschaltspule durch den Hilfsumschalter am Fernschalter zu steuern, die Einschaltspule dagegen nicht am Fernschalter, sondern am Kommandoschalter zu unterbrechen. In Abb. 95 ist diese Schaltung dargestellt. Sie unterscheidet sich von der Schaltung mit Abschaltung der Einschaltspule nur dadurch, daß deren Ende nicht an den unteren Kontakt, sondern an den Gelenkkontakt des Hilfsumschalters geführt ist. In diesem Falle muß der Kommandoschalter der Einschaltspule so bemessen sein, daß er deren Stromkreis mit Sicherheit ausschalten kann, und der Bedienende muß ihn öffnen, sobald die Ein-Lampe aufleuchtet. Läßt er den Kommandoschalter dauernd geschlossen, so verbrennt die Einschaltspule; deshalb ist in Abb. 95 als Kommandoschalter schematisch ein Druckknopf dargestellt.

Über Verwendung von Zwischenrelais zwecks Ersparnis an Kommandoschaltern und Fernleitungen s. S. 9.

In den vorstehenden Ausführungen sind die Merklampen zum Anzeigen der Schalterstellung von elektrisch betätigten Fernschaltern beschrieben. In großen Anlagen verwendet man weiterhin auch Merklampen zum Anzeigen der Stellung von Schaltern, die von Hand geschaltet werden, deren Stellung aber vom Kommandoraum nicht sichtbar ist. Insbesondere handelt es sich dabei um Trennschalter, deren Stellung auf größere Entfernung gekennzeichnet werden muß. Man bringt dann an dem Trennschalter einen Hilfskontakt an, welcher in der Geschlossenstellung den Stromkreis der Merklampen schließt. Der Trennschalter liegt in der betreffenden Zelle des Hochspannungsraumes, die Merklampe in der Schaltwarte, so daß der Betriebsleiter dort jederzeit übersehen kann, welche Zellen der Hochspannungsanlage abgeschaltet und gefahrlos zu betreten sind.

Legt man der Anzeige der Trennschalterstellungen noch größere Bedeutung bei, so verwendet man wohl auch zwei Merklampenschalter und zwei Merklampen, von denen immer eine brennt, so daß man auch dann, wenn etwa eine Leitung beschädigt oder eine Lampe zerbrochen ist, dies sofort merkt. Es sei darauf hingewiesen, daß die Merklampenschalter mit ihren Hauptschaltern gut abgepaßt sein müssen, damit die Ein-Lampe erst aufleuchtet, wenn der Schalter ganz geschlossen ist, die Aus-Lampe dagegen erst dann, wenn nicht nur die Berührung der Schaltmesser aufgehört hat, sondern ein so großer Öffnungsweg vollzogen ist, daß ein Überschlag und damit eine Gefährdung derjenigen Personen, welche die abgetrennten Teile berühren, nicht mehr möglich ist.

Ganz allgemein sei darauf verwiesen, daß bezüglich der Merklampen das gilt, was im allgemeinen Teil über Arbeits- und Ruhestrom gesagt wurde. Die stets brennende Ruhestromlampe ist für die Signalisierung der Trennschalterstellungen unbedingt vorzuziehen, um so mehr, als es sich hier um die Gefährdung von Menschenleben handelt, wo die höchste Sicherheit anzustreben ist und wo dagegen die geringe Ausgabe für eine dauernd brennende Lampe keine Rolle spielen sollte.

XVIII. Schaltung, Sicherung und Messung in normalen Stromzweigen.

In den Ausführungen über besondere Arten von Schaltungen sind immer nur diejenigen Punkte behandelt und in den schematischen Darstellungen berücksichtigt, welche für diesen Fall von grundsätzlicher Bedeutung sind. Bei einer Batterieschaltung ist z. B. die Umschaltung der Maschine auf Ladung und Entladung dargestellt, dagegen nicht das an sich notwendige, aber für das Verständnis der Schaltung unerhebliche Beiwerk, wie Sicherungen, Meßgeräte und gewisse Schaltapparate.

Im folgenden sollen deshalb kurz die Zubehörteile dieser Art erläutert werden, welche man in normalen Fällen zu verwenden pflegt. Es sei vorausgeschickt, daß gerade in dieser Beziehung eine außerordentliche Mannigfaltigkeit in den Grundsätzen der Auswahl vorhanden ist. Der eine spart, der andere will seine Anlage recht vollständig ausrüsten; dem einen genügt es, wenn der Motor läuft, der andere will sehen, wieviel Strom er aufnimmt, der dritte vielleicht sogar eine Kontrolle der durch mehr oder minder geringe Belastung unangenehm anwachsenden

Phasenverschiebung haben. Soweit im folgenden Anweisungen gegeben werden, sind sie also als rohe Anhaltspunkte zu berücksichtigen, aber nicht als Vorschriften, die etwa einem bestimmten üblichen Stande der Technik entsprechen. Man wird bei kleinen Anlagen, insbesondere bei billigen Motoren, natürlich auch in der Schaltanlage sparen. Umgekehrt wird man bei großen Anlagen für hohe Spannungen und riesige Leistungen in bezug auf Meßgeräte lieber etwas mehr tun, als unbedingt erforderlich.

Gleichstromdynamos in Zweileiteranordnung erhalten im allgemeinen zweipolige Schalter und zwei Sicherungen, sowie meist einen einpoligen Minimalausschalter, an dessen Stelle jedoch auch ein Rückstromausschalter mit Minimalwirkung treten kann; ferner einen Strommesser und einen Spannungsmesser. Arbeitet nur eine Maschine für sich, jedoch nicht in Verbindung mit einer Batterie, so soll der Selbstausschalter fortfallen. Es genügt dann, Hebelschalter und Sicherung zu verwenden. Laufen mehrere Maschinen parallel, so ist zweckmäßig statt des Minimalausschalters ein Maximal- und Rückstromausschalter zu nehmen, welcher im einen Pol liegt und gleichzeitig die Sicherung dort ersetzt. Man braucht also bei Verwendung des einpoligen Maximalrückstromausschalters nur eine Sicherung im anderen Pol.

Wenn Gleichstromdynamos mit Batterien zusammenarbeiten, so kann es zweckmäßig sein, statt des Minimalausschalters im Maschinenkreis einen Maximalausschalter im Batteriekreis zu setzen, wenn nämlich die Größe der Batterie gering im Verhältnis zu der Maschine ist. Näheres hierüber sowie über die erforderlichen Lade- und Entladeumschalter ist in dem Kap. XX über Gleichstrombetriebsanlagen mit Batterie gesagt (s. S. 99 bis 101).

Verwendet man Gleichstromaußenleiterdynamos für ein Dreileitersystem, so kann man mit zweipoligem Schalter und zweipoliger Sicherung sowie den notwendigen Meßgeräten (einem Strommesser, einem Spannungsmesser) auskommen. Gegebenenfalls sind in einen Pol Minimalausschalter zu legen. Handelt es sich um größere Maschinen, so empfiehlt es sich, statt Schalter, Sicherungen und Minimalausschalter zusammen einen zweipoligen Maximalrückstromausschalter mit zwei Auslösern zu setzen. Dieser ist sowohl als Selbstausschalter wie als Handausschalter, wie als Kurzschlußschutz verwendbar.

Zur Berücksichtigung bei der Frage, ob ein Rückstromausschalter Minimal- oder Maximalsystem erhalten soll, sei erwähnt, daß die Minimalanordnung billiger, aber weniger wertvoll ist, da sie keine Kurzschlußsicherung gibt, und ferner bei schnellem Umschlagen des Stromes vom Vorwärtsstrom auf einen großen Rückstrom die Gefahr in sich birgt, infolge Umpolung der Anker nicht auszulösen.

Gleichstrommotoren erhalten zweipoligen Schalter und zwei Sicherungen; eine Minimalauslösung ist nicht erforderlich, da sie im Anlasser allgemein angebracht wird. An Meßgeräten ist bei nicht zu kleinen Motoren ein Strommesser dringend zu empfehlen. Zweckmäßig ist auch ein Spannungsmesser, damit man sich vor dem Anlassen überzeugen kann, ob Spannung vorhanden ist. Strom- und Spannungsmesser der Motoren müssen durchaus keine Präzisionsinstrumente sein; man will im Gegenteil nur ungefähr beurteilen, ob alles in Ordnung ist, z. B. mittels des Strommessers, ob nicht allzu schnell angelassen wird.

Statt der Schalter und Sicherungen kann ein zweipoliger Maximalausschalter mit einem Auslöser treten, der gleichzeitig den Schutz gegen Kurzschluß und sehr hohe Überlastung sowie die Handabschaltung bewirkt. Verwendet man Ausschalter mit thermischem System, so läßt sich auch die Sicherung gegen Überlastung damit verbinden. Hierfür dienen die neuerdings auftauchenden Motorschutzschalter.

Gleichstromverteilungsleitungen sind allpolig abzuschalten, die Nulleiter jedoch nicht zu sichern. Eine Zweileiterverteilung erhält also zweipoligen Schalter und zwei Sicherungen, eine solche für Dreileiteranlagen dreipoligen Schalter und zwei Sicherungen. Gegebenenfalls kann man auf die Abschaltung des Nulleiters verzichten und den Schalter zweipolig nehmen. An Meßgeräten ist für Verteilungsleitungen im allgemeinen nichts vorzusehen; wenn es sich jedoch um wichtigere Leitungen handelt, dürfte hin und wieder die Verwendung eines Strommessers zweckmäßig sein.

Vorstehendes bezog sich nicht auf kleine Installationsleitungen, insbesondere solche für einzelne Lampen und Beleuchtungskörper, bei denen einpolige Abschaltung zulässig ist. Das Installationsgebiet ist in diesen Ausführungen nicht berücksichtigt; es sei daher nur kurz auf diese Abweichung hingewiesen.

Drehstromgeneratoren für Niederspannung erhalten dreipoligen Schalter und dreipolige Sicherung, ferner einen oder drei Strommesser, einen Spannungsmesser, der gegebenenfalls auf die drei Phasen umschaltbar ist (s. Abb. 72), einen Leistungsmesser für gleich oder ungleich belastete Phasen, je nachdem die Motorbelastung stark überwiegt oder mit erheblicher einseitiger Belastung zu rechnen ist.

Wenn der Generator nicht zu klein ist, sollte ein Strommesser für die Erregung verwendet werden, unter Umständen auch ein Spannungsmesser.

An Stelle der Schalter und Sicherungen treten zweckmäßig Maximalausschalter in dreipoliger Anordnung mit zwei, gegebenenfalls drei Auslösern, welche mit magnetischem System, zweckmäßig mit Zeiteinstellung, zum Schutze gegen Kurzschlüsse oder mit thermischem System zum Schutze gegen Kurzschlüsse und Überlastungen auszurüsten sind. Näheres darüber, ob zwei oder drei Auslöser zu wählen sind, s. S. 71.

Drehstrommotoren für Niederspannung erhalten allgemein entweder einen dreipoligen Nullspannungsschalter mit drei Sicherungen oder einen dreipoligen Maximalnullspannungsausschalter mit zwei bzw. drei Maximalauslösern, die gegebenenfalls thermische Wirkung haben sollten. Dreipolige Hebelschalter mit drei Sicherungen für Drehstrommotoren kommen vor, sollten aber nicht verwendet werden, wenn nicht besondere Gründe vorliegen. Die selbsttätige Ausschaltung bei fortbleibender Spannung ist dringend erwünscht.

An Meßgeräten benötigen normale Niederspannungsdrehstrommotoren, falls sie nicht sehr klein sind, einen Strommesser. Die Verwendung eines Spannungsmessers zur Feststellung des Vorhandenseins von Spannung ist zweckmäßig, bei Nullspannungsschaltern aber nicht so notwendig wie bei Gleichstrom, weil man an dem leisen Vibrieren des Nullspannungsmagneten das Vorhandensein von Spannung ohnehin meist hören kann.

Drehstromtransformatoren für Niederspannung bzw. die Niederspannungsseiten von solchen Transformatoren sind mit dreipoligen Schaltern und drei Sicherungen oder statt dessen mit dreipoligen Maximalausschaltern mit zwei oder drei Auslösern auszurüsten. Bei Öltransformatoren ist es zweckmäßig, einen Temperaturkontakt in das Öl zu legen, welcher bei übermäßiger Erhitzung des Öles die Auslösung bewirkt. Auch sei auf den Buchholz-Schutz verwiesen, der die Ausschaltung beim Auftreten von Gasblasen im Innern von Öltransformatoren bewirkt.

Drehstromverteilungsleitungen für Niederspannung erhalten dreipoligen Handausschalter und drei Sicherungen; Meßgeräte sind kaum erforderlich.

Generatoren für Drehstromhochspannung sollen mit dreipoligen Maximalölschaltern mit zwei oder drei Auslösern und mit ein- oder dreipoligen Trennschaltern versehen werden. Dreipolige gekuppelte Trennschalter mit Bedienung durch geerdete Gestänge sind teurer, aber besser. Sind die Trennschalter an der Kommandostelle bzw. Schalttafel nicht zu sehen, so empfiehlt sich eine Fernanzeige ihrer Stellung durch Lampen (s. S. 89).

An Meßgeräten benötigen Drehstromhochspannungsgeneratoren ein oder drei Strommesser, einen Spannungsmesser, einen Leistungsmesser (meist für ungleich belastete Phasen), einen Erregerstrommesser und einen Erregerspannungsmesser, zweckmäßig auch eigenen Frequenzmesser, der für die Parallelschaltung angenehm ist; ferner, wenn es sich um wertvollere Aggregate handelt, Phasenmesser (oder Blindstrommesser) und registrierende Meßgeräte.

Drehstrommotoren, Transformatoren und Verteilungsleitungen erhalten dieselben Apparate wie die Generatoren, jedoch wesentlich weniger Meßgeräte. Es genügen hier ein oder drei Strommesser, unter Umständen hier und da ein Leistungsmesser.

Je größer die Hochspannungsanlage wird, um so mehr wird die persönliche Neigung, der Geschmack des betreffenden Betriebsleiters für die Auswahl der Geräte eine Rolle spielen.

Zähler sind im vorstehenden überhaupt nicht erwähnt worden. Sie sind überall da anzubringen, wo eine Prüfung der aufgenommenen oder geleisteten Arbeit erwünscht ist. Auf die Notwendigkeit, in Drehstromanlagen Wirk- und Blindverbrauchszähler, gegebenenfalls beim Parallelarbeiten mehrerer Anlagen auch solche für Lieferung und Bezug zu verwenden, soll hier nur kurz hingewiesen werden.

Akkumulatorenbatterien erhalten Strommesser, und zwar zweckmäßig nach dem Drehspulensystem, welches bei verschiedener Stromrichtung, also bei Ladung und Entladung Ausschläge nach verschiedenen Seiten gibt. Früher wurden elektromagnetische Systeme in Verbindung mit Stromrichtungsanzeigern viel verwendet; das ist aber kaum billiger und weniger zweckmäßig. Werden mehrere Batterieteile parallel geladen (Zwei- oder Dreireihenladung), so soll jeder Batterieteil seinen eigenen Strommesser haben.

Die Entladeleitung der Batterie soll durch eine Schmelzsicherung gesichert werden, die Ladeleitung ebenfalls, sofern nicht die Batterie Maximalautomaten erhält. Besondere Spannungsmesser für die Batterie erscheinen nicht erforderlich, da man die Sammelschienenspannungsmesser benutzen kann.

Alle Leitungen von den Batterien zu den Sammelschienen sollen abtrennbar sein, wozu ein- oder zweipolige Hebelschalter dienen können.

Die Sicherungen sollen, von den Sammelschienen aus gesehen, hinter den zugehörigen Schaltern liegen, zum mindesten, wenn sie nicht unter Spannung gefahrlos ausgewechselt werden können.

Über die Frage, ob die Maximalauslöser bzw. ihre zugehörigen Stromwandler zwischen den Sammelschienen und ihrem Schalter liegen sollen oder hinter dem letzteren, gehen die Anschauungen stark auseinander. Auslöser vor dem Schalter, von den Sammelschienen gesehen, bewirken die Auslösung auch bei einer Beschädigung im Schalter, doch ist es zweifelhaft, ob dieser dann den Lichtbogen beherrschen wird. Auslöser hinter dem Schalter werden von ihm mit abgeschaltet, also besser geschützt. Man wird schwerlich entscheiden können, welche Anordnung grundsätzlich den Vorzug verdient. Demnach kann man räumliche Bedürfnisse und Konstruktion des Schalters entscheiden lassen.

XIX. Batteriegruppenschaltungen.

Bei den Gruppenschaltungen von Batterien handelt es sich einerseits um verschiedene Kombinationen und möglichst gute Ausnutzung von Gruppen oder einzelnen Zellen, die je nach Bedarf parallel oder in Reihe geschaltet werden sollen, um ihnen in einem Falle mehr Strom bei niedriger Spannung, im anderen Falle höhere Spannung, wenn auch mit weniger Strom, entnehmen zu können. In nachstehenden Beispielen ist angenommen, daß jedes Element der umzuschaltenden Gruppe eine einzige Zelle sei; die Anordnungen lassen sich aber auch natürlich so durchführen, daß das Element der Anordnung mehrere in Reihe oder parallel liegende Zellen darstellt.

Wenn man nur sämtliche Elemente der Gruppen entweder in Reihe oder parallel betreiben will, so kommt man mit Hebelumschaltern aus, wobei für n Elemente $n-1$ Umschalter und $n-1$ Ausschalter erforderlich sind.

Abb. 98 gibt die Anordnung für vier Elemente; der Umschalter ergibt in der linken Stellung die Parallelschaltung, in der rechten die Serienschaltung aller vier Elemente. Im ersten Fall kann man also den vierfachen Strom entnehmen, im letzten steht die vierfache Spannung zur Verfügung.

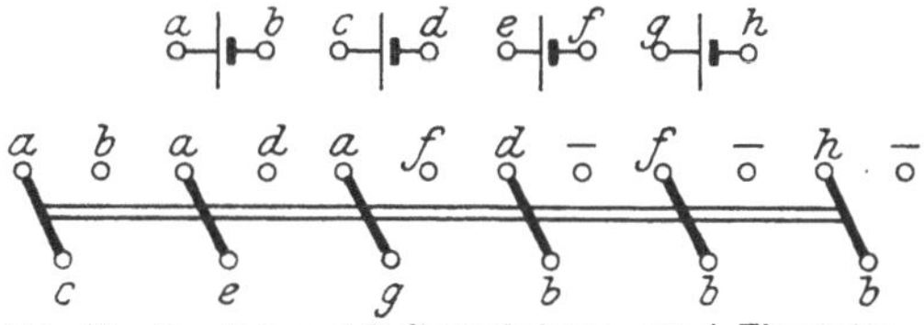

Abb. 98. Parallel- und Reihenschaltung von 4 Elementen.

Komplizierter werden Anordnungen, bei denen nicht nur die beiden Endwerte der Parallel- und der Reihen-

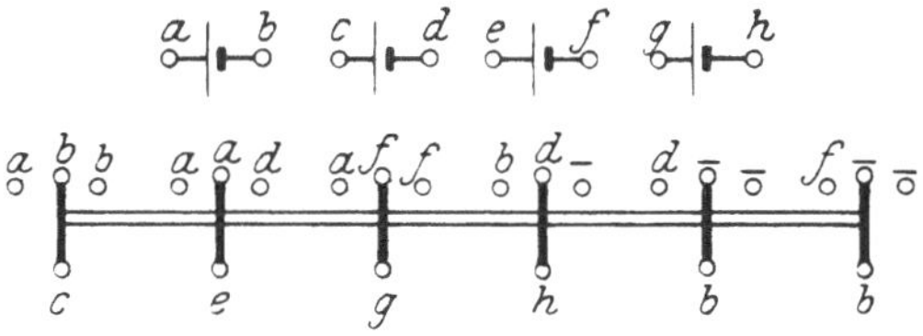

Abb. 99. Parallel-, Gruppen- und Reihenschaltung von 4 Elementen.

schaltung, sondern auch noch Zwischenstufen mit möglichst günstiger Ausnutzung gewünscht werden. Abb. 99 zeigt die Anordnung für vier

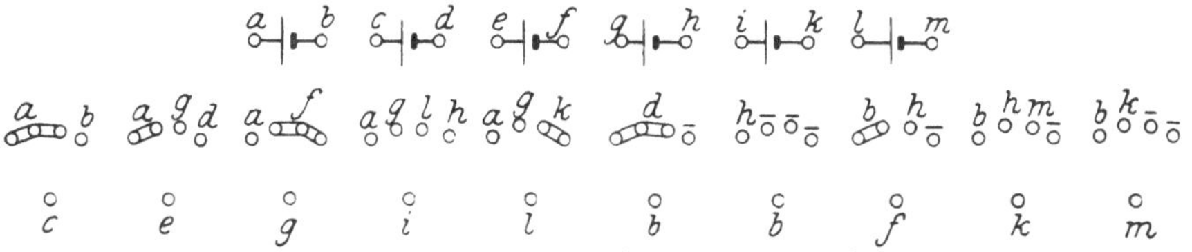

Abb. 100. Parallel-, Gruppen- und Reihenschaltung von 6 Elementen.

Zellen, die entweder alle parallel (linke Stellung) oder je zwei parallel und beide Gruppen in Serie (mittlere Stellung) oder alle vier in Reihe (rechte Stellung) verwendet werden können.

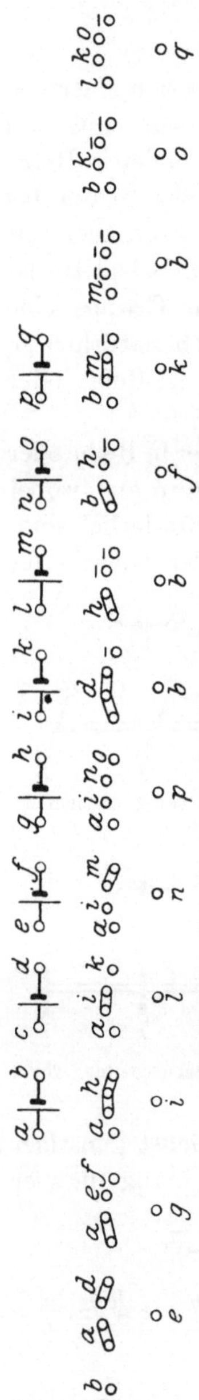

Die nächste Abb. 100 gibt für sechs Elemente, von links nach rechts gesehen, die vier Stellungen: alles parallel, je drei Zellen parallel und beide Gruppen in Serie, je zwei Zellen parallel und die drei Gruppen in Serie, alle sechs Zellen in Serie.

Abb. 101 ist schließlich die Anordnung für acht Zellen, wobei von links nach rechts gesehen folgende Möglichkeiten gegeben sind: alles parallel, vier Zellen parallel und zwei derartige Gruppen in Serie, zwei Zellen parallel und vier derartige Gruppen in Serie, alles in Serie. Allgemein erfordert die Parallelschaltung von n Elementen $2(n-1)$ Verbindungen bzw. Schalter und die Serienschaltung $n-1$ Verbindungen. Die Parallelschaltung ergibt die gesamte Anzahl der erforderlichen Schalter; es ist immer möglich, mit dieser Zahl auszukommen, wenn der Übergang von der Schalttabelle zur Schaltung geschickt gemacht wird.

Eine ganz andere Art von Batteriegruppenschaltungen als die bisher erwähnten sind die Kombinationen, welche bei Zellenschaltern durch Verwendung von Hilfselementen die Zahl der Kontakte und der Zellenleitungen verringern sollen.

Zunächst seien zwei Zellen zwischen den Kontakten des Hauptschalters und eine Hilfszelle angenommen. Es ergeben sich zwei grundsätzlich verschiedene Möglichkeiten: nach Abb. 102 mit der Hilfszelle am Ende der Stammbatterie oder Abb. 103 mit der Hilfszelle auf der Seite des Zellenschalters. Behandelt man die Hilfszelle als Stammzelle (Abb. 102), so ist deren Ladung und Entladung mit der Hauptbatterie einfach zu bewirken. Für Doppelzellenschalteranordnungen braucht man nur eine Hilfszelle. Da das Ende der Stammbatterie mit der Schalttafel ohnehin verbunden sein wird, erfordert die Hilfszelle nur eine Leitung mehr, weil die andere mit der Leitung vom Ende der Stammbatterie zusammenfällt.

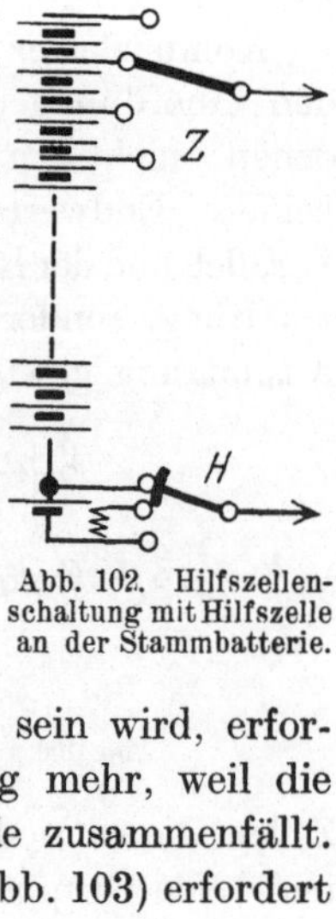

Die Anordnung der Hilfszelle am Zellenschalter (Abb. 103) erfordert bei Doppelzellenschaltern zwei verschiedene Hilfszellen, von denen nur

Abb. 101. Parallel-, Gruppen- und Reihenschaltung von 8 Elementen.

Abb. 102. Hilfszellenschaltung mit Hilfszelle an der Stammbatterie.

die auf der Seite des Entladeschlittens gelegene jeweils praktisch verwendet wird, während die andere auf der Ladeseite, abgesehen von der Ladezeit, nur in Reserve steht. Man kommt dann zu einer Umschaltung der Hilfszellen nach Abb. 104, bei welcher ein für die volle Stromstärke zu bemessender vierpoliger Umschalter mit zwei Stellungen dazu dient, eine Zelle auf die Entlade- und die andere auf die Ladeseite zu legen oder umgekehrt.

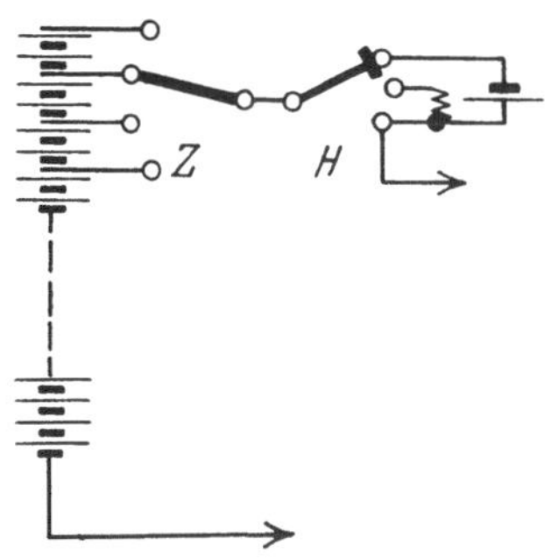

Abb. 103. Hilfszellenschaltung mit Hilfszellen am Zellenschalter.

Diese Anordnung mit dem recht teuren Ladeumschalter, sowie die mehr erforderlichen Hilfszellenleitungen ergeben einen gewissen Nachteil des Systems, bei dem die Hilfszelle am Zellenschalter liegt. Dieser Nachteil wird aber teilweise oder ganz aufgehoben, wenn man, wie es die Siemens-Schuckert-Werke machen, den Funkenentzieher des Hauptzellenschalters nach Abb. 105 zugleich als Hilfszellenschalter verwendet. Im Gegensatz zu dem gewöhnlichen Zellenschalter mit Serienfunkenentziehung (s. S. 59 und Abb. 51) sind hier beide Bürsten gleichwertig, die eine vermittelt den Stromübergang von der Batterie ohne Verwendung der Hilfszelle zum Entladekreis, die andere mit Zwischenschaltung der Hilfszelle. Ein Schaltschritt des Zellenschalters ist nicht mehr die Bewegung einer Bürste von Mitte Kontakt auf Mitte des nächsten Kontaktes, sondern die Hälfte davon. Die Bewegung des Funkenentziehers bzw. Hilfszellenschalters für einen Schritt ist nicht eine Pendelschwingung hin und her, sondern nur eine halbe Schwingung. Durch Verwendung

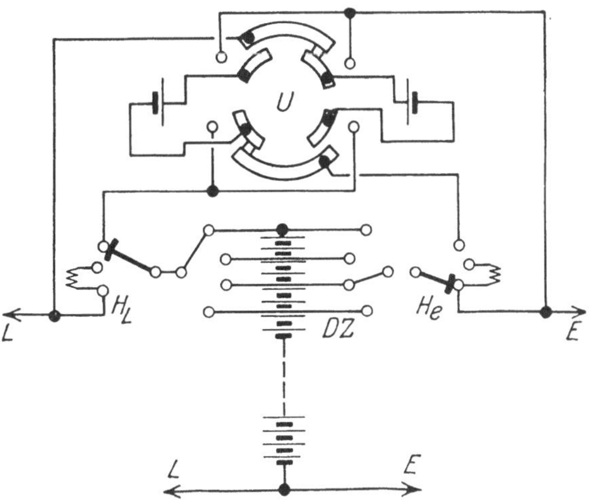

Abb. 104. Doppelzellenschalter mit 2 Hilfszellen und Umschalter.

des Funkenentziehers als Hilfsschalter spart man nicht nur erheblich, sondern man hat auch den Vorteil, mit der Hauptschaltung gleichzeitig diejenige der Hilfszelle zu bewirken, so daß Lichtzuckungen, die sonst bei nicht ganz gleichzeitigem Arbeiten von Haupt- und Hilfszellenschalter entstehen, hier vermieden werden.

Man hat auch das Prinzip weitertreiben wollen, indem man drei Zellen zwischen je zwei Hauptkontakten anbrachte und eine Hilfszelle gegen-, ab- und zuschaltete, so daß drei Schritte von je einer Zelle dem Schaltweg von einem Kontakt zum nächsten am Hauptzellenschalter entsprechen. Die Anordnung wird aber recht kompliziert und hat sich in der Praxis nicht bewährt. Will man weiter sparen, so empfiehlt es sich, die Stufen gröber zu machen, also zwischen zwei Hauptkontakte vier Zellen zu nehmen und statt einer Hilfszelle deren zwei in Reihe.

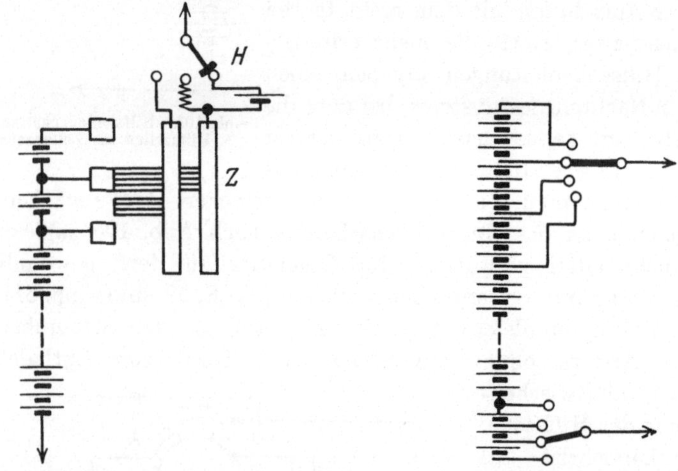

Abb. 105. Verwendung des Serienfunkenentziehers am Zellenschalter als Hilfszellenschalter.

Abb. 106. Grob- und Feinschaltung mit Zellenschaltern.

Die ursprünglich von Erlacher vorgeschlagene Hilfszellenschaltung, die in der Praxis wohl nicht viel Anwendung gefunden hat, ist in Abb. 106 dargestellt. Sie entspricht etwa einer Grob- und Feinstufenschaltung, wie sie bei der Beschreibung der Widerstände für Dekadenanordnung erwähnt wurde; der Feinzellenschalter enthält pro Kontakt eine Zelle, der Grobzellenschalter pro Schritt so viel Zellen, wie der Feinzellenschalter im ganzen hat. Man muß also, von einer gegebenen Stellung des Hauptzellenschalters, der zunächst festzuhalten ist, ausgehend, den Hilfszellenschalter bis zum Ende nach unten führen, darauf den Hauptzellenschalter um einen Schritt nach oben und den Hilfszellenschalter über die ganze Bahn nach oben. Da diese beiden Bewegungen aber nicht gleichzeitig mit einem Ruck ausführbar sind, so gibt es immer störende Zuckungen der Spannung, und diese sind wohl die Veranlassung, daß dieses Erlacher-System sich in der Praxis nicht eingeführt hat.

XX. Gleichstrombetriebsanlagen mit Batterie.

Im folgenden sollen die veralteten Schaltungen ausgeschieden werden, bei welchen während der Ladung die Speisung des Netzes unmöglich ist, also insbesondere die Schaltung mit einer Maschine erhöhbarer Spannung und Einfachzellenschalter. Es wird als selbstverständliche Bedingung vorausgesetzt, daß das Netz jederzeit mit normaler Spannung gespeist werden kann, ohne Rücksicht darauf, ob die Batterie gerade geladen wird.

Zunächst wenden wir uns zu den Zweileiterschaltungen. Die erwähnte Bedingung läßt drei Lösungen zu:

1. Mit Maschinen erhöhter Spannung, welche zum Zwecke der Ladung bis zu 40 oder 50 vH über die Betriebsspannung hinaufreguliert werden können und Doppelzellenschalter an der Batterie (Abb. 107).

2. Mit Maschinen normaler Spannung und Zusatzmaschine, wobei die Batterie entweder einen Einfachzellenschalter erhält (Abb. 108) oder, falls auch die Batterie noch während der Ladung das Netz speisen muß, einen Doppelzellenschalter (Abb. 109).

3. Die Ladung der Batterie von der normalen Betriebsspannung, die am Netz durch die Maschine mit dauernd konstanter Spannung gehalten wird. Die Batterie wird hierbei entweder in zwei Teile zerlegt, die zur Entladung in Serie, zur Ladung parallel geschaltet werden (Zweireihenladung Abb. 110) oder in drei Teile, die zur Entladung in Serie, zur Ladung einmal nach Schema L_1, Abb. 111, so geschaltet werden, daß die beiden nicht mit dem Zellenschalter verbundenen Drittel parallel und zusammen zu dem letzten Drittel in Serie geschaltet werden, während bei der weiteren Ladung (Schema L_2, Abb. 111) das letzte Drittel mit dem Zellenschalter, das vorher voll geladen war, außer Betrieb bleibt und die beiden anderen Drittel in Serie geladen werden. Letztere Anordnung ergibt die sog. Micka-Schaltung (Abb. 112).

Bevor wir die einzelnen Schaltungsarten besprechen, seien einige Bemerkungen über die zu verwendenden selbsttätigen Schalter vorausgeschickt. Die Dynamomaschinen und die Zusatzmaschinen erhalten im allgemeinen Minimalselbstausschalter oder Rückstromselbstausschalter. In den Zeichnungen sind Minimalschalter dargestellt. Da diese Apparate den Zweck haben, eine Entladung der Batterie auf die Maschine und ein Weiterlaufen der letzteren als Motor zu verhindern, so genügt die einpolige Abschaltung. Der Automat ist also nur einpolig anzuwenden.

Um Rückstrom sicher zu vermeiden, ist der Minimalschalter verwendbar. Er löst aber bei Vorwärtsstrom bereits aus, und zwar (infolge des Einflusses der Remanenz im Eisen auf seine Funktion) bei um so höherer Stromstärke, je geringer die vorhergehende Belastung war. Wenn die Ladestromstärke gleich derjenigen der Dynamomaschine ist, so wird beim Laden der Minimalautomat mit der vollen Stromstärke belastet, er löst also erst aus, wenn die Stromstärke bis auf etwa 8 oder 10 vH heruntergeht. Das genügt für alle praktischen Bedürfnisse, denn es kommt nicht vor, daß die Ladestromstärke absichtlich so weit heruntergesetzt wird.

Beträgt die Ladestromstärke der Batterie nur einen kleinen Bruchteil der Normalstromstärke der Dynamomaschine, so wird der Minimalautomat unbrauchbar. Mit Rücksicht auf die Ausnützung der Maschine muß er für deren normale Stromstärke bemessen sein. Er wird also bei der Ladung nur ganz schwach belastet, so daß im Eisen kein großes Feld erzeugt wird und die Remanenz beim Zurückgehen des Stromes keine Rolle spielt. Deshalb läßt der Minimalmagnet in diesem Fall schon sehr früh los, unter Umständen hält er bereits bei dem Betriebsstrom für normale Ladung nicht.

In den Fällen, in denen die Ladestromstärke weniger als ein Drittel der normalen Maschinenstromstärke beträgt, ist also der Minimalausschalter nicht zu verwenden. Will man die verhältnismäßig teuren Rückstromausschalter vermeiden und hat man nur eine Maschine, welche mit der Batterie zusammenarbeitet, so kann man in die Batterieleitung (wie in Abb. 107 gestrichelt dargestellt) einen Maximalautomaten setzen und den Minimalausschalter in der Maschine fortlassen. Tritt in einem solchen Falle mit kleiner Batterie und großer Maschine ein Rückstrom aus der Batterie in die Maschine auf, etwa dadurch, daß diese zu langsam läuft, so wird der Rückstrom im Verhältnis zum Batteriestrom groß sein und den Maximalautomaten im Batteriekreis auslösen.

Erhält die Dynamomaschine einen Rückstromautomaten mit Minimalwirkung (S. 80, Abb. 86) oder einen Maximal- und Rückstromautomaten, so ist eine Störung bei zu geringem Ladestrom nicht mehr zu erwarten. Dafür aber ist ein Rückstrom gewisser Größe möglich, ohne daß es zu einer Ausschaltung kommt. Denn solche Automaten pflegen nicht unter 10 vH ihrer Nennstromstärke auszulösen. Ist nun die Maschine groß im Verhältnis zur Batterie, so können diese 10 vH Rückstrom, auf den Maschinenstrom bezogen, schon einen erheblichen Teil der Leistungsfähigkeit der Batterie ausmachen. In diesem Falle ist also mit Rückstromautomaten Vorsicht geboten, gegebenenfalls kann man außerdem der Batterie noch einen Maximalautomaten geben.

Die Zusatzmaschine soll immer einen Minimalausschalter erhalten. Sie ist von vornherein für den Ladestrom der Batterie zu bemessen, so daß ein Minimalausschalter mit zweckmäßiger Wicklung verwendet werden kann.

Anlagen, bei denen Maschinen erhöhbarer Spannung verwendet werden, erfordern für die Maschine einen Umschalter, welcher den Übergang von der Netzspeisung zur Ladung ermöglicht. Die Frage ist viel umstritten worden, ob dieser Umschalter mit oder ohne Unterbrechung hergestellt werden soll. Wenn man ihn ohne Unterbrechung verwendet, so wird während der Überschaltung die Batterie einschließlich sämtlicher durch den Ladehebel des Zellenschalters eingeschalteter Zellen mit der Maschine parallel geschaltet, was unter Umständen, wenn die Stellung des Ladezellenschalters nicht zur Spannung der Maschine paßt, erhebliche Stöße geben kann. Gegen die momentane Ausschaltung bei Verwendung eines Umschalters mit Unterbrechung dürfte kaum ein Bedenken zu äußern sein, so daß in den Abbildungen Umschalter mit Unterbrechung zugrunde gelegt sind.

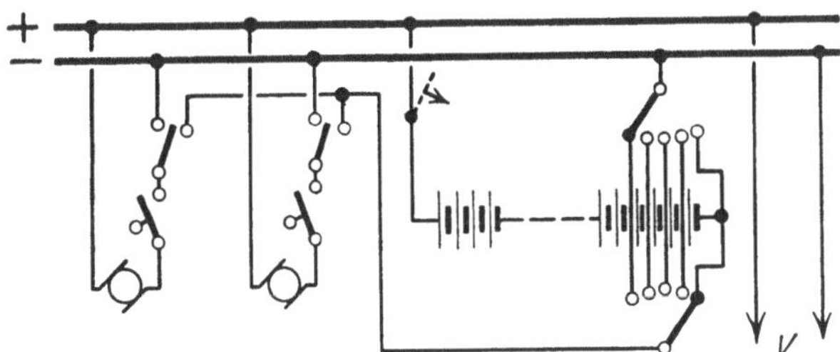

Abb. 107. Zweileiter-Gleichstromanlage mit Dynamos für erhöhbare Spannung, Batterie und Doppelzellenschalter.

Das Schema Abb. 107 zeigt eine Anlage mit zwei Zweileitermaschinen erhöhbarer Spannung, welche bei der Stellung des Umschalters nach links über die Sammelschiene auf die Verbrauchsleitungen V arbeiten, während bei der Stellung des Umschalters nach rechts der Ladestromkreis eingeschaltet ist. Die Batterie kann jederzeit über den Entladeschlitten des Zellenschalters auf die Sammelschiene und das Netz

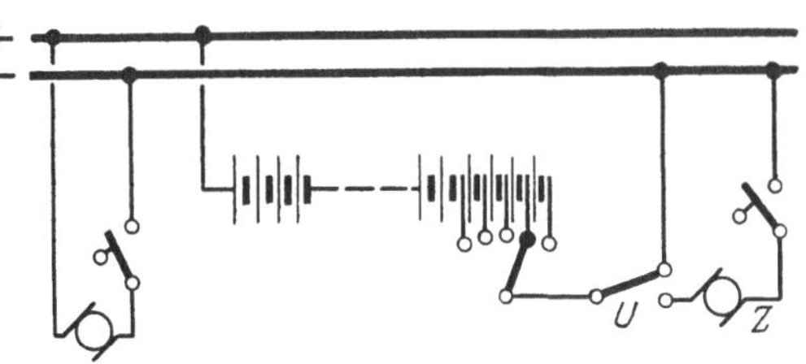

Abb. 108. Zweileiter-Gleichstromanlage mit Dynamo, Batterie, Einfachzellenschalter und Zusatzmaschine.

entladen werden, auch wenn gleichzeitig geladen wird. Der Überschuß an Spannung der Lademaschine wird in den Zellen zwischen Lade- und Entladeschlitten verzehrt. Man kann auch mit einer Maschine, die normale Spannung hält, auf Netz arbeiten und durch die andere mit erhöhter Spannung gleichzeitig die Batterie laden und außerdem zur selben Zeit auch von der Entladeseite der Batterie noch Strom ins Netz geben.

Eine Anordnung mit Zusatzmaschine und Einfachzellenschalter ist in Abb. 108 dargestellt. Die Dynamomaschine ist für normale Spannung bemessen und arbeitet dauernd auf das Netz. Die Batterie entladet sich in der gezeichneten Stellung des Umschalters ebenfalls auf das

Netz. Soll die Ladung erfolgen, so ist die Zusatzmaschine mittels ihres (nicht gezeichneten) Motors anzulassen, auf Spannung zu bringen und mittels des Umschalters mit dem Zellenschalter der Batterie zu verbinden. Während der Ladeperiode arbeitet nur die Maschine auf das Netz, außerdem gibt die Maschine in Reihenschaltung mit der Zusatzmaschine die nötige Spannung zur Ladung der Batterie her. Bei der Entladung sind Maschine und Batterie parallel auf das Netz geschaltet. Die Zusatzmaschine muß etwa 40 vH der Spannung hergeben.

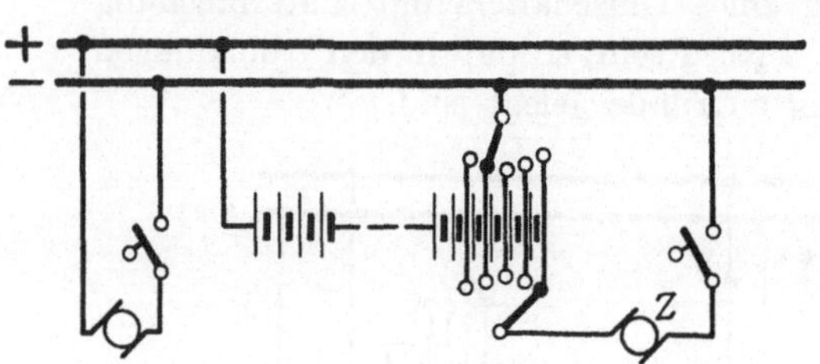

Abb. 109. Zweileiter-Gleichstromanlage mit normaler Dynamo, Doppelzellenschalter und Zusatzmaschine.

Wenn man Zusatzmaschine und Doppelzellenschalter nach Abb. 109 verbindet, wird die Anlage wesentlich günstiger. Die Dynamomaschine und die Entladeseite der Batterie arbeiten dauernd, auch während der Ladung, auf das Netz. Die Ladeseite wird vom Netz bzw. von der Dynamo unter Reihenschaltung mit der Zusatzmaschine gespeist, welche bis zu 40 vH der Netzspannung zu geben hat. Die Spannung der Zusatzmaschine wird in den Zellen zwischen Lade- und Entladeschlitten verzehrt.

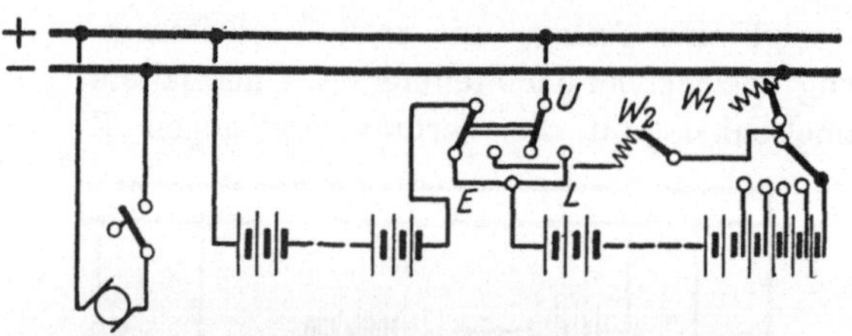

Abb. 110. Zweileiter-Gleichstromanlage mit normaler Dynamo und Batterie in Zweireihenschaltung.

Die Schaltungen mit Zusatzmaschine erfordern allerdings ein Umformeraggregat mehr als diejenigen mit Maschinen erhöhter Spannung. Dafür ist aber die Verwendbarkeit und Elastizität im Betriebe wesentlich größer und die Hauptmaschine billiger.

Die dritte Lösung, bei welcher die Batterie zum Zwecke der Ladung unterteilt und umgeschaltet wird, ist immer mehr oder weniger unrationell. Dies ist aber in den Fällen, in denen Maschinen erhöhbarer Spannung nicht zur Verfügung stehen und in denen Zusatzumformer nicht aufgestellt werden können, nicht zu vermeiden. Wenn also in einer Anschlußanlage der Zusatzumformer nicht gewünscht wird, so muß eine Umschaltung der Batterie zur Ladung vorgenommen werden.

Bei der Zweireihenschaltung Abb. 110 ist die Batterie in zwei Hälften geteilt, welche zur Entladung in Serie am Netz liegen. Die Maschine gibt konstante Spannung auf die Sammelschienen. Zur

Ladung werden die beiden Hälften der Batterie in Reihe geschaltet und der überschüssige Teil der Spannung in einem Vorschaltwiderstand w_1 vernichtet. Der Energieverlust hierbei beträgt durchschnittlich 37 vH, was verhältnismäßig große Widerstände und Verluste bedeutet. Da die Schaltzellen, welche vom Zellenschalter bestrichen werden, im Laufe des Entladeverfahrens weniger stark entladen werden als die Stamm-zellen, so werden sie beim Laden auch schneller voll-geladen sein. Dann nimmt die Batteriehälfte, welche den Zellenschalter enthält, weniger Strom auf als die andere Hälfte. Um dies aus-zugleichen, erhält die andere Hälfte bei der Ladung noch einen zusätzlichen Regulier-widerstand w_2, der verhält-nismäßig klein sein kann.

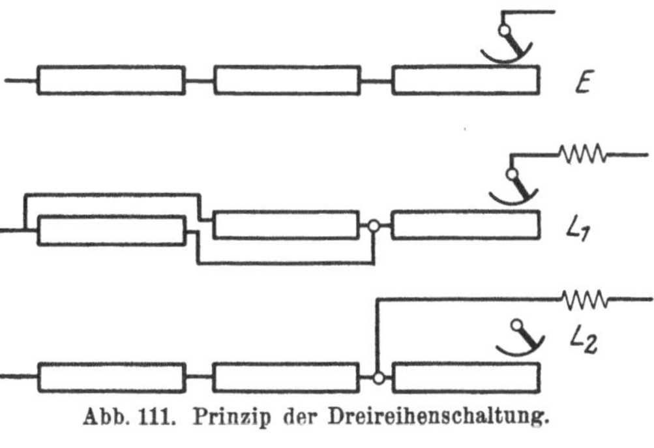

Abb. 111. Prinzip der Dreireihenschaltung.

Der Schalter zur Reihen- und Parallelschaltung ist aus den Aus-führungen über Batteriegruppenschaltungen bekannt.

Wesentlich rationeller als die Zweireihenladung ist die Dreireihen-ladung nach Micka. Abb. 111 stellt das Prinzip der Batterieschaltung

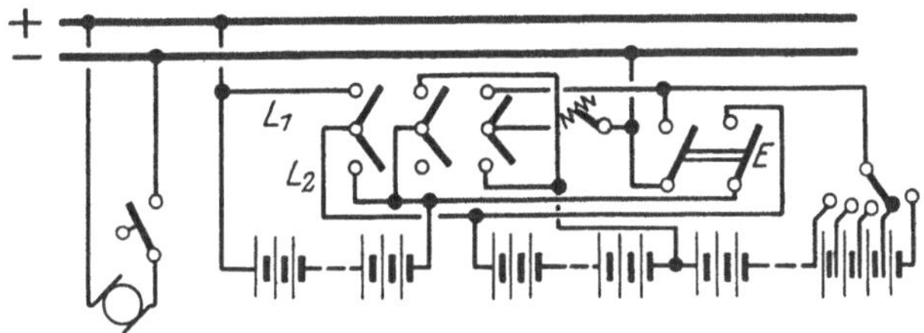

Abb. 112. Zweileiter-Gleichstromanlage mit normaler Dynamo und Batterie in Dreireihenschaltung.

dar. E zeigt die Entladung aller drei Drittel in Serie, L_1 die erste Lade-periode, erstes und zweites Drittel parallel, das dritte Drittel mit dem Zellenschalter dazu in Serie, der Widerstand dient zur Drosselung der überschüssigen Spannung. Der zweite Ladeprozeß ist durch das Schema L_2 gegeben, erstes und zweites Batteriedrittel in Serie und mit dem Widerstand verbunden, das dritte Drittel abgeschaltet. Die Energie-vernichtung im Widerstand beträgt durchschnittlich 19 vH, ist also fast nur die Hälfte von derjenigen der Zweireihenladung. Dafür ist die Schaltung etwas komplizierter.

Abb. 112 zeigt das Schaltungsschema mit einfachen Aus- und Um-schaltern. Die Maschine gibt dauernd normale Netzspannung und arbeitet auf die Sammelschienen. Die Schaltung auf Ladung und Entladung erfolgt durch einen Umschalter für die Ladung und einen Ausschalter für die Entladung. Von diesen beiden Schaltern darf aber immer nur einer geschlossen sein. Bei der Entladung ist der Schalter E zu schließen, der Ladeumschalter muß in der offenen Mittelstellung bleiben. Bei der Ladung muß der Entladeschalter E geöffnet sein, und der Ladeumschalter steht entweder nach oben bei der ersten Ladeperiode L_1 oder nach unten bei der zweiten Ladeperiode L_2.

Will man diese Vorsichtsmaßregel, welche eine gewisse Sorgfalt des Bedienungspersonals erfordert, zwangläufig erfüllen, so muß man statt des dreipoligen Umschalters und des zweipoligen Ausschalters einen dreipoligen Wahlschalter für drei Stellungen verwenden, wie ein solcher auf dem Markte ist. Die Ableitung dieses Schalters nach der Tabellenmethode ist so einfach, daß sie hier fortgelassen werden kann.

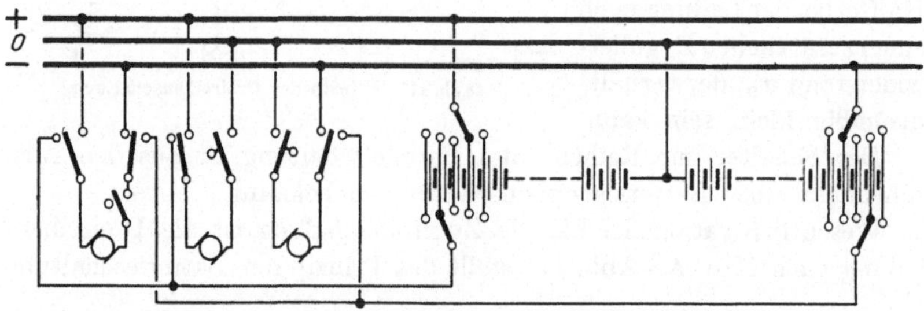

Abb. 113. Dreileiter-Gleichstromanlage mit Dynamos für erhöhbare Spannung, Batterie und außenliegenden Doppelzellenschaltern.

Der Ladewiderstand darf natürlich nur während der Ladezeit eingeschaltet sein, die Entladeleitung muß ohne den Widerstand zu den Sammelschienen gehen, wie dies aus dem Schema Abb. 111 ersichtlich ist.

Die Dreileiteranlagen entstehen durch Verdopplung der Zweileiterschaltungen. In Abb. 113 ist eine Dreileiteranlage mit Maschinen erhöhbarer Spannung und außenliegenden Doppelzellenschaltern dargestellt. Es sind eine Maschine mit Außenleiterspannung und zwei Halbleitermaschinen dargestellt, um in dem einen Schema Anweisungen für die verschiedenen Möglichkeiten zu geben. Bezüglich der Automaten sei auf die vorstehenden Ausführungen verwiesen, die auf Dreileiteranlagen genau so zutreffen wie auf Zweileiteranlagen; ebenso bezüglich der Umschalter der Maschinen, die auch hier mit Unterbrechung gezeichnet sind.

Der Nullpunkt der Anlage ist gegeben durch die Hintereinanderschaltung der beiden Halbleitermaschinen und durch den Mittelpunkt der Batterie. Wenn keine Halbleitermaschinen, sondern nur Außenleitermaschinen vorhanden sind, so bestimmt die Batterie den Nullpunkt.

In dem Schema sind die Zellenschalter außen dargestellt, d. h. an den Enden der Batterie, welche den Außenleitern entsprechen. Man kann die Anordnung auch mit innenliegenden Zellenschaltern ausführen, während bei den später zu besprechenden Anordnungen mit einer Zusatzmaschine die innenliegenden Zellenschalter verwendet werden müssen und außenliegende Zellenschalter nicht benutzt werden können.

Innen liegende Zellenschalter haben den Vorteil, daß nicht nur die Zellenschalter, sondern vor allem die vielen Zellenleitungen ein Potential erhalten, welches vom Nullpunkt, mithin von Erde, wenig verschieden ist, daß also die Gefahr von Erdschlüssen und der Schaden durch solche geringer sind.

Sind mehrere Maschinenaggregate vorhanden, so kann jeweils eines derselben (zwei Halbleitermaschinen oder eine Außenleitermaschine) auf

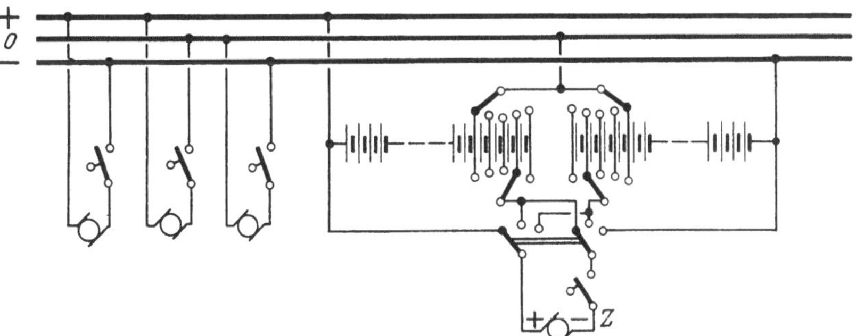

Abb. 114. Dreileiter-Gleichstromanlage mit normalen Dynamos, Batterie, innenliegenden Doppelzellenschaltern und Zusatzmaschine.

die Ladung, die übrigen auf die Entladung arbeiten, und die Batterie arbeitet gleichzeitig über die Entladehebel auf Entladung. Ist nur ein Maschinenaggregat vorhanden, so scheidet es wegen der Spannungserhöhung bei der Ladung von der Speisung des Netzes aus, und letztere erfolgt nur durch die Batterie. Auch hier ist deshalb die Anordnung mit Zusatzmaschine vorzuziehen.

Abb. 114 zeigt eine Dreileiterschaltung mit einer Außenleiter- und zwei Halbleitermaschinen, innenliegenden Doppelzellenschaltern und Zusatzmaschine. Letztere muß bis zu 70 vH der Außenleiterspannung hergeben, während die Maschinen nur für die Außenleiterspannung zu bemessen sind. Die Zusatzmaschine ist umschaltbar; in der linken Stellung des Dreiwegeschalters ladet sie die Plusbatterie, in der rechten Stellung die Minusbatterie, in der Mittelstellung liegt sie zwischen den Ladeschlitten der beiden Zellenschalter, also in der Verbindungslinie der beiden Batterieteile und in Reihe mit Maschinen und Batterie. Die Zusatzmaschine gibt in dieser Schaltung den Betrag an Spannung her, den die Batterie zur Ladung über die konstante Maschinenspannung hinaus erfordert.

Wie erwähnt, muß die Zusatzmaschine bei dieser Schaltung für die Ladung der einzelnen Hälften bis zu 70 vH der Außenleiterschaltung hergeben. Man kann bei einer anderen Schaltung mit einer Zusatzmaschine auskommen, welche nur 40 vH der Außenleiterspannung hergibt. Diese Zusatzmaschine würde in der Mittelstellung zwischen den beiden Ladezellenschaltern genau so wirken, in den Außenstellungen aber nicht für sich allein die Batteriehälften laden, sondern in Gegenschaltung zum Netz. Das Netz arbeitet also mit voller Spannung auf den aus Ladeseite der Batterie und Zusatzmaschine bestehenden Stromkreis und, soweit die Spannung nicht zur Ladung der Batterie dient, wird sie von der Zusatzmaschine aufgezehrt, welche dabei als Motor läuft und ihren Antriebsmotor als Dynamo auf das Netz zurückspeisen läßt. Die Ableitung dieser Anordnung ist nach vorstehendem und den gegebenen Schaltungsregeln einfach, der Dreiwegumschalter nach Abb. 114 erhält nur in den beiden Außenstellungen entsprechend andere Verbindungen. Es ist deshalb von der Darstellung dieses Schemas abgesehen worden, um so mehr, als es gegenüber dem Schema mit Zusatzschaltung Abb. 114 an Bedeutung erheblich zurücktritt.

Wenn man bei Verwendung von Zusatzmaschinen die Zellenschalter außen anordnen will, so kommt man mit einer Zusatzmaschine nicht mehr aus, man muß dann vielmehr zwei Zusatzmaschinen benutzen, welche mit einem Ende an der betreffenden Außenleiterschiene, mit dem anderen an dem entsprechenden Ladehebel des außenliegenden Zellenschalters wirken.

Zweckmäßig wird bei einer derartigen Anordnung mit zwei Zusatzmaschinen der Antrieb durch zwei Motoren bewirkt und beide Motoren und beide Zusatzmaschinen mit einer gemeinsamen Welle gekuppelt. Dann laufen die beiden Antriebsmotoren als Ausgleichsaggregat, d. h. wenn eine Netzhälfte stärker belastet ist, so liefert der dort angeschlossene Motor als Dynamo Spannung und übernimmt einen Teil der überschüssigen Last.

Auch diese seltener gebrauchte Schaltung ist nach den gegebenen Hinweisen leicht zu entwerfen, so daß von der Aufstellung des Schaltungsschemas Abstand genommen werden konnte.

Eine besondere Rolle spielen die Anschlußanlagen, d. h. solche, bei denen nur Batterie und Verbraucher vorhanden sind, aber statt der Maschinen Anschlüsse an ein bestehendes Netz. In den schematischen Darstellungen sind die Maschinen fortzudenken und durch Zuleitungen zu ersetzen, welche die konstante Netzspannung hergeben. Es ergibt sich daraus, daß die Schaltungen mit Maschinen erhöhbarer Spannung hier fortfallen und nur Schaltungen mit Zusatzmaschinen oder mit Zwei- bzw. Dreireihenladung in Frage kommen.

Eine größere Bedeutung hatten früher Anordnungen, bei denen die Dynamomaschine durch einen Gasmotor angetrieben wurde und das Anwerfen des letzteren durch die als Motor verwendete Dynamomaschine bewirkt wurde. Zu diesem Zweck wird die Ladeseite des Doppelzellenschalters verwendet, indem von den Enden der letzten Zelle und von der Ladekurbel Strom auf die Dynamomaschine gegeben wird. Dabei steht die Ladekurbel zunächst auf dem letzten Kontakt und wird allmählich bei Anlauf der Maschine immer weiter gegen die Stammbatterie verschoben, wodurch immer mehr Abschaltzellen eingeschaltet werden, bis schließlich die Maschine als Motor genügende Geschwindigkeit erzeugt, daß der Gasmotor selbst zünden kann und nunmehr das weitere Anlassen der Anlage selbst bewirkt.

Bei Aufstellung derartiger Schaltungen ist darauf zu achten, daß zum Anlassen unter Umständen eine größere Anzahl von Zellen bis zur vollen Zahl der Abschaltzellen des Doppelzellenschalters eingeschaltet werden muß, während die Entladeseite gleichzeitig irgendwo auf der Bahn stehen kann. Der Ladeschlitten, welcher im allgemeinen, von der Stammseite der Batterie gesehen, hinter dem Entladeschlitten steht, kann hierbei vor den Entladeschlitten kommen. Er muß also an dem letzteren vorbeigehen können, wenn man nicht während der Anlaßperiode den Entladeschlitten mit dem Ladeschlitten mitnehmen und dabei die Spannung des Netzes kurzzeitig herunterregulieren will, was unangenehme Lichtschwankungen hervorruft. Zum Anlassen von Gasmotoren sind also solche Zellenschalter zu verwenden, bei denen Lade- und Entladeschlitten aneinander vorbeigehen.

XXI. Pufferschaltungen mit Batterie.

Obwohl es sich hier im wesentlichen um innere Schaltungen der Maschinen handelt, sollen doch einige wichtigere Pufferschaltungen, wie sie von der Akkumulatorenfabrik-Aktiengesellschaft für Bahnen und ähnliche stoßweise arbeitende Anlagen verwendet werden, kurz beschrieben sein. Das Wesentliche ist, daß bei Gleichstromanlagen an dem Sammelschienensystem sowohl das Maschinenaggregat wie die Batterie und die Verbrauchskreise liegen, und daß die Batterie nicht auf konstante Spannung durch einen Zellenschalter reguliert wird, sondern daß sie die Leistungsspitzen über einer gewissen mittleren Energie abgeben und, falls der Verbrauch geringer wird, aus dem Maschinenaggregat Leistung in Form von Ladung aufnehmen soll. Da nun die Batterie eine gewisse Unempfindlichkeit hat, also nicht bei ganz geringen Änderungen der Spannung schon von Ladung auf Entladung und umgekehrt übergeht, so kann man die Schaltung so wählen, daß die Maschine entsprechende Schwankungen hervorruft, d. h. daß sie bei erheblicher Energieentnahme die Spannung senkt, um die Batterie zur Entladung heranzuziehen, bei geringerem Bedarf aber die Spannung steigert, so daß die Batterie geladen wird.

Die einfachste Anordnung zeigt Abb. 115, bei welcher die Maschine als Gegencompoundmaschine ausgeführt ist. Mit steigender Stromentnahme aus der Maschine wirkt die Hauptstromwicklung H stärker entmagnetisierend, der Nebenschlußwicklung N entgegen, und setzt die Spannung entsprechend herunter, so daß die Batterie mit herangezogen wird.

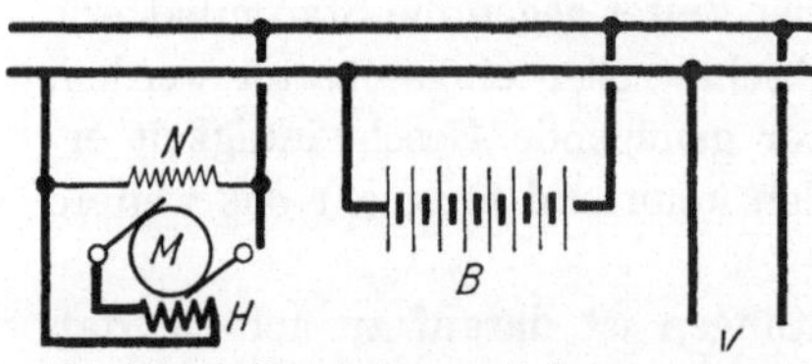

Abb. 115. Pufferschaltung mit Gegencompound-maschine.

Es wurde bereits früher erwähnt, daß man Regulierungen unter Umständen zweckmäßiger im Erregerkreis einer Erregermaschine, statt in dem der Hauptmaschine, vornehmen kann. Eine Umformung der eben besprochenen Anordnung in dieser Weise ist in Abb. 116 dargestellt. Die Gegencompoundwicklung, welche im Hauptstromkreise der Maschine M liegt, ist auf den Schenkeln der Erregermaschine E angebracht und arbeitet der Nebenschlußwicklung der Erregermaschine entgegen. Die entsprechend schwankende Spannung der Erregermaschine speist die Gegenwicklung G zur Nebenschlußwicklung N_1 der Hauptmaschine. Diese Anordnung ist sachlich identisch mit Abb. 115, nur wird durch die Zwischenschaltung der Erregermaschine und die Regulierung in deren Erregerkreis die zu bewältigende

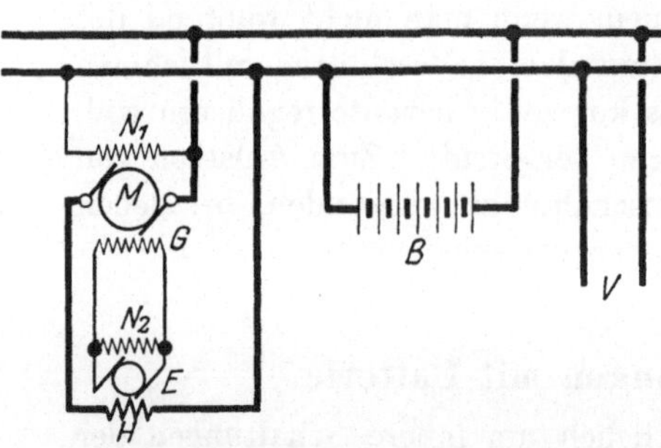

Abb. 116. Pufferschaltung mit Gegencompoundierung durch die Erregermaschine.

Leistung ganz erheblich heruntergesetzt, auch die Verluste werden geringer, die Maschinen unter Umständen billiger.

Wurde im vorstehenden die Heranziehung der Batterie zur Pufferung durch Veränderung der Maschinenspannung bewirkt und dadurch auch die Schwankung der Netzspannung notwendig gemacht, so kann man die Wirkung auch dadurch erreichen, daß man Maschinen- und Netzspannung konstant hält, aber die Batterie durch eine Zusatzmaschine steuert. Eine verhältnismäßig einfache Form derselben ist die Pirani-Maschine nach Abb. 117. Hauptmaschine M mit ihrer Nebenschlußwicklung N_1 und Verbrauchernetz V, Sammelschienen und Batterie B sind gleich geblieben. Letztere arbeitet hier mit einer Zusatzmaschine Z in Reihe, welche eine an der Batterie abgezweigte Nebenschlußwicklung N_2 und eine vom Verbrauch gespeiste Hauptstromwicklung H besitzt. Die Speisung der Hauptstromwicklung vom Verbrauch anstatt von der Maschine bedeutet eine Stärkung der Regulierwirkung, denn der Verbrauchsstrom schwankt stärker als der Maschinenstrom, welcher ja durch die Pufferung vor allzu krassen Schwankungen bewahrt werden soll. Die

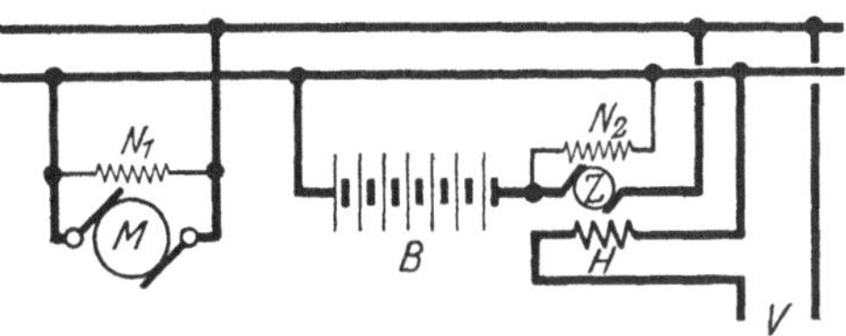

Abb. 117. Pufferschaltung mit Pirani-Zusatzmaschine.

Abzweigung der Nebenschlußwicklung an der Batterie statt am Netz hat ihre Bedeutung im gleichen Sinne, da die Batteriespannung hier veränderlicher ist als die Netzspannung.

Eine zweite Gleichstromzusatzmaschine, die L a n - c a s h i r e - Maschine, ist in Abb. 118 dargestellt. Hier ist die Zusatzmaschine mit einer am Netz liegenden Neben-

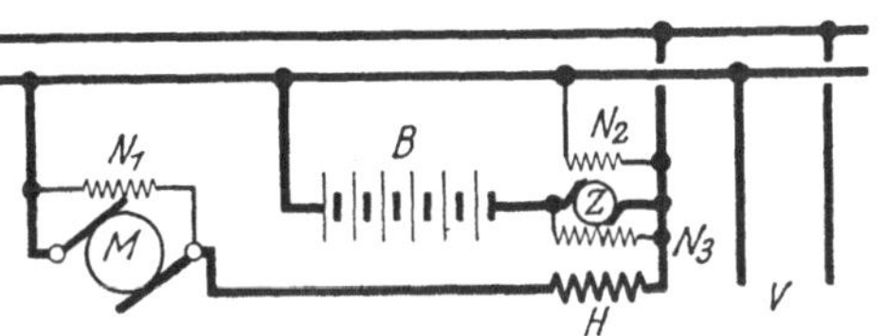

Abb. 118. Pufferschaltung mit Lancashire-Zusatzmaschine.

schlußwicklung N_2 und einer Hauptstromwicklung H, die vom Maschinenstrom gespeist wird, ausgerüstet, außerdem aber noch mit einer sehr stark veränderlichen Nebenschlußwicklung N_3, die an der Zusatzmaschine selbst liegt. Es läßt sich leicht überblicken, wie durch diese verschiedenen Wicklungen die Spannung der Zusatzmaschine derart

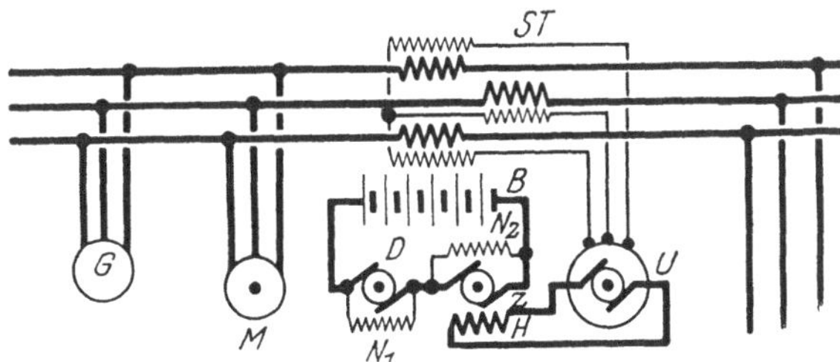

Abb. 119. Pufferschaltung für ein Drehstromnetz nach Schröder.

reguliert wird, daß die Batterie bei steigendem Bedarf mehr Leistung abgibt und umgekehrt bei sinkender Entnahme Ladestrom ansaugt.

Nicht nur bei Gleichstrom-, sondern auch bei Drehstromanlagen hat man Akkumulatorenbatterien mit Erfolg zur Pufferung herangezogen. Hierfür sei nur ein Beispiel nach Ausführungen der Akkumulatorenfabrik-Aktiengesellschaft gegeben, die sog. S c h r ö d e r - Schaltung (Abb. 119). Der Generator G speist die Sammelschienen und das Verbrauchssystem V. An den Sammelschienen hängt der Motor M, welcher mit der Dynamo D, der Zusatzmaschine Z und dem Umformer U auf einer gemeinsamen Welle starr gekuppelt ist. Entnimmt der Verbrauch zu wenig Energie, so arbeitet der Motor auf die Dynamo D, welche die Batterie aufladet. Ist der Verbrauch dagegen größer als der Durchschnitt, so gibt die Batterie Strom an die Dynamo zurück. Diese treibt den Motor N als Generator an, welcher die Sammelschiene mit Strom versorgt.

Auch hier ist wieder eine wesentliche Veränderung zwischen Dynamospannung und Batteriespannung entsprechend dem Netzbedarf im Drehstromnetz erforderlich, und dazu dient der mittels eines dreiphasigen Serienstromtransformators ST erregte Umformer U in Verbindung mit der Zusatzmaschine Z. Der Umformer U gibt an seinen Bürsten einen Strom ab, der durch die Hauptwicklung H der Zusatzmaschine fließt und von der Netzbelastung abhängt. Je größer diese ist, um so mehr verstärkt die Hauptstromwicklung das Nebenschlußfeld N_2 der Zusatzmaschine Z und um so mehr wird die Batterie zur Entladung auf die Dynamomaschine D und auf das Netz herangezogen.

Die Beispiele dieses Kapitels zeigen, wie durch besondere Schaltung der Erregerwicklungen von Maschinen deren Charakteristik beeinflußt und dadurch ihre Einwirkung auf bestimmte Netzteile, wie Batterie, Verbraucher usw., reguliert werden kann. Dasselbe läßt sich anstatt durch die Erregersteuerung der Maschine durch Relaissteuerung bewirken, welche die Nebenschlußregulatoren von Maschinen normaler Bauart beeinflußt und sprungweise, aber bei entsprechender Dimensionierung mit hinreichend feinen Abstufungen dieselbe Wirkung erzielen läßt, wie die stetig arbeitenden Erregersteuerungen. Wenn hier das scheinbar weitab liegende Gebiet der Pufferschaltungen erwähnt wurde, so geschah es in der Hauptsache, um zu zeigen, wie mit anderen Mitteln gleiche Wirkungen der Steuerung nicht durch Schaltung, sondern durch innere Regelung zu erzielen sind.

Während bei Relaisanordnungen zum Zwecke der Regelung jeweils Schaltungen, d. h. Schließen und Öffnen von Stromkreisen, Ein- und Ausschalten von Widerständen usw., notwendig sind, entfallen derartige Bedingungen für die Erregersteuerungen mit ihrer Beeinflussung der Maschinen.

XXII. Sammelschienensysteme.

Im Kap. VI „Mehrfache Stromkreise" ist die Ausbildung gemeinsamer Punkte in Netzen mit konstanter Spannung zu Sammelschienen erläutert. Bei einfachen Anlagen ist hiermit die Frage der Sammelschienen vollständig erledigt. Dagegen zeigt sich bei sehr großen Schaltanlagen, daß die Sammelschiene als der Zentralpunkt der Anlage, die ihrerseits wieder das Nervensystem der Station, ja sogar des ganzen

Netzes bildet, zweckmäßig eine weitere Durchbildung zur Erhöhung
der Sicherheit und der Beweglichkeit des Betriebes erfahren muß.
Diese Gesichtspunkte kommen insbesondere bei Hochspannungsschalt-
anlagen für Drehstrom in Frage, in untergeordnetem Maße wohl auch
bei Hochspannungserzeugeranlagen für Bahnen mit Einphasenstrom.
Im folgenden wird nur der häufigere Fall des Drehstromes behandelt.

Wenn mehrere Generatoren auf ein Hochspannungssammelschienen-
system arbeiten und dabei selbst nicht die volle Spannung des Systems,
sondern eine Unterspannung erzeugen, so daß
Transformatoren zwischengeschaltet werden müssen, so hat man eine Anordnung nach Abb. 120 a
häufig verwendet. Die Generatoren haben ihre
eigenen Sammelschienen; auf der Hochspannungsseite der Transformatoren befindet sich das Haupt-
sammelschienensystem der Anlage, von dem auch
die Verteilungsleitungen abzweigen. Diese Anlage
ermöglicht, mit jedem Generator beliebig auf
jeden Transformator zu arbeiten. Wenn also
der eine Generator defekt ist, kann im Notfall
der andere die beiden Transformatoren speisen,

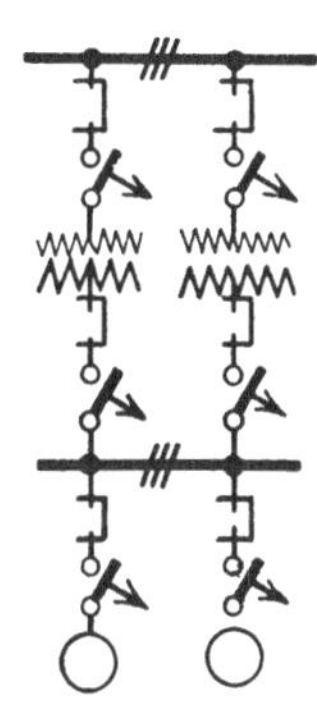

voraussetzt, daß er soviel Energie hergibt. Wie
man aus der Schaltungsskizze sieht, hat jeder
Generator Trennschalter und Ölschalter, jeder
Transformator hochspannungsseitig und nieder-
spannungsseitig je einen Netztrennschalter und
je einen Netzölschalter.

Abb. 120 a. Sammelschienen
zwischen Generatoren und
den zugehörigen Transfor-
matoren.

In ganz modernen Anlagen behandelt man den
Generator mit seinem zugehörigen Transformator
als ein Aggregat. Beide sind von gleicher Größe
und aufeinander zugeschnitten. Ist einer dieser
Teile betriebsunfähig, so nützt einem der andere auch nichts. Ein Generator könnte nicht

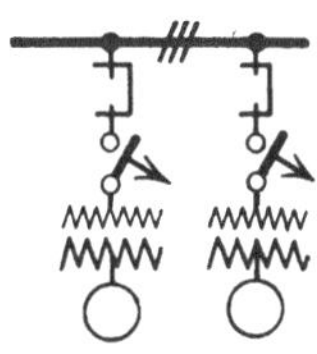

Abb. 120 b. Generatoren mit
ihren Transformatoren zu
je einer Einheit zusammengefaßt.

bei Versagen des anderen dessen Transformator noch mit speisen,
weil der eigene Transformator den Generator vollständig in Anspruch
nimmt. Verzichtet man deshalb auf die Generatorensammelschienen
und auf die Möglichkeit, Generatoren und Transformatoren beliebig
zu verbinden, so kommt man zu einem wesentlich einfacheren Schema
Abb. 120 b, bei dem zwischen Generator und Transformator überhaupt
keine Schaltapparate mehr vorhanden sind. Nur auf der Hochspannungsseite des Transformators befinden sich Trennschalter und Ölschalter
zur Verbindung mit den Sammelschienen. Diese eigentlich selbstverständliche Schaltung ist merkwürdigerweise in Deutschland patentiert
worden.

Wenn mehrere Generatoren und mehrere abgehende Leitungen auf ein Sammelschienensystem arbeiten, so wird in vielen Fällen die räumliche Disposition die Lage der Anschlüsse bedingen. In Abb. 121 a sind links zwei Generatoren durch Kreise in üblicher Weise dargestellt, rechts zwei abgehende Freileitungen (durch Pfeile gekennzeichnet). Durch den Querschnitt zwischen dem zweiten Generator und der ersten Freileitung muß der gesamte Strom fließen, also muß zum mindesten dieser Teil für den vollen dauernden Strom bemessen sein. Da man Abstufungen der Sammelschienenquerschnitte nur in seltenen Fällen vornimmt, bedeutet das unter Umständen einen erheblichen Aufwand an Sammelschienenkupfer.

Wenn die räumlichen Verhältnisse es gestatten, soll man deshalb symmetrische Anordnungen nach Abb. 121 b und 121 c verwenden, bei denen entweder die Generatoren außen und die Freileitungen innen liegen, oder bei denen die Generatoren innen, die Freileitungen außen,

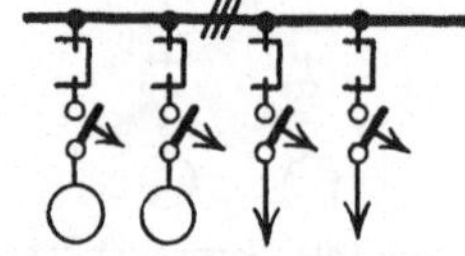 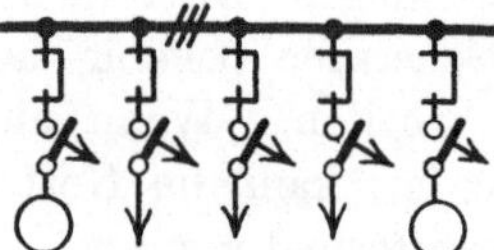 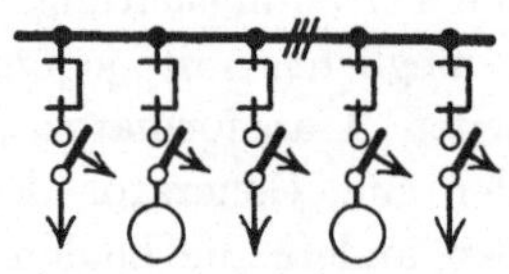

Abb. 121 a. Generatoren an einem Ende der Sammelschienen, Ableitungen am anderen.

Abb. 121 b. Generatoren außen, Ableitungen in der Mitte.

Abb. 121 c. Generatoren und Ableitungen abwechselnd angeordnet.

oder bei denen schließlich Generatoren und Freileitungen abwechselnd angeschlossen werden Derartige Anordnungen gestatten, von jedem Anschluß eines Generators den Strom nach beiden Seiten abzunehmen, so daß die Querschnittsbelastung unter Umständen auf die Hälfte sinkt. Besonders bei Niederspannungsanlagen mit großen Stromstärken, z. B. auch beigekapselten Anlagen, wo große Sammelschienenquerschnitte schlechter unterzubringen sind, spielt dieser Gesichtspunkt eine wesentliche Rolle.

Wenn die Aufgabe gestellt wird, die gesamte Leistung einer Anlage zu messen und mehrere Generatoren sowie mehrere Verbraucher (Transformatoren, Freileitungen usw.) vorhanden sind, pflegt man, falls die räumlichen Verhältnisse diese Anordnung ermöglichen, nach Abb. 122 a eine oder zwei Sammelschienen zu teilen und in die Verbindung die Primärseite eines Sammelschienenstromwandlers zu legen. Auf der einen Seite vom Stromwandler müssen dann sämtliche Stromerzeuger, auf der anderen sämtliche Stromabnehmer liegen. Begnügt man sich mit einphasiger Messung, so ist nur eine Schiene durch einen Stromwandler zu unterbrechen, bei Messung für ungleich belastete Phasen sind zwei Schienen aufzutrennen und mit Stromwandlern zu versehen, während die dritte durchgehen kann.

Wenn die räumlichen Verhältnisse eine derartige Gruppierung der Stromerzeuger und der Stromabnehmer in geschlossenen Gruppen nicht ermöglichen, muß man Hilfssammelschienen für die Messung vorsehen. In Abb. 122b sind zwei Generatoren mit dazwischenliegenden Freileitungen gezeichnet. Die Phasen U und W der Generatoren sind an besondere Generatorschienen, die Phasen R und T der Freileitungen an besondere Abnehmerschienen gelegt. Zwischen Generator- und Abnehmerschienen liegen die Stromwandler für die Messung. Die mitt-

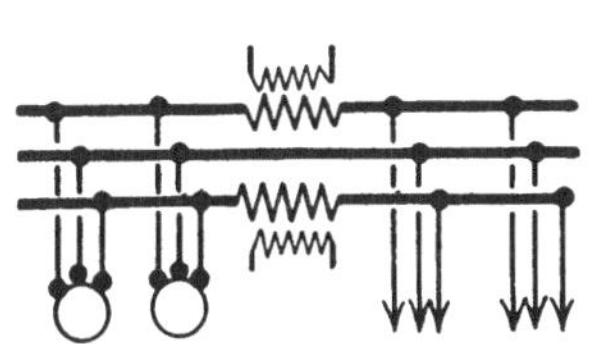

Abb. 122a. Messung der Sammelschienenleistung, Generatoren am einen, Ableitungen am anderen Ende.

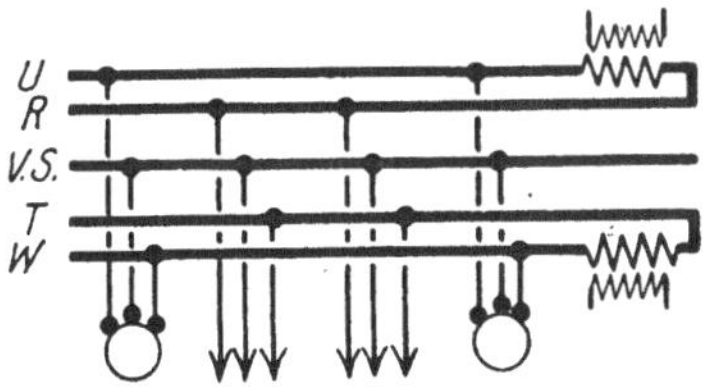

Abb. 122b. Messung der Sammelschienenleistung, Generatoren und Ableitungen nicht getrennt, Meß-Sammelschienen.

lere Schiene, welche einen Stromwandler nicht erhält, kann gemeinsam bleiben und erhält die Anschlüsse V der Generatoren und S der Freileitungen.

Bei sehr großen Anlagen ist mit einem einfachen Sammelschienensystem keine genügende Elastizität des Betriebes erreichbar. Man will im Notfalle einzelne Teile abspalten und für sich betreiben können. Man will auch bei einem Sammelschienendefekt nicht die ganze Anlage bis zur vollständigen Wiederherstellung, die unter Umständen lange dauern kann, außer Betrieb lassen. Diese Anforderungen führten zur Ausbildung des Doppelsammelschienensystems und des Ringsystems.

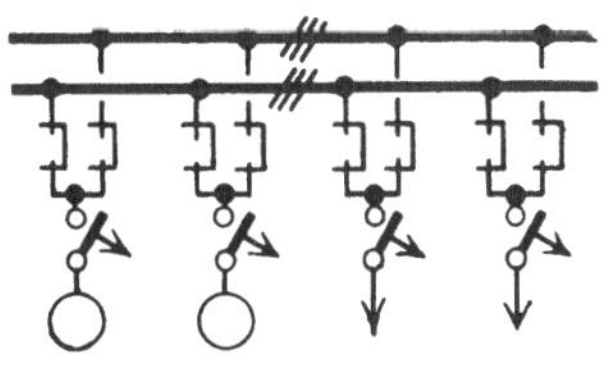

Abb. 123. Doppelsammelschienensystem.

Abb. 123 zeigt ein Doppelsammelschienensystem, auf das mehrere Generatoren und Freileitungen arbeiten. Die Transformatoren sind der Übersichtlichkeit halber fortgelassen. Jeder Generator, ebenso wie jede Freileitung erhält außer dem Ölschalter zwei Satz Trennschalter, welche die Verbindung mit dem oberen oder unteren Sammelschienensystem gestatten, aber im allgemeinen nicht gleichzeitig eingelegt werden sollen, sofern nicht ein Kuppelschalter zur Parallelschaltung der beiden Sammelschienensysteme verwendet und vorher geschlossen ist. In den gezeichneten Beispielen könnte man z. B. den ersten Generator und die erste Freileitung an das obere Sammelschienensystem, den zweiten Generator und die zweite Freileitung an das untere Sammelschienensystem legen und getrennt betreiben. Beide Systeme können sogar mit verschiedener Periodenzahl oder Phase laufen, sie brauchen also nicht synchronisiert zu werden. Will man eine Freileitung von dem einen auf das andere System umschalten und laufen beide Systeme nicht synchron, so muß man die Freileitung abschalten, den Trennschalter des ersten Systems öffnen, den des zweiten Systems schließen und wieder zuschalten. Laufen dagegen beide Systeme synchron, so werden zunächst beide Trennschalter geschlossen und dann der erste wieder geöffnet. Dann erfolgt also die Umschaltung ohne Unterbrechung.

In der Praxis pflegt man das eine Sammelschienensystem für den Hauptbetrieb dauernd zu verwenden, das zweite aber in Reserve zu halten. Es wird jedoch im allgemeinen mit dem Eigenbedarf der Schaltanlage und der betreffenden Station belastet, also mit Hausbeleuchtung, Kompressoren, Kühlwasserpumpen usw., wozu im allgemeinen bei sehr großen Anlagen eine eigene Hausturbine vorhanden zu sein pflegt.

Das Ringsystem ist in Abb. 124 dargestellt. Das Sammelschienensystem ist zu einem Ring zusammengeschlossen, welcher an mehreren Stellen aufgeschnitten und durch Sammelschienentrennschalter überbrückt ist. In der Abbildung sind zwei Generatoren und zwei Freileitungen gezeichnet. Sind beide Trennschalter geöffnet, so arbeitet der linke Generator auf die linke Freileitung, der rechte Generator auf die rechte Freileitung. Beide sind vollständig getrennt. Durch Einschaltung eines oder beider Trennschalter lassen sich die Betriebe zusammenfügen, was unter Umständen nur nach vorhergegangener Synchronisierung zulässig ist. Durch die Ringanordnung werden die Schienenquerschnitte verringert, weil die Ströme sich verteilen können.

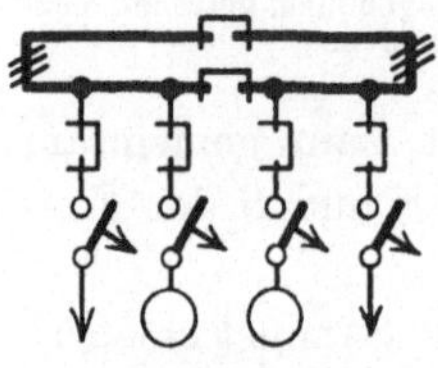

Abb. 124. Ringsammelschienensystem.

Das Ringsystem war während einiger Zeit stark verbreitet, hat aber jetzt an Boden verloren, weil es nicht eine so große Elastizität des Betriebes ermöglicht wie das Doppelsammelschienensystem und weil die in den Sammelschienen gelegenen Trennschalter Apparate darstellen, die für den Betrieb nicht immer sehr angenehm sind. Sie müssen dauernd große, unter Umständen sehr große Ströme durchlassen und können fast niemals nachgesehen werden, da sie andauernd unter Spannung stehen. Beim Doppelsammelschienensystem kann man den Trennschalter, der an einem toten System liegt, abklemmen, so daß er zugänglich wird. Beim Sammelschienentrennschalter entfällt diese Möglichkeit im allgemeinen.

Je mehr Unterbrechungen mit Sammelschienentrennschaltern im Ringsystem vorgesehen sind, um so größer wird natürlich die Zahl der Kombinationen. Abb. 125 zeigt ein Ringsystem mit drei Generatoren und fünf Freileitungen, bei dem der linke Generator auf die beiden linken Freileitungen arbeitet, der rechte auf die beiden rechten, solange alle vier Sammelschienentrennschalter geöffnet sind. Öffnet man nur die beiden Trennschalter zur Rechten, so speist auch der mittlere Generator auf die linke Seite, einschließlich der dritten Freileitung.

Die Bedenken, welche gegen Sammelschienentrennschalter vorliegen, begrenzen die Anzahl derselben in Ringsystemen, während die Vielseitigkeit der möglichen Schaltungen zu einer Erhöhung ihrer Anzahl treiben würde.

In sehr großen Anlagen wird das Doppelsammelschienensystem räumlich so ausgedehnt, daß ein doppeltes System für die Generatoren,

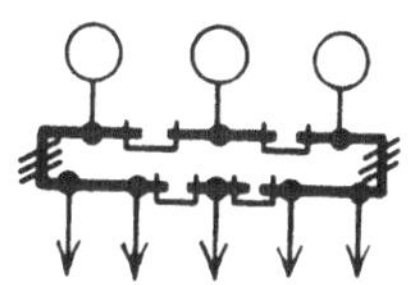

Abb. 125. Stärker unterteiltes Ringsammelschienensystem.

ein anderes doppeltes System für die abgehenden Leitungen entsteht. Diese Systeme sind unter sich zu verbinden, und wenn man das an beiden Enden ausführt, so entsteht ein ringförmiges Doppelsammelschienensystem nach Abb. 126. Es ist äußerlich ringförmig und hat auch den Vorteil aller Ringe, daß die Ströme sich nach beiden Seiten verteilen

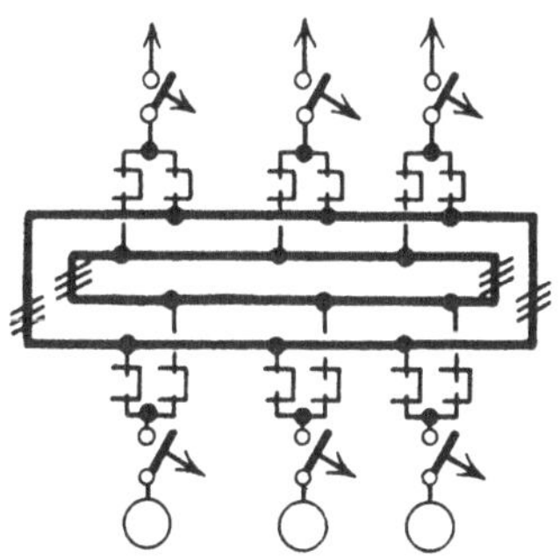

Abb. 126. Ringförmig angeordnetes Doppelsammelschienensystem.

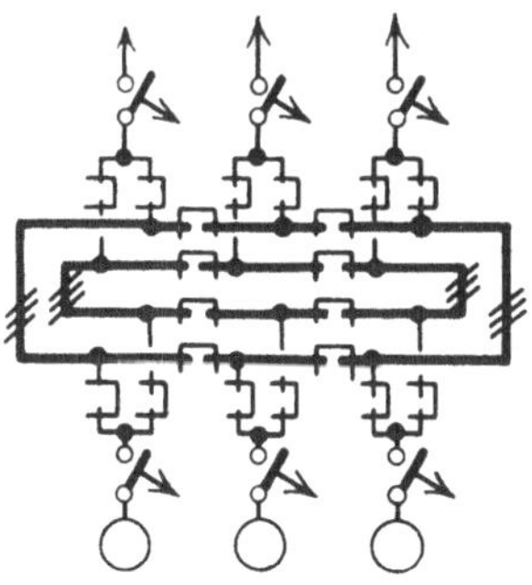

Abb. 127. Kombiniertes Ring- und Doppelsammelschienensystem.

können, daß die Querschnitte also kleiner werden. Ein Ringsystem im grundsätzlichen Sinne ist es aber nicht, weil die Sammelschienen in sich ungeteilt bleiben und Sammelschienentrennschalter nicht vorkommen.

Es steht aber nichts im Wege, auch hier durch Einbau von Sammelschienentrennschaltern die Vorteile des Ringsystems mit denen des Doppelsammelschienensystems zu verbinden, wodurch eine Anordnung etwa nach Abb. 127 entsteht, die näherer Erläuterung kaum bedarf.

XXIII. Strombegrenzungsdrosseln.

Bei modernen Hochspannungsanlagen ballen sich die Energiemengen in den Erzeugungsanlagen derart zusammen, daß man sie mit den vorhandenen Mitteln gar nicht oder schwer beherrschen kann. Ein Kurzschluß in einer sehr großen Zentrale, die etwa noch durch Höchstspannungsleitungen mit anderen parallel arbeitet, kann verheerende Folgen haben.

Man hat diese Schwierigkeit durch den Einbau von Strombegrenzungsdrosseln bekämpft. Es sind dies dauernd stromdurchflossene und für die volle Stromstärke bemessene Drosselspulen, welche bei normaler Stromstärke einen gewissen induktiven Spannungsabfall erzielen, der jedoch sich nicht allzu arg fühlbar macht, weil er gegen den Wirkverbrauch um 90⁰ in der Phase verschoben ist und daher eine geringe Vergrößerung des Spannungsabfalles im Wirkstromkreis hervorruft. Bei einem Kurzschluß dagegen scheidet der Nutzstromkreis aus, und der Kurzschlußkreis hat vollständig induktiven Charakter, liegt also mit dem Spannungsabfall der Drosselspule in Phase, so daß diese nun zur vollen Wirkung kommt. Außerdem erhöht sich letztere durch das Anwachsen des Kurzschlußstromes, so daß mit einer Spule, die im normalen Betriebe kaum als störend anzusprechen ist, recht erhebliche Dämpfung erreicht werden kann.

Für den Einbau solcher Drosselspulen gibt es im wesentlichen drei Möglichkeiten, die einzeln, aber auch in Verbindung miteinander

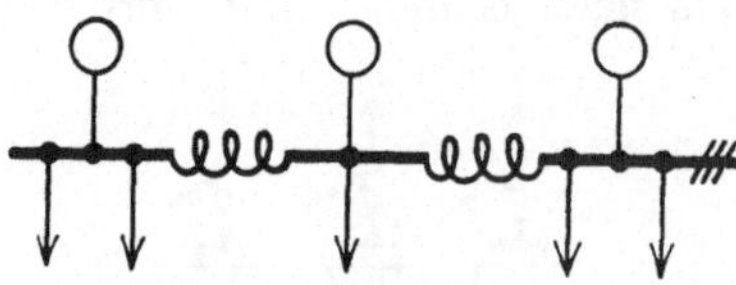

Abb. 128. Drosselspulen in den Sammelschienen.

verwendet werden. Abb. 128 zeigt Sammelschienendrosseln; die Generatoren arbeiten auf getrennte Sammelschienenstücke, die durch die Drosseln untereinander verbunden sind, und die Verteilungsleitungen sind auf die Generatoren verteilt, wie es der normale übliche Betrieb verlangt. Da jeder Generator auf diese Weise über sein Sammelschienenstück direkt die zugehörigen Verteilungen speist, so wird im allgemeinen ein nennenswerter Strom über die Drosselspulen nicht gesandt werden, vielmehr arbeitet jedes Sammelschienenstück mit den daran hängenden Erzeugern und Abnehmern wie eine eigene Zentrale. Nur im Falle einer Notschaltung im Betriebe oder einer übermäßigen Entnahme in einem Abschnitt wird der benachbarte Abschnitt bzw. sein Generator zu Hilfe genommen werden, wofür ein entsprechender Strom über die Sammelschienenspulen geleitet werden muß. Nur in einem derartigen Ausnahmefalle kommt also die Drosselwirkung, die nach obigem sich sonst wenig unangenehm fühlbar macht, überhaupt zur Geltung; im normalen Betriebe dagegen sind die Drosseln fast oder ganz stromlos.

Tritt nun etwa in einer Freileitung ein Kurzschluß auf, so arbeitet der betreffende Generator ungedämpft auf diesen Kurzschluß. Die nächsten Generatoren rechts und links werden schon durch die zwischenliegenden Sammelschienendrosselspulen stark gedämpft, so daß der von ihnen auf den Kurzschluß gelieferte Strom keine übermäßige Höhe

erreichen kann, und die Generatoren, welche hinter zwei oder mehreren
Drosselspulen in den Sammelschienen liegen, werden sich überhaupt
kaum mehr sehr störend bemerkbar machen.

Legt man die Drosselspulen nach Abb. 129 in die Verteilungsleitungen, so sind sie von dem Verbrauchstrom durchflossen, also
immerhin etwas störend, solange ein Verbrauch stattfindet. Bei einem
Kurzschluß in einer Verteilungsleitung liegt die eigene Drosselspule
zwischen der Fehlerstelle und dem Generator, alle Generatoren arbeiten
zusammen in gleicher Weise über die Sammelschiene und die Drosselspule auf den Kurzschluß. Tritt der Defekt in den Sammelschienen
oder zwischen diesen und den Generatoren auf, so ist allerdings bei
dieser Anordnung ein ungehindertes Zusammenströmen aller Kurz-
schlußenergien möglich, das bedenkliche Folgen haben kann. Will
man diese Anordnung also verwenden, so müssen die genannten Teile

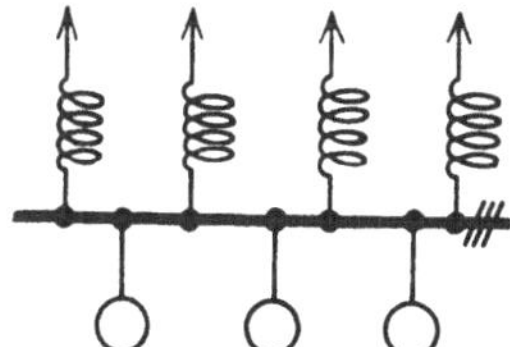

Abb. 129. Drosselspulen in den Verteilungen.

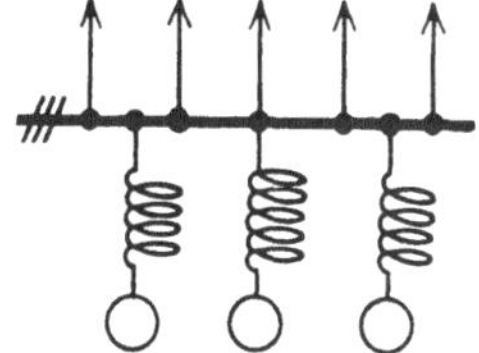

Abb. 130. Drosselspulen zwischen Generatoren und Sammelschienen.

so sicher hergestellt werden, daß dort nach menschlicher Voraussicht
ein Kurzschluß nicht eintreten kann. Erfahrungsgemäß sind ja solche
in den abgehenden Leitungen bei weitem häufiger als in der Station
selbst. Immerhin ist hierin ein Nachteil dieser Schaltung zu erblicken,
so daß sie nicht ohne weitere Vorsichtsmaßregeln allgemein verwendet
werden sollte.

In Abb. 130 haben die Generatoren Drosselspulen, welche sie von
den Sammelschienen trennen. Tritt ein Kurzschluß in einer Ableitung
oder in den Sammelschienen oder in den Verbindungen zwischen Sammelschienen und Drosselspulen auf, so arbeiten alle Generatoren gedämpft
auf diesen Kurzschluß, da jeder Generator seinen Strom über eine
Drosselspule entsenden muß.

Recht zweckmäßig erscheint eine Verbindung der Drosselspulen an
den Generatoren mit denen in den Sammelschienen, nach Abb. 128
und 129, weil hierdurch ein recht guter und ausreichender Schutz
erreicht wird.

Eine in neuester Zeit viel verwendete, vorzügliche Anordnung
ist in Abb. 131 dargestellt. Jeder Generator hat sein eigenes, von
den anderen Erzeugern vollkommen getrenntes Sammelschienensystem. Von diesem gehen Speiseleitungen mit eingeschalteten Drossel-

spulen nach Verteilungspunkten, derart, daß jeder Generator, soweit erforderlich, auf jeden Verteilungspunkt arbeiten kann. Von diesen Verteilungspunkten zweigen die eigentlichen Ableitungen und Stromabnehmer ab. Tritt jetzt an einem Verteilungspunkt ein Defekt auf, so sind die Widerstände der Speiseleitungen und die Drosselspulen derselben

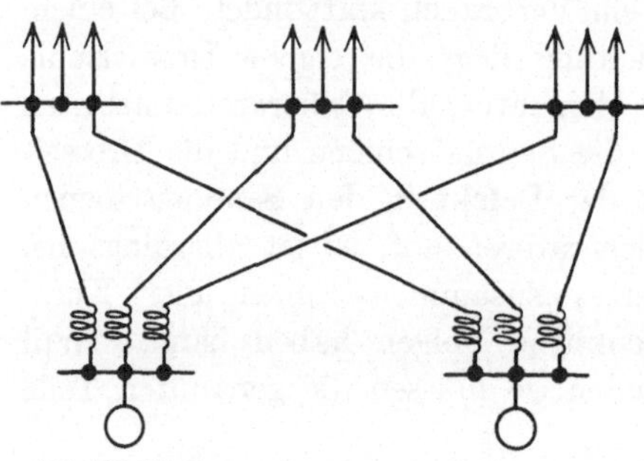

Abb. 131. Zerlegung des Zentralbetriebes, Drosselspulen in den Speiseleitungen.

vorgeschaltet, so daß jeder Generator über eine entsprechende Dämpfung auf den Kurzschluß arbeitet. Tritt der Kurzschluß dagegen zwischen Generator und Drosselspulen der Speiseleitungen, etwa in den Sammelschienen des Generators, auf, so arbeitet dieser Generator ungedämpft auf den Kurzschluß, die übrigen Generatoren dagegen über die starke Dämpfung zweier Drosselspulen in den Speiseleitungen und die Widerstände dieser Speiseleitungen selbst.

Statt der Drosselspulen in den Verteilungsleitungen können hier auch Drosselspulen in die Generatorleitungen selbst gelegt werden. Es wird im wesentlichen eine Preisfrage sein, welche der Anordnungen vorzuziehen ist.

Um Mißverständnissen vorzubeugen, sei zum Schluß darauf hingewiesen, daß die vorstehenden Ausführungen sich nur auf diejenigen Drosselspulen beziehen, die zur Begrenzung von Kurzschlußströmen Verwendung finden, nicht aber auf die verhältnismäßig kleinen Drosselspulen, die zur Bekämpfung der Sprungwellen benutzt werden und in dem Abschnitt „Überspannungsschutz" behandelt sind.

XXIV. Synchronisierschaltungen.

Zum Vergleich der Phasen der parallel zu schaltenden Maschinen stellt man die Schwebungsspannung her, indem man bei Verwendung zweier Phasen deren Enden zwischen den beiden Maschinen verbindet. Es gibt zwei Möglichkeiten, Abb. 132a Dunkelschaltung, bei der gleichnamige Phasen verbunden sind, Abb. 132b Hellschaltung, bei der gleichnamige Phasen gekreuzt sind. Bei der Dunkelschaltung ist gleiche Phasenlage beider Maschinen erreicht, wenn in den Verbindungsleitungen kein Strom fließt und an ihnen keine Spannung herrscht. Die Lampen $L_1 L_2$ sind dunkel, das Parallelschaltungsvoltmeter P steht auf Null.

Bei Hellschaltung ist der Synchronismus vorhanden, wenn zwischen den Enden einer Leitung von einer Maschine zur anderen entgegengesetzte Phasen vorhanden sind, also die Spannung den doppelten Wert der Betriebsspannung erreicht hat, sofern in der einen Leitung kein Widerstand, in der anderen der ganze Widerstand liegt. Bei der in Abb. 132 b gezeichneten Anordnung mit je einer Lampe in jeder Leitung erhält jede Lampe im Falle des Synchronismus die volle Spannung zwischen den Phasen. Das Parallelschaltungsvoltmeter P schlägt auf einen Maximalwert aus.

Man stellt also den Synchronismus fest: bei Dunkelschaltung (Abb. 132 a) durch das Erlöschen der Lampen und das Durchgehen des Voltmeterzeigers durch Null, bei Hellschaltung (Abb. 132 b) durch das hellste Brennen der Lampen und den Durchgang des Voltmeterzeigers durch seinen Maximalwert.

Da die Lampen ebenso wie die gewöhnlichen Voltmeter im oberen Bereich empfindlicher sind, ihre Helligkeitsunterschiede bei der höchsten Spannung am besten beobachtet werden können und die Ausschläge der Voltmeter im oberen Bereich für gleiche Spannungsdifferenzen größer werden, so ergibt sich ein Vorzug der Hellschaltung bei Verwendung gewöhnlicher Lampen und gewöhnlicher Voltmeter. Es sind aber auch besondere Phasenvoltmeter auf dem Markt, die im nnteren Bereiche sehr empfindlich sind, deren Charakteristik also durch besondere

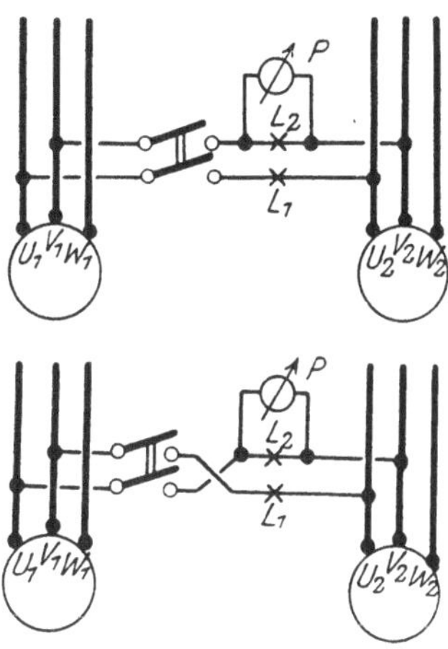

Abb. 132. Dunkel- und Hellschaltung zur Synchronisierung.

Hilfsmittel entsprechend umgeformt ist (Vorschaltung von Eisendrahtwiderständen oder Umschaltung der Meßbereiche). Bei Verwendung solcher besonderer Instrumente ist die Dunkelschaltung durchaus zu empfehlen.

Sind mehr als zwei Maschinen parallel zu schalten, so kann die Dunkelschaltung ohne jede weiteren Hilfsmittel nach Abb. 132 a benutzt werden, indem jeweils gleichnamige Phasen der Maschine über die Lampen zu verbinden sind. Bei der Hellschaltung geht dies nicht mehr, weil schon zwei Kreuzungen sich aufheben, also eine Verwirrung zwischen Hell- und Dunkelschaltung eintreten würde. Vorwiegend verwendet wird die Synchronisierung der Maschinen gegen Netz (Abb. 133). Während in den prinzipiellen ersten Abbildungen angenommen ist, daß die Maschinen mit ihrer nicht transformierten Spannung zu synchronisieren sind, tritt bei der Parallelschaltung mit dem Netz die Notwendigkeit ein, die Sammelschienenspannung zu berücksichtigen. Jeder Generator sowie das Sammelschienensystem erhalten also je einen Spannungswandler, und deren Klemmen sind zu einem Wahlschalter

(Voltmeterumschalter) geführt, dessen Mittelkontakte mit dem Netzmeß-
wandler über die Lampen zum Schwebungskreise verbunden sind. Die
Skizze stellt in ausgezogenen Linien die Dunkelschaltung dar, bei
Hellschaltung sind die Verbindungen zwischen den Mittelschienen
des Wahlschalters und den Lampen nach den gestrichelten Linien
herzustellen. Die Auswahl der jeweils parallel zu schaltenden Maschinen

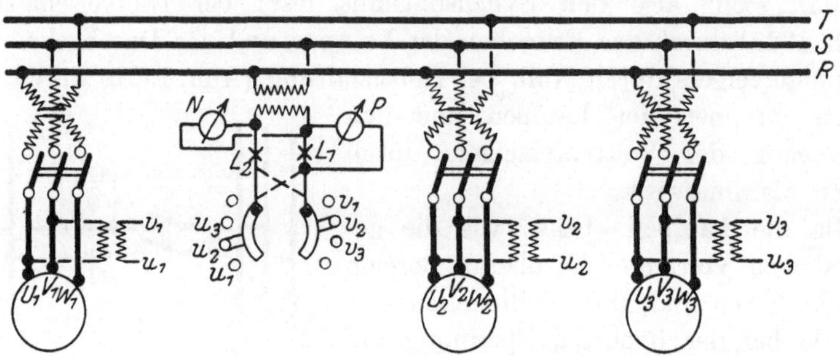

Abb. 133. Einphasige Synchronisierung mehrerer Maschinen gegen das Netz.

erfolgt durch den Wahlschalter; in der gezeichneten Stellung würde
also die Maschine 2 mit dem Netz synchronisiert werden.

Der Meßwandler des Netzes kann gleichzeitig zur Speisung eines
Netzvoltmeters N dienen, welches häufig mit dem Parallelschaltvolt-

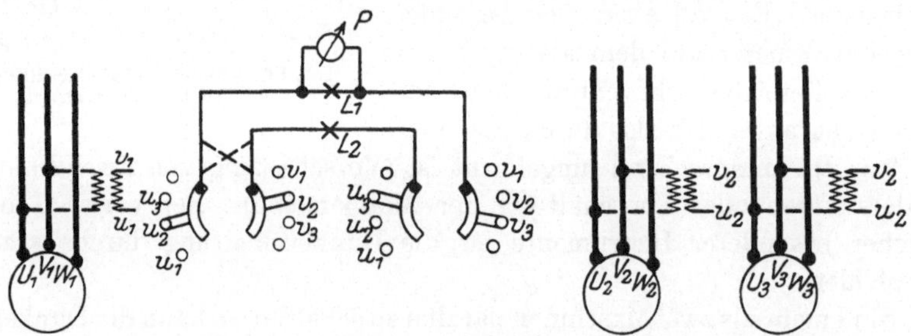

Abb. 134. Einphasige Synchronisierung mehrerer Maschinen gegeneinander.

meter P in ein gemeinsames Gehäuse eingebaut wird. Da der größte
Ausschlag des Parallelschaltvoltmeters bei dieser Schaltung mit zwei
getrennten Lampen in beiden Schwebungszweigen gleich der Netzspannung ist, so sieht man an der Übereinstimmung der Zeiger, welche
konzentrisch angeordnet sind, sehr deutlich, daß das Maximum der
Schwebung, also der Augenblick des Synchronismus, erreicht ist.

Will man mehrere Maschinen gegeneinander synchronisieren, so sind
zwei Wahlschalter nach Abb. 134 zu verwenden. An jeden Wahlschalter
sind in gleicher Anordnung die Sekundärklemmen der Meßwandler
aller Maschinen geführt, die Mittelkontakte der Wahlschalter sind mit

den Synchronisierlampen verbunden, und zwar bei Dunkelschaltung
wie ausgezogen dargestellt, bei Hellschaltung wie gestrichelt gezeichnet.
Der dargestellte Zustand entspricht der Synchronisierung zwischen
Maschine 2 und Maschine 3. Zweckmäßig wird ein Leerkontakt am
Wahlschalter zugefügt, welcher als Ausschaltstellung verwendbar ist.
Man läßt die Synchronisierung nur so lange eingeschaltet, wie man sie
benötigt, und nimmt sie dann weg. Bei den einfachsten Anordnungen
mit zwei Maschinen (Abb. 132) ist der Schalter nach vollendeter Synchronisierung zu öffnen, bei Anordnung mit Wahlschaltern sind diese
auf den Ruhekontakt zu stellen, bei Verwendung von Stöpseln sind
diese herauszuziehen.

Außer den einfachen Phasenlampen verwendet man zur Synchronisierung Phasenmesser und Drehgeräte mit drei bzw. sechs Magneten
oder Lampen, bei denen entweder ein Zeiger oder ein Lichtschein rotiert.

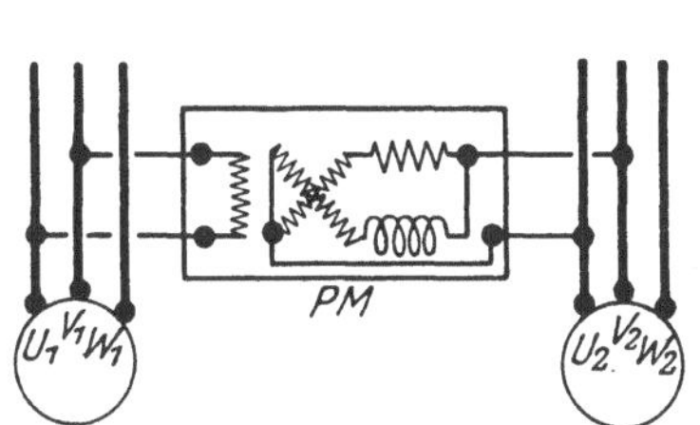

Abb. 135. Synchronisierung mittels Phasenmessers.

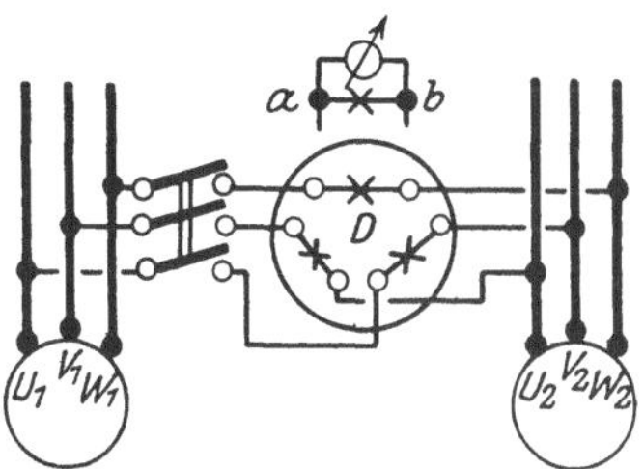

Abb. 136. Dreiphasige Synchronisierung
mittels Drehgerät (Dreilampengerät).

Die Anordnung der Synchronisierung mit einem Phasenmesser nach
dem Kreuzeisensystem (vgl. ETZ 1924, S. 1003) ist in Abb. 135 gezeigt,
worin *PM* den Phasenmesser darstellt; die eine Maschine ist mit der
konzentrischen Spule verbunden, die andere Maschine speist über Ohmschen Widerstand bzw. Selbstinduktion die Kreuzspulen. Mit dem
Phasenmesser lassen sich natürlich auch Lampen oder Phasenvoltmeter
verbinden, obwohl dies nicht notwendig ist. Kreuzt man hierbei zum
Zwecke der Hellschaltung die Verbindungsleitungen, so kehrt sich die
Drehrichtung des Phasenmessers um.

Die Drehgeräte erfordern eine dreiphasige Synchronisierung, also
Verbindungen zwischen den drei Phasen, von denen die eine gleichnamige Phasen der beiden Maschinen verbindet, die beiden anderen
gekreuzt sind. Abb. 136 zeigt das Schema einer Synchronisierung mit
einem Dreilampengerät, bei welchem der Lichtschein sich je nach dem
Wandern der Phase rechts oder links herum dreht. Bewegung des Licht-
scheines in der einen Richtung bedeutet, daß die zuzuschaltende Maschine zu schnelle Bewegung hat, in der anderen Richtung, daß sie zu
langsam läuft. Wenn der Lichtschein an einer beliebigen Stelle stillsteht, so bedeutet dies, ebenso bei dem Stillstand des Phasenmessers

nach Abb. 135, daß die Maschinen gleiche Tourenzahl haben, aber noch nicht, daß die Phasen gleich liegen. Letztere Bedingung wird erst dann erfüllt sein, wenn der Lichtschein an einer ganz bestimmten Stelle, die auf dem Instrument angegeben sein muß, stillsteht, und wenn der Phasenmesser dauernd die Lage einhält, welche einer Phasenverschiebung Null entspricht.

Will man Phasenlampe und Phasenvoltmeter mit dem Drehgerät verbinden, so sind bei Dunkelschaltung die Klemmen ab an diejenige Lampe zu legen, welche der durchgehenden gleichphasigen Leitung entspricht, in Abb. 136 also die obere Lampe. Will man Hellschaltung haben, so sind die Klemmen ab an einen der Zweige zu legen, welcher zwischen gekreuzten Phasen liegt, also entweder an die linke oder an die rechte untere Lampe.

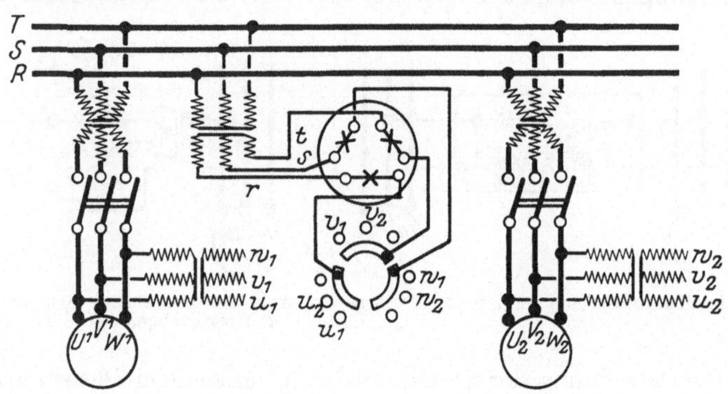

Abb. 137. Dreiphasige Synchronisierung mehrerer Maschinen gegen Netz mittels Drehgerät.

Will man mehrere Maschinen mittels Drehgerätes mit einem Netz synchronisieren, so benötigt man einen dreipoligen Wahlschalter nach Abb. 137. Dieses Schema bedarf im übrigen keiner weiteren Erläuterung, auch dürfte die Ableitung des Schemas für die Parallelschaltung mehrerer Maschinen untereinander unter Berücksichtigung der Abb. 134 leicht zu entwerfen sein, indem statt der zwei zweipoligen Wahlschalter zwei dreipolige Anwendung finden, im übrigen die Schaltung derjenigen nach Abb. 137 für die Verwendung des Drehgerätes zur Synchronisierung mit dem Netz angepaßt wird.

Die Anordnung mit Wahlschaltern erfordert eine Zentralisierung der Einrichtung in einem besonderen Felde und ist deshalb bei großen Anlagen mit vielen Generatoren und weit ausgedehnten Schalttafeln unbequem. Dann ersetzt man die Wahlschalter durch besondere Synchronisierschienen und Steckerschalter.

Zwischen den Synchronisierschienen und den Hauptsammelschienen liegen die eigentlichen Synchronisiergeräte, während die Steckerschalter die Verbindung der Synchronisierschienen mit dem betreffenden, parallel zu schaltenden Generator bewirken. Es ist für eine größere Anzahl von Generatoren nur ein Stecker vorgesehen, damit nicht durch gleichzeitige Schaltung mehrerer nicht synchronisierter Generatoren auf das gleiche Synchronisierschienensystem ein Kurzschluß gemacht werden kann. Irgendwo in der Anlage wird auch ein Leerkontakt anzubringen sein, in welchen der Stecker dann eingeschoben wird, wenn er nicht gerade zur Synchronisierung in einem der Felder verwendet wird.

Abb. 138 zeigt eine einphasige Synchronisierung mit Synchronisierschienen $v'u'$. Zwischen diesen Synchronisierschienen und den Hauptschienen bzw. den Sekundäranschlüssen des Meßwandlers für das Netz liegen die Lampen und das Phasenvoltmeter. Ausgezogen ist die An-

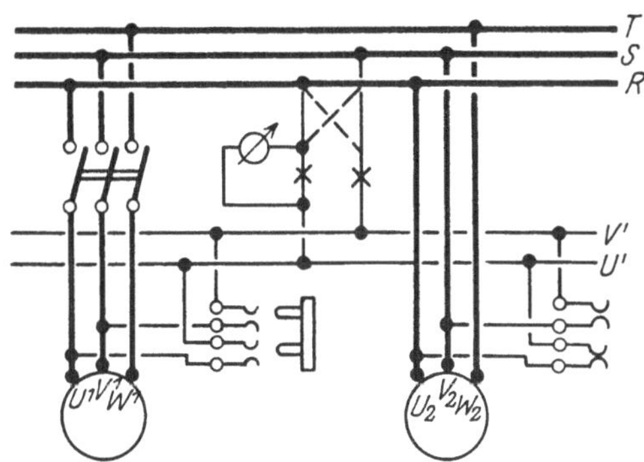

Abb. 138. Einphasige Synchronisierung gegen Netz mit Synchronisierschienen.

ordnung für Dunkelschaltung dargestellt, bei Hellschaltung ist die Kreuzung der gestrichelten Linien zu berücksichtigen.

Jeder Generator hat einen zweipoligen Steckkontakt, welcher bei Einführung des neben Generator 1 gezeichneten Steckers die Verbindung der betreffenden Phase des Generators bzw. der entsprechenden Sekundärklemmen seines Meßwandlers mit den Synchronisierschienen bewirkt. Die Steckerschalter entsprechen den Außenkontakten und Bürsten der Wahlschalter in Kreisform, die Synchronisierschienen den Zentralschienen dieser Wahlschalter.

Schließlich ist noch in Abb. 139 ein Schema für die Synchronisierung mehrerer Maschinen mittels Drehgerät und Synchronisierschienen dargestellt. Da das Drehgerät dreiphasige Speisung benötigt, so hat jeder Generator sowie das Netz dreiphasige Meßwandler, und die Synchronisierschienen sind dreifach. Ebenso sind die Stecker der einzelnen Generatoren dreipolig ausgebildet. In der Skizze ist beim mittleren Generator der Stecker gestrichelt dargestellt. Es würde also bei Einführung des Steckers an dieser Stelle die mittlere Maschine mit dem Netz zu synchronisieren sein. Will man außer dem Drehgerät Phasenlampe und Phasenvoltmeter verwenden, so sind die Klemmen ab dieser Geräte bei Dunkelschaltung an die gerade durchgehende Leitung des Drehgerätes, also an die Klemmen der unteren Lampe zu legen, bei Hellschaltung an eine der gekreuzten Leitungen, also entweder an die Klemmen der oberen Lampe links oder rechts.

Wenn durch einen Fehler die Synchronisiervorrichtung nicht außer Betrieb gesetzt ist, so kann über sie von den Sammelschienen oder von den laufenden Generatoren Spannung in das Feld eines stehenden Generators gelangen, auch wenn die Hauptleitung desselben durch die Trennschalter von den Sammelschienen abgeschnitten ist. Man ist gewöhnt, die toten Leitungsteile für berührbar zu halten, wenn die Trennschalter offen stehen, und es könnte daher ein Unfall eintreten, wenn die Synchronisierung nicht ausgeschaltet ist.

Diese Übelstände lassen sich dadurch beseitigen, daß in den Weg zur Synchronisierung ein Hilfsschalter gelegt wird, welcher mit dem Trennschalter oder mit der die betreffende Zelle abschließenden Tür verbunden ist, derart, daß beim Öffnen des Trennschalters oder der Tür die Verbindung dieser Zelle und des betreffen-

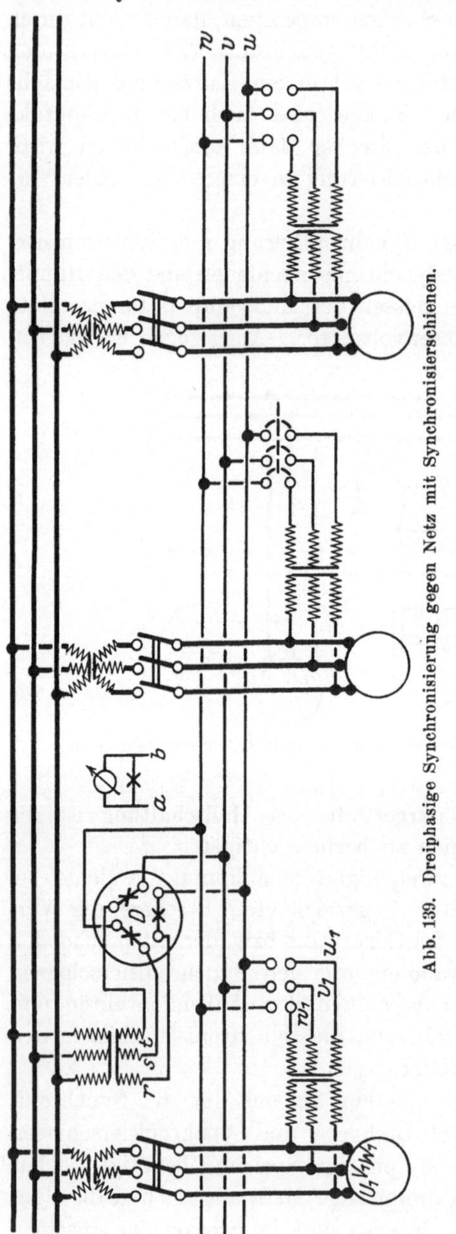

Abb. 139. Dreiphasige Synchronisierung gegen Netz mit Synchronisierschienen.

den Generatorkreises mit der Synchronisiervorrichtung selbsttätig unterbrochen wird.

Kann man sich mit Sicherheit darauf verlassen, daß die Synchronisiervorrichtung nach Erledigung ihrer Wirkung ausgeschaltet wird, so ist eine solche Vorsichtsmaßregel nicht erforderlich.

XXV. Überspannungsschutz.

Als Überspannungsschutz kommen im wesentlichen Drosselspulen, Kondensatoren, Glimmschütze, Funkenentziehungen, Widerstände und Kombinationen dieser Teile in Frage.

Abb. 140 zeigt einfache Drosselspulen in allen drei Phasen eines Leitungssystems. Die Spulen liegen mit der Nutzleitung in Serie, eine Verbindung nach Erde findet nicht statt.

Eine Verbesserung der Drosselspulen wird durch deren Überbrückung erzielt, welche in Abb. 141 dargestellt ist, und zwar einmal mittels Funkenstrecke parallel zur ganzen Länge (Abb. 141a), zweitens mittels Stufenfunkenstrecken an einem Teil und der ganzen Länge (Abb. 141b), ferner mittels Widerstand (Abb. 141c) und schließlich mittels Kondensator (Abb. 141d). Auch Widerstände und Kondensatoren können ebenso wie die Funkenstrecken stufenweise angeordnet sein und einzelne Teile der Drossel überbrücken; man kann auch z. B. die

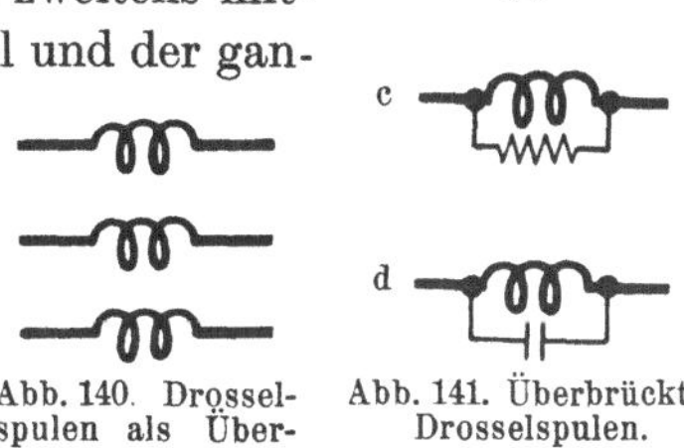

Abb. 140. Drosselspulen als Überspannungsschutz.

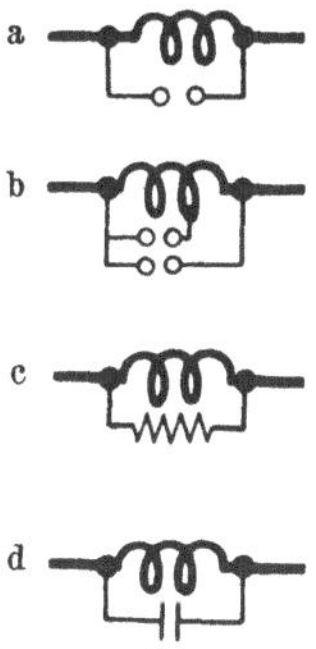

Abb. 141. Überbrückte Drosselspulen.

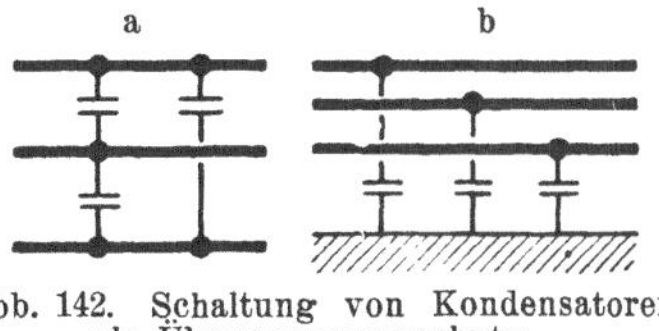

Widerstände zwischen die Windungen derart verteilen, daß sie einen auf die ganze Länge wirkenden Nebenschluß zwischen benachbarten Elementen bilden. Ähnliches läßt sich durch Erhöhung der ohnehin vorhandenen Windungskapazität für die Überbrückung mittels Kondensator erreichen.

Abb. 142. Schaltung von Kondensatoren als Überspannungsschutz.

Kondensatoren werden im Nebenschluß verwendet, und zwar bei Drehstrom nach Abb. 142a zwischen den Phasen oder nach Abb. 142b gegen Erde.

Ableitungswiderstände ohne vorgeschaltete Funkenstrecken, wie z. B. Wasserstrahlerder zur Ableitung statischer Ladungen, sind in Sternschaltung gegen Erde wie die Kondensatoren nach Abb. 142b zu verwenden.

Eine Kombination von Drosselspulen und Kapazitäten zeigt Abb. 143, wo zwischen den verschiedenen Drosselspulen Kondensatoren nach Erde eingefügt sind. Zweckmäßig werden dabei die Selbstinduktionen verschieden gewählt, so daß man bei verschiedenen Wellenlängen immer die Verlegung eines Wellenbauches an die Abzweigungsstelle eines Kondensators erreichen kann.

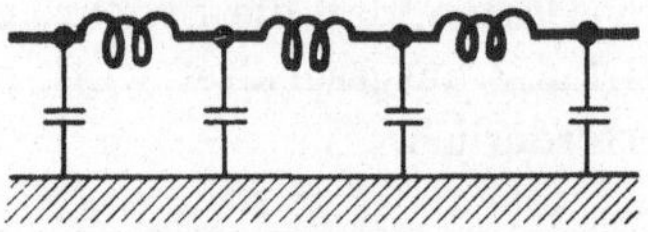

Abb. 143. Stufendrosselspule mit Abzweigkondensatoren.

Funkenstrecken werden im allgemeinen nicht ohne Schutzwiderstand verwendet, weil das Ansprechen sonst zu erheblichen Kurzschlüssen und deren unangenehmen Folgen für das Netz führen würde. Nur ausnahmsweise bei niedrigen Spannungen oder an Leitungen, die von der Zentrale weit entfernt sind, wo also die Kurzschlüsse nicht allzu unangenehm werden können, läßt man im Freien die Widerstände weg, deren Anbringung an Masten manchmal recht unbequem wäre.

Abb. 144a zeigt für Drehstrom drei Funkenstrecken in Sternschaltung gegen Erde, Abb. 144b eine weitere Sternschaltung, bei der der Nullpunkt nicht direkt, sondern über eine vierte Funkenstrecke mit weiterem Widerstand geerdet ist. Diese Anordnung wird bisweilen verwendet, dürfte aber kaum merkliche Vorzüge vor derjenigen nach Abb. 144a besitzen.

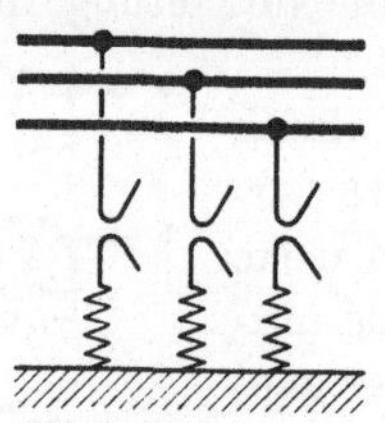

Abb. 144a. Funkenstrecken mit Widerständen in Sternschaltung, Nullpunkt direkt an Erde.

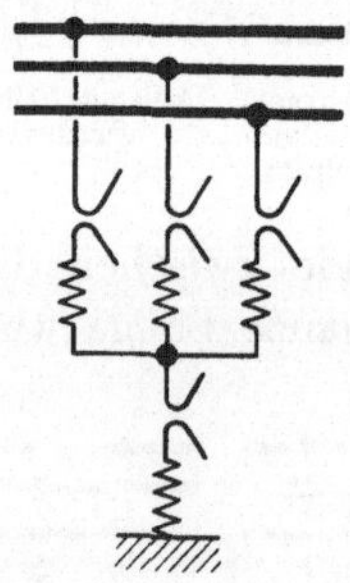

Abb. 144b. Funkenstrecken mit Widerständen in Sternschaltung, Nullpunkt über weitere Funkenstrecke an Erde.

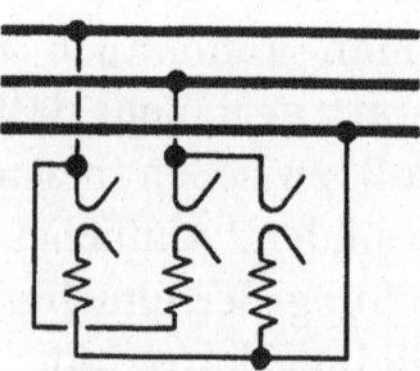

Abb. 144c. Funkenstrecken mit Widerständen in Dreieckschaltung.

Wenn man Wellenerscheinungen hauptsächlich zwischen den Leitungen erwartet, weniger zwischen Leitungen und Erde, so kommt auch die Dreieckschaltung in Frage (Abb. 144c), wobei Funkenstrecken mit Schutzwiderstand zwischen den Phasen angeordnet sind. Diese Lösung ist aber seltener.

Die Verbindung von Drosselspulen mit Funkenstrecken zeigt Abb. 145: für eine Einführung in eine Schaltstation. Die Freileitung L führt durch die Drosselspule D zu einem Transformator T im Innern der Station.

Vor der Drosselspule am Reflektionspunkt der Wellen geht es zur Funkenstrecke und zum Schutzwiderstand, dann nach Erde.

Für wertvolle Anlagen wird diese Anordnung wohl auch noch weiter ausgebildet, wie Abb. 146 veranschaulicht. Auf der einen Seite der Drosselspulen befindet sich eine Doppelfunkenstrecke mit Vorschaltwiderstand, auf der anderen Seite ein größerer Widerstand, der zur Mitte der Doppelfunkenstrecke führt nnd demnach nur mit einfacher Funkenstrecke nach Erde geschaltet ist.

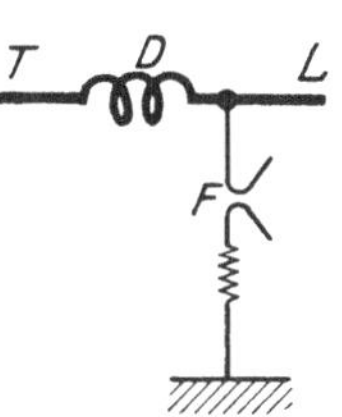

Abb. 145. Drosselspule und Funkenstrecke an der Leitungseinführung in eine Station.

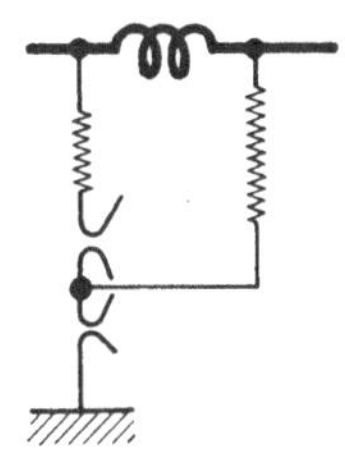

Abb. 146. Drosselspule mit Stufenfunkenstrecken und abgestuften Widerständen.

Eine Stufendrosselanordnung mit Funkenstrecke und Schutzwiderstand ist in Abb. 147 dargestellt. Sie entspricht im wesentlichen der Abb. 143 für die Kombination von Drosselspulen und Kondensatoren.

Während im vorstehenden die verschiedenen Funkenstreckenzweige an verschiedenen Punkten ansetzten, die durch Drosselspulen oder merk-

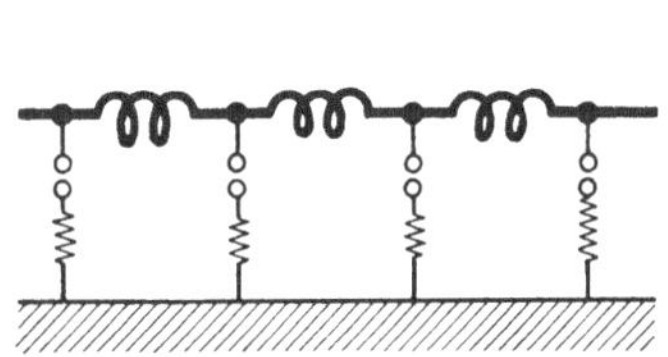

Abb. 147. Mehrere Drosselspulen in Reihe und Funkenstrecken gegen Erde.

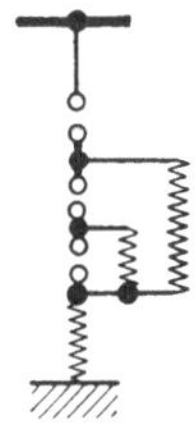

Abb. 148. Stufenfunkenstrecke mit Widerständen.

liche Leitungslängen getrennt sind, wird, vorwiegend in Amerika, eine Stufenfunkenstreckenanordnung nach Abb. 148 verwendet. An der Leitung eine Hauptfunkenstrecke, dahinter mehrere Serienfunkenstrecken, die stufenweise durch Widerstände überbrückt sind. In Deutschland hat sich diese Anordnung wenig eingeführt.

Wenn man sowohl Stern- wie Dreieckschaltung in Drehstromnetzen verwendet, also die Abb. 144a und 144c verbindet, so benötigt man sechs Widerstände, von denen allerdings drei bei der Sternschaltung an Erde liegen, daher weniger hochwertig zu isolieren sind, zum mindesten aber einen geerdeten Anschluß erhalten können. Nach Abb. 149a kann man jedoch sowohl die Stern- wie die Dreieckfunkenstrecken bzw. Hörnerableiter mit gemeinsamen Schutzwiderständen versehen, welche dann allerdings auf der Hochspannungsseite liegen müssen.

Im allgemeinen erhalten die Dreieckfunkenstrecken, welche an höherer Spannung liegen, größere Widerstände. Will man also für Dreieck- und Sternschutz gemeinsame Widerstände verwenden, so kann man nach Abb. 149 b den Dreieckfunkenstrecken noch besondere Zusatzwiderstände geben. Jedenfalls wird man aber die Funkenstrecken selbst nach Möglichkeit getrennt halten, um sie jede für sich einstellen zu können und insbesondere den Dreieckfunkenstrecken entsprechend größere Schlagweiten zu geben als den Sternfunkenstrecken. Daß dabei die Elektroden der Funkenstrecken auf gemeinsamen Isolatoren angeordnet werden können, soweit sie dasselbe Potential besitzen, ist natürlich.

Bei manchen Funkenstrecken wünscht man durch den ableitenden Strom magnetische Wirkungen zu erzielen, z. B. den Funken auszu-

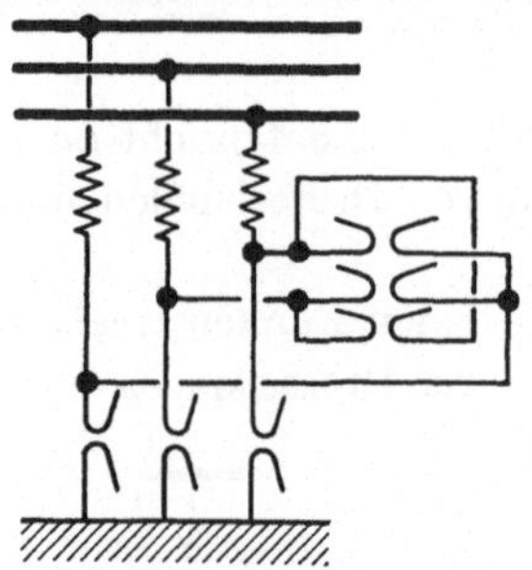

Abb. 149a. Stern-Dreieck-Funkenstrecken mit gemeinsamen Widerständen.

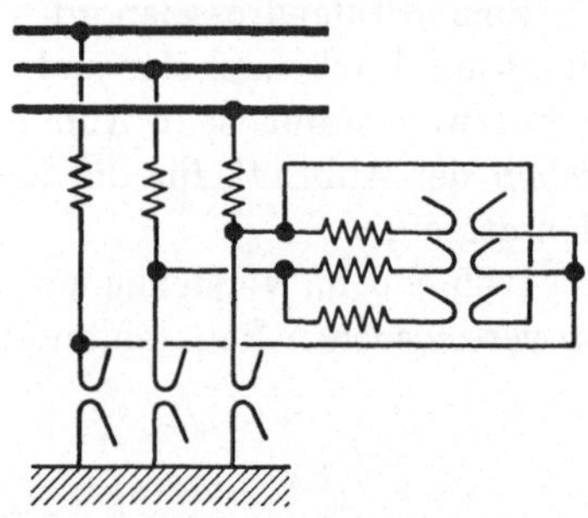

Abb. 149 b. Stern-Dreieck-Funkenstrecken mit gemeinsamen und Zusatzwiderständen.

blasen oder eine Registrierung in Tätigkeit zu setzen, ein Relais zu betätigen usw. Magnete dürfen aber in die Erdleitungen nicht eingeschaltet werden, weil ihre Selbstinduktion die Wirkung der Funkenstrecke be-

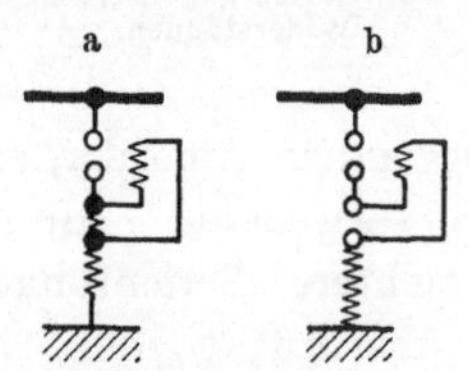

Abb. 150. Abzweigung von Anzeigeund Blasspulen an Widerstand oder Hilfsfunkenstrecke.

einträchtigt. In solchen Fällen wird nach Abb. 150a in die Erdleitung ein induktionsfreier Widerstand gelegt und parallel zu demselben oder einem Teil desselben die betreffende Magnetspule abgezweigt. In anderen Fällen ordnet man nach Abb. 150 b in Reihe mit der Hauptfunkenstrecke eine zweite kleinere Funkenstrecke an, die verhältnismäßig eng eingestellt wird und an der die Magnetspule angeschlossen ist. Die Überspannungswellen gehen durch den induktionsfreien Widerstand oder die fein eingestellte Serienfunkenstrecke, der nachfolgende Maschinenstrom aber durch die Magnetwicklung.

Glimmschütze sind in ähnlicher Weise zu schalten, wie dies für Kondensatoren in Abb. 142a und 142b dargestellt worden ist. Sollen

Glimmschütze mit Funkenstrecken verbunden werden, so sind die entsprechenden Schaltungen zu kombinieren.

Häufig werden Funkenstrecken mit künstlicher Unterbrechung des Erdstromkreises ausgeführt, oder es wird auf anderem Wege das Erlöschen des Lichtbogens bewirkt. Dabei wird in neuerer Zeit die Energieunterbrechung im wesentlichen durch Ölschalter bewirkt, welche magnetisch vom Erdstrom der Funkenstrecke gesteuert werden, und zwar indem die Magnete entweder nach Abb. 150a parallel zu einem Teil des induktionsfreien Erdungswiderstandes oder nach Abb. 150b parallel zu einer kleinen Serienfunkenstrecke angeordnet sind.

Die heute gebräuchliche Form derartiger Schaltungen zur Unterdrückung des Lichtbogens an der Funkenstrecke sind in den folgenden Abbildungen dargestellt, wobei die Magnetspule jeweils an einen Teil

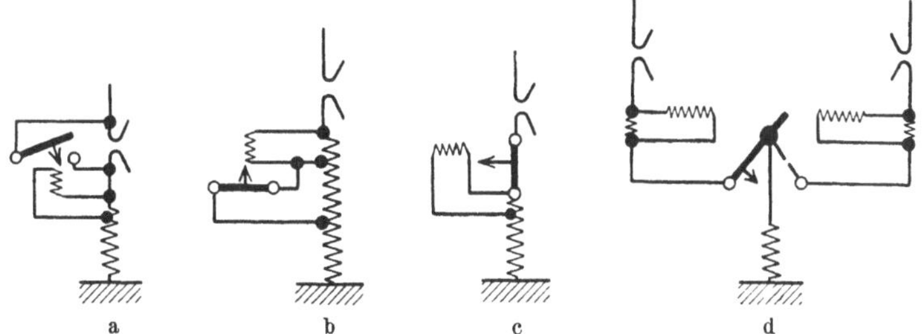

Abb. 151. Anordnung zur Lichtbogenlöschung bei Funkenstrecken durch vom Erdstrom gesteuerte Schalter:
a Kurzschließung, b Widerstandvorschaltung, c Ausschaltung, d Umschaltung.

des induktionsfreien Schutzwiderstandes abgezweigt ist. Es stände aber natürlich nichts im Wege, die Schaltungen mit Funkenstrecke zur Speisung der Magnetspule auszuführen.

Abb. 151a zeigt eine Anordnung, bei der die Funkenstrecke selbst kurzgeschlossen wird, sobald sie angesprochen hat und ein nennenswerter Strom zur Erde geht. In Abb. 151b ist ein Teil des Erdungswiderstandes normal kurzgeschlossen und wird durch Ansprechen des Magneten freigegeben, so daß dadurch der Strom in der Funkenstrecke stark gedrosselt wird und der kleine Reststrom durch Aufsteigen an den Hörnern von selbst erlischt. In Abb. 151c ist eine Anordnung mit Serienschaltung des Ölschalters dargestellt; letztere unterbricht beim Ansprechen den Erdstrom vollständig. In Abb. 151d ist schließlich eine Doppelanordnung mit zwei Funkenstrecken und zwei Magnetspulen gezeichnet, welche einen Umschalter abwechselnd nach der einen und anderen Seite steuern, so daß die jeweils arbeitende Funkenstrecke abgeschaltet und die andere arbeitsbereit gemacht wird.

Bei den beiden letzten Anordnungen ist zu beachten, daß während der Zeit der Ausschaltung bzw. der Umschaltung die Überspannungsschutzvorrichtung außer Betrieb ist und daher Sprungwellen nicht ableiten kann. Wenngleich die Zeit klein ist, so ist sie doch im Verhältnis zur Dauer der Sprungwellen erheblich und daher dieser Übelstand durchaus nicht zu vernachlässigen, um so mehr, als die Wellen sich verhältnismäßig schnell folgen, wenn einmal Unruhe in der Atmosphäre vorhanden ist, und einem Ansprechen des Ableiters sehr bald weitere Wellen nachlaufen können. Bei diesen Anordnungen ist also zu empfehlen noch einen weiteren Erdweg vorzusehen, der in der erwähnten Zeit der Unterbrechung parallel geschaltet ist oder es dauernd bleibt. Dazu kann man Kondensatoren und Glimmschütze verwenden, auch unter Umständen Widerstände, wie etwa Wasserstrahlerder.

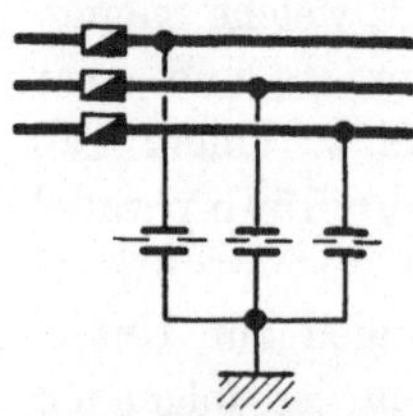
Abb. 152. Durchschlagsicherungen.

Für Niederspannung werden schließlich noch Durchschlagsicherungen verwendet, welche im Falle des Übertritts von Hochspannung in den Niederspannungskreis denselben erden sollen. Abb. 152 zeigt die Schaltung für ein Drehstromsystem. Links befindet sich der Netzanschluß, rechts die Verbraucher. Die Sicherungen sind in Sternschaltung gegen Erde gelegt, zwischen ihrem Anschluß und der Erzeugungsstelle liegen Schmelzsicherungen, welche den beim Durchschlagen auftretenden starken Strom selbsttätig abschalten. Man könnte natürlich auch Überstromschalter hierherlegen, doch dürften solche im allgemeinen zu teuer sein.

XXVI. Erdschlußprüfungen.

Erdschlußschaltungen dienen in der Hauptsache zum Anzeigen von Fehlern, die im Netz vorhanden sind oder sich ausbilden. Eigentliche Messungen der Erdschlußwiderstände sind nicht möglich, die Einrichtungen sind hierzu im allgemeinen viel zu ungenau. In gewissen Fällen werden aber diese Erdschlußanzeigevorrichtungen auch als Relais ausgebildet, welche weitere Schaltvorrichtungen, etwa Erdungsschalter oder Ausschalter, für die betreffenden Netzteile in Tätigkeit setzen.

Die Messung oder Beobachtung eines Erdschlusses ist nur dann möglich, wenn Spannung zwischen den betreffenden Netzteilen und Erde herrscht. Sie kann also entweder im Betriebe erfolgen oder durch Anlegen einer Hilfsspannung, etwa mittels eines Kurbelinduktors. Derartige Meßschaltungen fallen aber nach den Ausführungen des Vorwortes aus dem Rahmen dieser Abhandlung, welche sich auf die reinen betriebsmäßigen Schaltungen beschränkt.

Abb. 153 zeigt die Erdschlußprüfung für eine Gleichstromzweileiteranlage; ein Voltmeter V kann durch einen Umschalter abwechselnd

zwischen Erde E und Plus- oder Minusschiene gelegt werden. Für Dreileiteranlagen ist die Anordnung nicht verwendbar, da der Nulleiter
fast immer geerdet ist, also mit der Anordnung nichts weiter gemessen
werden würde als die Halbleiterspannung. Ganz allgemein sind Erd-
schlußeinrichtungen nur dann verwendbar, wenn nicht eines der Netz-
potentiale bereits ohnehin an Erde liegt, so daß man nur betriebsmäßige
Potentialdifferenzen messen kann. Das Voltmeter
wird zweckmäßig unter Berücksichtigung der Meß-
spannung gleich nach Widerstandswerten geeicht,
da der hindurchfließende Strom eine Funktion der
als konstant anzunehmenden Betriebsspannung
und des Erdwiderstandes ist.

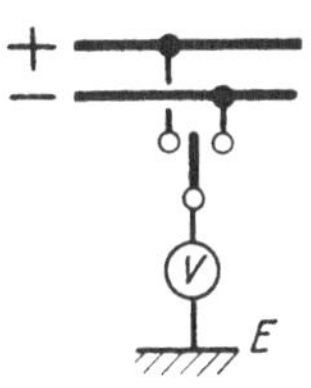

Abb. 153. Erdschluß-
prüfung für Gleichstrom.

Bei Drehstrom ergibt sich eine Schaltung nach
Abb. 154a und 154b, wobei entweder drei Voltmeter zwischen Schienen und Erde liegen oder
ein solches mit einem Umschalter. Für niedrige Spannung würden
magnetische oder ähnliche Meßgeräte in Frage kommen, welche aber
für den vorliegenden Zweck so gut wie unbrauchbar sind, da die Messungen hauptsächlich bei verhältnismäßig hohen Widerständen, also

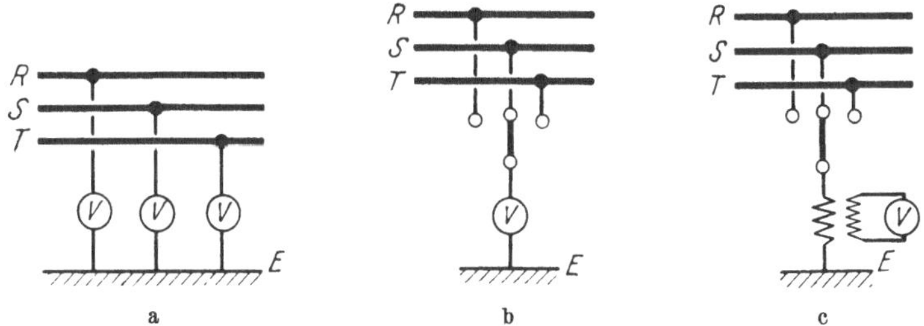

a   b   c

Abb. 154. Erdschlußprüfung für Drehstrom.
a Mit drei Meßgeräten, b mit einem umschaltbaren Meßgerät,
c mit einem Meßgerät an umschaltbarem Spannungswandler.

im untersten Bereich der Skala, von Bedeutung sind und diese Instrumente hier allzu ungenau zeigen. Bei dem quadratischen Charakter
aller Wechselstrommeßgeräte liegt gerade hierin eine besonders große
Schwierigkeit.

Für Hochspannung treten an Stelle der stromdurchflossenen magnetischen oder thermischen Voltmeter elektrostatische. Der Umschalter
nach Abb. 154b muß dementsprechend für die Betriebsspannung hergestellt werden und wird dadurch verhältnismäßig teuer, so daß die
Verwendung mehrerer Voltmeter zweckmäßig erscheint, um so mehr,
als sie die gleichzeitige Beobachtung der drei Phasen ermöglicht und
die Fehler, die durch die Umschaltung und die dadurch entstehende
Zeitverschiebung zwischen den Ablesungen hervorgerufen werden, ver-

meidet. Diese Anordnung hat, wie alle Lösungen unter Verwendung statischer Voltmeter, den Nachteil, daß die Ablesung an einem hochspannungsführenden Instrument erfolgen muß. Das ist besonders bedenklich, wenn das Instrument an der Bedienungstafel Verwendung finden soll. Wenn man es aber andererseits im Hochspannungsraum läßt, so fehlt die Erdschlußprüfung gerade da, wo man sie haben möchte, nämlich an der Stelle der übrigen Messungen und Kontrollen.

Deshalb hat sich bei Hochspannung die Verwendung von Spannungswandlern auch für die Erdschlußprüfung eingeführt. Abb. 154 c zeigt ein einphasiges Voltmeter mit Umschaltung der Primärseite des Spannungswandlers auf die drei Phasen; der Umschalter ist auch hier für die volle Hochspannung zu bemessen.

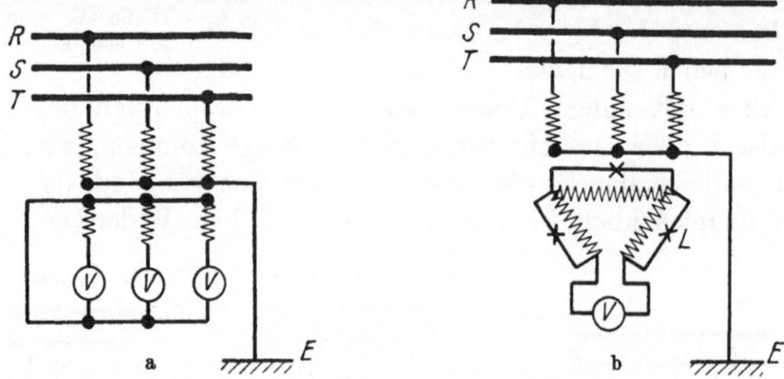

Abb. 155. Erdschlußprüfung für Drehstromhochspannung mittels Dreiphasenmeßtransformators mit primärer Sternschaltung gegen Erde.
a Sekundär Sternschaltung, b Sekundär Dreieckschaltung mit einem aufgeschnittenen Eckpunkt.

Besser und entsprechend häufiger ist die dreiphasige Erdschlußschaltung nach Abb. 155 a, bei der ein Drehstromtransformator benutzt wird, dessen Hochspannungsseite in Stern geschaltet und dessen Nullpunkt geerdet ist, während die Niederspannungsseite drei Voltmeter in Sternschaltung speist. Hier kann man gleichzeitig an den drei Voltmetern die drei Phasen beobachten und die Voltmeter auf der Bedienungstafel mit den übrigen Meßgeräten vereinigen.

Eine ähnliche Anordnung, welche allerdings etwas umständlicher als die letztbeschriebene ist, aber, solange letztere patentiert war, häufig verwendet wurde, ist in Abb. 155 b dargestellt. Die Primärseite des Meßwandlers ist wieder in Sternschaltung mit geerdetem Nullpunkt ausgeführt, die Sekundärseite dagegen in Dreieck mit einem aufgeschnittenen Eckpunkt. Zwischen den beiden frei bleibenden Klemmen liegt ein Voltmeter V, parallel zu den drei Phasen je eine Lampe L.

Bei normalem Betriebe ist die Spannung zwischen den offenen Klemmen Null, das Voltmeter steht am Anschlag bei dem Nullpunkt; die drei Lampen brennen gleichmäßig hell.

Tritt ein Erdschluß ein, so schlägt das Voltmeter aus, und diejenige Lampe, welche der erdgeschlossenen Phase entspricht, wird dunkler, die anderen heller.

Wie erwähnt, können spannungslose Teile nicht auf Erdschluß geprüft werden. Man muß also eine Hilfsanordnung schaffen, um die Teile provisorisch unter eine hinreichende Spannung gegen Erde zu setzen. Eine solche Anordnung unter Verwendung normaler Schaltanlageteile zeigt Abb. 156. Das Sammelschienensystem soll auf Erdschluß geprüft werden, nachdem es von den Generatoren abgeschaltet ist. Einer dieser Generatoren läuft nun leer und speist mit seiner normalen Spannung einen Meßtransformator Tr, welcher mit dem einen Pol über das Erdschlußvoltmeter V an Erde liegt, während der andere Pol mittels eines Umschalters U wechselweise an die Phasen RST des Sammelschienensystems gelegt werden kann. Wenn zwischen Generator und Sammelschienen in der Hauptleitung keine Transformatoren vorhanden sind, so ist das Übersetzungverhältnis des Erd

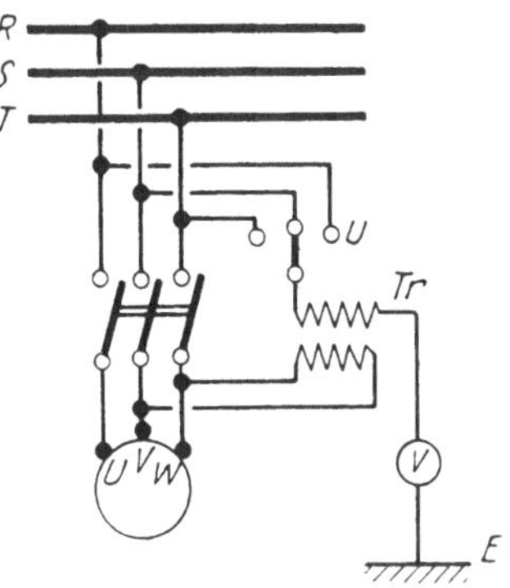

Abb. 156. Erdschlußprüfung abgeschalteter Netzteile mittels Hilfsmeßtransformators.

schlußtransformators Tr 1 : 1 zu wählen. Liegt zwischen Generator und Sammelschiene ein Transformator, so kann entweder diese Übersetzung in derjenigen des Erdschlußtransformators berücksichtigt werden oder der Erdschlußtransformator speist mit der Übersetzung 1 : 1 die Niederspannungsseite des Leistungstransformators. Letzteres ist allerdings unzweckmäßig, weil dann der Erdschlußtransformator erheblich stärker gewählt werden muß, da er die Leerlaufsarbeit des Leistungstransformators zu überwinden hat.

XXVII. Notbeleuchtungsschaltungen.

Wichtige Beleuchtungsanlagen sollen beim Ausbleiben der Netzspannung im Betrieb bleiben, indem man eine Reservestromquelle, etwa eine Akkumulatorenbatterie, heranzieht. In anderen Fällen verzichtet man darauf, das Beleuchtungsnetz selbst in Betrieb zu halten, läßt aber dafür ein anderes Netz einspringen, welches eine, wenn auch dürftige, Notbeleuchtung ermöglicht. Solche Anlagen sind in Fabriken, Theatern und anderen öffentlichen Anstalten gebräuchlich und dringend erforderlich.

Man hat also mit einem Betriebsnetz, welches Gleich- oder Drehstrom sein kann, zu rechnen und einem Reservenetz, für welches im allgemeinen wohl nur Gleichstrombatterien in Frage kommen.

Die Schalter sind Minimalschalter mit Spannungsauslösung, deren
Spulen an der Hauptstromquelle, dem primären Netz, liegen und beim
Spannungsloswerden dieses Netzes die Auslösung des Schalters und
damit die Umschaltung von dem primären auf das Reservenetz oder
die Einschaltung des Reservenetzes oder die Ausschaltung des primären und die Einschaltung des Reserve-
netzes gleichzeitig bewirken.

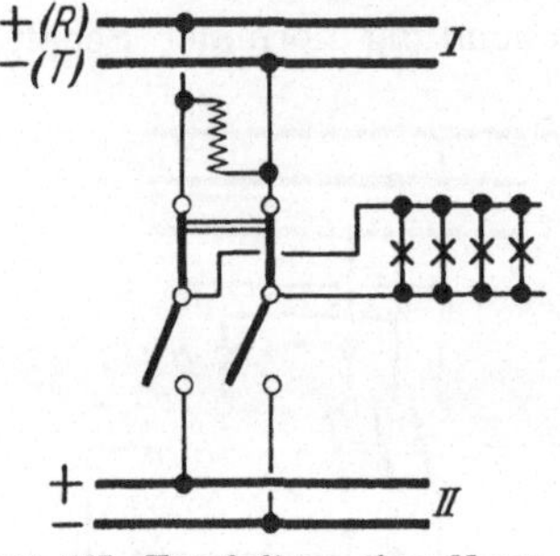

Abb. 157. Umschaltung einer Hauptbeleuchtung von einer Zweileiter-
anlage I auf ein Gleichstromnetz II.

Im allgemeinen sind die Schalter, besonders wenn es sich um größere Stromstärken handelt, so eingerichtet, daß sie
beim Versagen des primären Netzes einen
Kraftspeicher freigeben, welcher die Schaltung bewirkt. Die Rückschaltung hat
dann von Hand zu erfolgen. In anderen
Fällen und besonders bei verhältnismäßig
kleinen Stromstärken, wo man mit Quecksilberkippröhren arbeiten kann, läßt sich
der Schalter so ausgestalten, daß er beim
Fortbleiben der primären Spannung das sekundäre Netz einschaltet
und beim Wiederkehren der Spannung in die erste Lage zurückgeht.
Dasselbe läßt sich auch erreichen, wenn man einen Schalter der beschriebenen Art als Relais verwendet und die Beleuchtung selbst
durch einen vom sekundären Netz, also der Batterie, gesteuerten
Fernein- und -ausschalter oder Fernumschalter bewirkt. Eine solche
Lösung ist aber verhältnismäßig teuer und deshalb selten zu
finden.

Nach diesen Gesichtspunkten sind die in Frage kommenden Schaltungen ohne weiteres abzuleiten, nachstehend sind einige Beispiele
gegeben.

Abb. 157 erläutert die Umschaltung eines Beleuchtungsnetzes von
einem Gleichstromzweileiter- oder Einphasensystem auf eine Gleich-
stromreservebatterie. Die Rückschaltung erfolgt von Hand.

Abb. 158 veranschaulicht ein Drehstromdreileiternetz, welches bei
normalem Betrieb die in Dreieck geschalteten Lampengruppen speist.
Beim Ausbleiben der Spannung wird auf eine Batterie umgeschaltet,
derart, daß sämtliche Lampen zwischen Klemmen der Batterie liegen.
Wie man sieht, ist zur Ausführung einer derartigen Anlage (mit gleich-
mäßiger Verteilung der Lampen auf die drei Phasen im Normalzustand)
eine vierpolige Umschaltung erforderlich. Die Rückschaltung erfolgt
auch hier von Hand.

Dieselbe Anordnung bei einem primären Vierleiterdrehstromnetz
mit Nulleiter zeigt Abb. 159. Die Lampen liegen am primären Netz in
Sternschaltung gegen den Nulleiter, im sekundären Netz tritt an Stelle

des Nulleiters die Minusschiene, für die Außenleiter die Plusschiene. Auch dieser Schalter wird von Hand zurückgelegt.

Die Einschaltung eines Notbeleuchtungsnetzes stellt Abb. 160 dar. Beim Spannungsloswerden des Primärnetzes erlöschen die an diesem liegenden Lampen, und der selbsttätige Schalter schließt sich, wodurch die Notbeleuchtungslampen an das sekundäre Netz gelegt werden. Es ist also ein selbsttätiger Einschalter. Wenn dieser mit Fallgewicht oder Kraftspeicher ausgerüstet ist, so muß die Rückschaltung beim Wiederkehren der Primärspannung von Hand erfolgen und, solange dies nicht geschehen ist, brennen sowohl

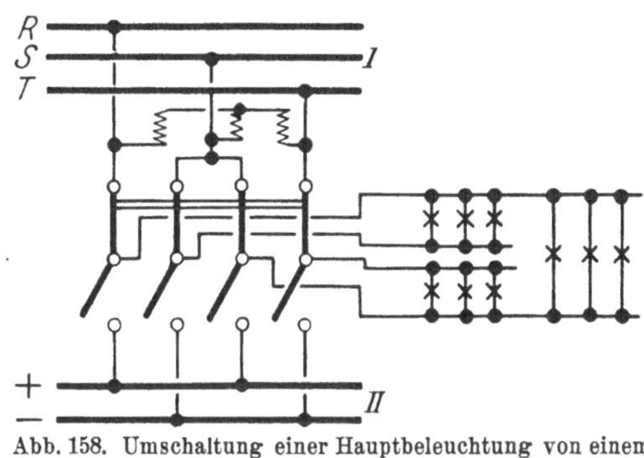

Abb. 158. Umschaltung einer Hauptbeleuchtung von einem Drehstromnetz auf ein Gleichstromnetz.

die Haupt- wie die Notlampen. Verwendet man dagegen einen Schalter mit Quecksilberkippröhren oder einen ähnlichen bei Rückkehr der Spannung wieder in die Ruhelage zurückgehenden Schalter, so ist eine

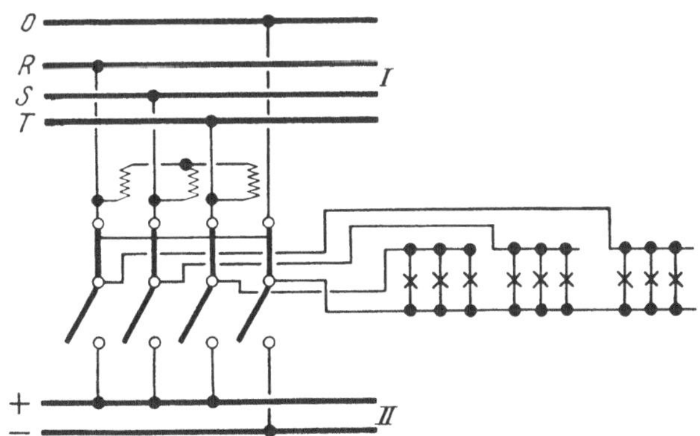

Abb. 159. Umschaltung einer Hauptbeleuchtung von einem Vierleiterdrehstromnetz auf ein Gleichstromnetz.

Rückschaltung von Hand nicht notwendig, denn mit dem Wiederkehren der Spannung schaltet sich die Notbeleuchtung vom Sekundärnetz ab, während die Hauptbeleuchtung dauernd am primären Netz liegen geblieben ist.

Schließlich zeigt Abb. 161 eine Anordnung, bei der gleichzeitig beim Ausbleiben der Spannung im primären Netz die Hauptbeleuchtung ab- und die Notbeleuchtung an das sekundäre Netz geschaltet wird. Der

Nullspannungsschalter besitzt Schaltmesser, die beim Arbeiten von der Einschaltstellung in die Ausschaltstellung gehen (oben gezeichnet), und weitere, die von der Ausschaltstellung in die Einschaltstellung gehen

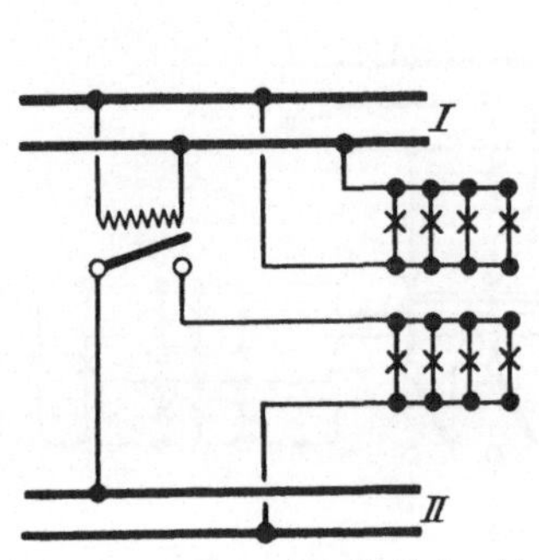

Abb. 160. Einschaltung einer Notbeleuchtung auf ein Reservenetz.

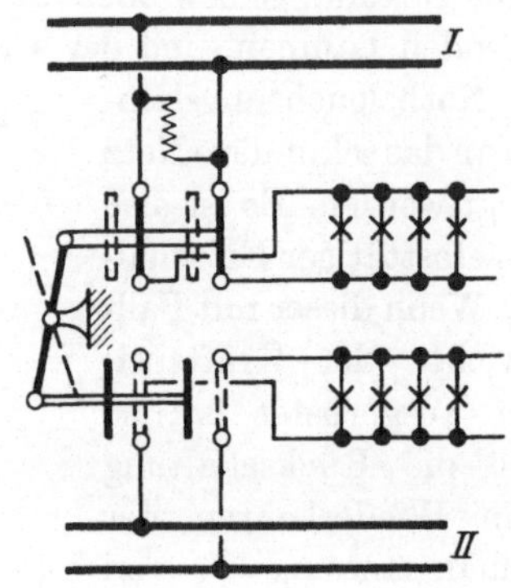

Abb. 161. Ausschaltung der Hauptbeleuchtung und Einschaltung der Notbeleuchtung auf ein Reservenetz.

(unten gezeichnet). Die Kupplung ist schematisch durch einen doppelarmigen Hebel mit feststehendem Drehpunkt dargestellt, kann aber konstruktiv beliebig anders ausgeführt werden.

XXVIII. Absatzregelung, Nachlauf- und Nullstellschaltungen.

Bei langsam veränderlichen Größen, welche innerhalb eines gewissen Bereiches zwischen einem Maximal- und Minimalwert zu regeln sind, wie Temperaturen, Wasserstände, Drücke in Windkesseln, Spannungen von Batterien, verwendet man eine absatzweise wirkende Regelung (Absatzregelung) derart, daß man bei Erreichung des Minimalwertes den entsprechenden elektrischen Stromkreis einschaltet und ihn so lange eingeschaltet läßt, bis der Maximalwert erreicht ist, worauf der Stromkreis wieder ausgeschaltet wird.

Wenn der Minimalwert durch die elektrische Einwirkung überschritten ist, der Maximalwert aber noch nicht erreicht wurde, so soll die elektrische Einrichtung weiter fortarbeiten, obwohl der dem Minimalwert entsprechende Kontaktimpuls bereits wieder verschwunden ist. Andernfalls würde ein unaufhörliches Pendeln um den Minimalwert entstehen, welches unerwünscht ist, da die Einrichtungen ruhig und in langsameren Perioden arbeiten sollen.

Die Bedingung, daß die elektrische Hilfsvorrichtung nach Öffnung des Minimalkontaktes noch weiterarbeiten soll bis zur Betätigung des Maximalkontaktes und ebenso von der Maximal- zurück zur Minimalgrenze, führt zur Verwendung besonderer Schaltvorrichtungen, die wir zweckmäßig als Nachlaufschaltungen bezeichnen werden.

Abb. 162 gibt das Schema für die elektrische Regelung des Druckes in einer Luftdruckanlage, etwa in einem Windkessel. Das Kontaktmanometer KM besitzt links einen Minimal-, rechts einen Maximalkontakt, während der Drehpunkt des Zeigers mit der Plusschiene verbunden ist. Ein Maximaldruckrelais M, welches von dem Maximalkontakt eingeschaltet wird, und ein Niederdruckrelais N, welches unter dem Einfluß des Minimalkontaktes steht, schalten den Kompressormotor K aus und ein, gegebenenfalls unter Vermittlung eines Selbstanlassers. Die beiden Relais sind Arbeitsstrommagnete, welche ihre Anker anziehen. Jedes Relais besitzt einen Hauptkontakt für die Steuerung des Motors und einen oder mehrere Nebenkontakte für die Nachlaufschaltungen.

Die gezeichnete Stellung tritt bei der Inbetriebsetzung, also der Einschaltung des Ganzen (durch einen im Schema fortgelassenen Hauptschalter) ein, wenn der Druck sich auf mittlerer Höhe, also zwischen der unteren und der oberen Grenze hält. Die einzelnen Zustände bei der Wirkung sind auf

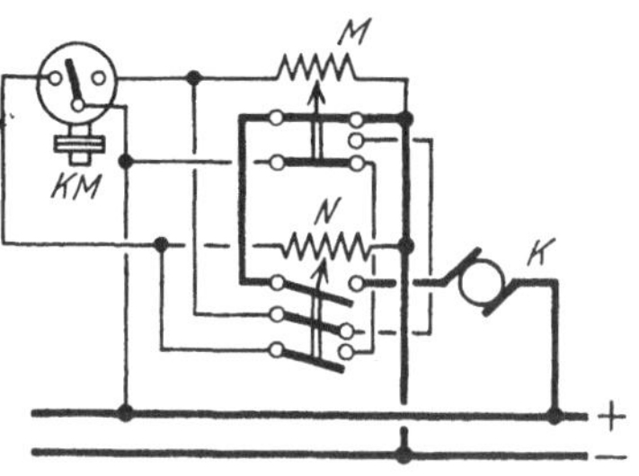

Abb. 162. Absatzregelung einer Druckluftanlage.

nachstehender Tabelle deutlich auseinandergesetzt, so daß eine weitere Beschreibung nicht nötig erscheint. Die Zustände 1 und 2 kommen nur bei der Inbetriebsetzung vor, mit dem Zustand 3 gelangt man in das regelmäßige Spiel des Apparates. Dieses entspricht einer Pendelschwingung zwischen Maximal- und Minimaldruck. Da, wo das Pendel umkehrt, also bei dem Maximal- und bei dem Minimaldruck, kommen Augenblicke vor, wo die Nachlaufschaltungen beide außer Betrieb gesetzt sind. Während dieser Zeit liegt aber das Kontaktmanometer so lange an dem rechten oder an dem linken Kontakt, daß es das Umsteuern von dem vorher wirkenden auf den nunmehr in Tätigkeit gesetzten Magneten und damit die Nachlaufschaltung für letzteren bewirken kann. Während der Schwingungen des Pendels, also während der Periode, wo der Druck durch den Kompressormotor aufgefüllt wird, und derjenigen, wo der Windkessel sich entladet, ist jeweils eine Nachlaufschaltung in Betrieb, um die Unterbrechung am Kontaktmanometer unwirksam zu machen. Das ganze Spiel pendelt zwischen den beiden Endstellungen. Der Kontaktapparat KM ist zu schnell, um die Steuerung vom einen bis zum anderen Endzustand mittels einer Kontaktgabe bewirken zu können, und dies wird durch die Nachlaufschaltung besorgt. Wir werden später den entgegengesetzten Fall

Nr.	Vorgang	Kontaktmanometer	Ankerstellung des		Hauptschalter des		Nachlaufschaltung		Kompressormotor
			Überdruckrelais	Niederdruckrelais	Überdruckrelais	Niederdruckrelais	Überdruckrelais	Niederdruckrelais	
1	Inbetriebsetzung bei mittlerem Druck s. Skizze . . .	offen	unten	unten	geschlossen	offen	aus	aus	aus
2	Druck sinkt unter die Minimalgrenze	links	unten	oben	geschlossen	geschlossen	aus	ein	ein
3	Druck steigt	offen	unten	oben	geschlossen	geschlossen	aus	ein	ein
4	Druck überschreitet die Maximalgrenze	rechts	oben	oben	offen	geschlossen	aus	aus	aus
4a	Kurz darauf	rechts	oben	unten	offen	offen	ein	aus	aus
5	Druck sinkt	offen	oben	unten	offen	offen	ein	aus	aus
6	Druck sinkt unter die Minimalgrenze	links	oben	oben	offen	geschlossen	aus	aus	aus
6a	Kurz darauf	links	unten	oben	geschlossen	geschlossen	aus	ein	ein
3	Druck steigt	offen	unten	oben	geschlossen	geschlossen	aus	ein	ein

usw.

zu betrachten haben, wo das Kontaktinstrument für die Regulierung zu langsam ist und eine Pendlung über die zulässigen Grenzen hinaus bewirken könnte.

Die gleiche Anordnung ist für alle ähnlichen selbsttätigen Steuerungen zu verwenden, welche mit einem Maximal- und Minimalkontakt in Arbeitsstromschaltung ausgerüstet sind. Wenn man z. B. eine Temperaturregelung durch ein Metallthermometer mit Bimetallband einrichtet, welches bei einer gewissen niedrigen Temperatur sich gegen den einen Kontakt, bei einer anderen höheren Temperatur gegen den anderen legt und an Stelle des Kompressormotors eine Heizwicklung benutzt, so kann man auf diese Weise die Temperaturreglung bewirken. In ähnlicher Weise ist die Aufgabe für selbsttätige Wasserversorgungsanlagen zu lösen, indem eine Pumpe bei Unterschreitung eines bestimmten Wasserstandes im Behälter eingeschaltet und bei Erreichung eines gewissen höchsten Wasserstandes wieder ausgeschaltet wird. Dazu dient ein Schwimmer, welcher einen Umschalter in der einen Lage nach der einen, in der anderen Lage nach der anderen Seite steuert, wobei vorwiegend Momentschaltung durch Federkraft zur Erreichung der beiden Endlagen des Umschalters benutzt wird. Dieser Umschalter wirkt in ähnlicher Weise auf den Pumpenmotor.

Bleibt der Umschalter in seinen Endstellungen liegen, bis ihn ein neuer Impuls in die andere Endstellung wirft, so erübrigen sich natürlich die Nachlaufschaltungen.

Bei Verwendung von Quecksilberthermometern ist die Schaltung anders zu machen, weil der Minimalkontakt sich bei Erreichung der Minimaltemperatur nicht schließt, wie in den früheren Beispielen, sondern öffnet, also ein Ruhestromkontakt ist. Das Schema hierfür ist in Abb. 163 gegeben. Die Stellung der Apparate ist die Ruhestellung. Das Quecksilberthermometer T liegt mit seinem unteren, dem Gelenk eines Umschalters entsprechenden Kontakt an der Minusschiene, der mittlere Kontakt, also der Ruhestromkontakt, speist das Niedertemperaturrelais N, der obere, der Arbeitsstromkontakt, das Übertemperaturrelais M. Thermometer und beide Relais sind in diesem Falle nicht an die Außenschienen, sondern in Abzweigschaltung an einen Widerstand A gelegt, so daß an den Kontakten des Thermometers nur eine verhältnismäßig geringe Spannung und entsprechend kleine Funkenbildung auftritt.

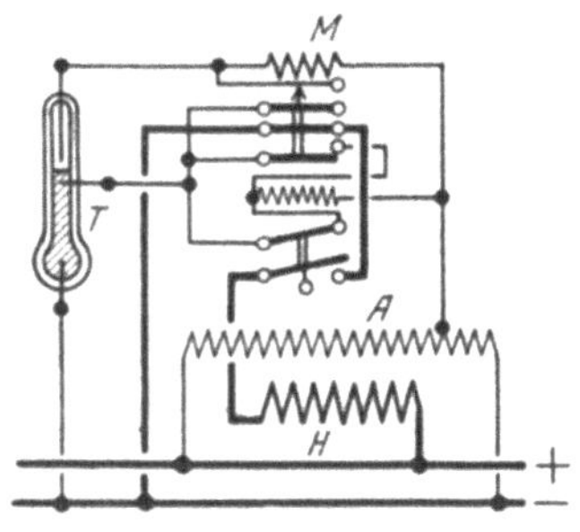

Abb. 163. Absatzregelung der Temperatur durch Kontaktthermometer.

Jedes Relais besitzt einen Hauptkontakt für den Stromkreis des Heizwiderstandes H, der direkt an den Sammelschienen liegt. Ferner besitzt jedes Relais ein oder zwei Hilfskontakte für die Nachlaufschaltung. Diese ist für den oberen, den Arbeitsstromkontakt, die Schließung eines Parallelstromkreises, für den unteren, den Ruhestromkontakt, die Öffnung einer in Reihe geschalteten Unterbrechung.

In der gezeichneten Stellung ist bei einer mittleren Temperatur eingeschaltet worden. Das Maximalrelais hat seinen Anker losgelassen, den Kontakt für die Heizwicklung geschlossen und die beiden Nachlaufkontakte unterbrochen. Das Niedertemperaturrelais N hat dagegen den Heizstromkreis unterbrochen und seinen Nachlaufkontakt geschlossen. Es findet keine Heizung statt, die Temperatur sinkt allmählich, das Niedertemperaturrelais N bleibt in der gezeichneten Stellung so lange, bis am mittleren Kontakt des Thermometers T durch Unterschreitung der zulässigen Temperatur eine Unterbrechung eintritt. Dadurch wird das Niedertemperaturrelais N stromlos, läßt seinen Anker sinken, schaltet mit dem Hauptkontakt den Heizwiderstand ein und mit dem Nebenkontakt die Verbindung zu sich selbst ab.

Unter dem Einfluß der Heizwicklung steigt die Temperatur, der mittlere Kontakt am Thermometer T schließt sich, was aber auf das Niedertemperaturrelais keinen Einfluß hat, da es abgetrennt ist, die Temperatur steigt weiter, bis die Maximalgrenze erreicht ist. Damit schließt sich der obere Kontakt des Thermometers T, das Maximaltemperaturrelais M wird erregt, schaltet die Heizwicklung ab und überbrückt mit seinem oberen Hilfskontakt den oberen Kontakt des Thermometers, während es mit seinem unteren Kontakt das Niedertemperaturrelais N wieder an das Thermometer legt, so daß dieses Relais seinen Anker anziehen, damit die zweite Unterbrechung des Heizstromkreises bewirken und sich nunmehr auch selbst mit dem mittleren Kontakt des Thermometers verbinden kann.

Durch die Überbrückung des oberen Kontaktes am oberen Hilfsschalter des Maximaltemperaturrelais wird die Nachlaufschaltung für dieses bewirkt, durch die Verbindung des mittleren Kontaktes am Thermometer mit der Spule des Niedertemperaturrelais wird die Nachlaufschaltung für letzteres aufgehoben. Nun wiederholt sich das Spiel in bekannter Weise.

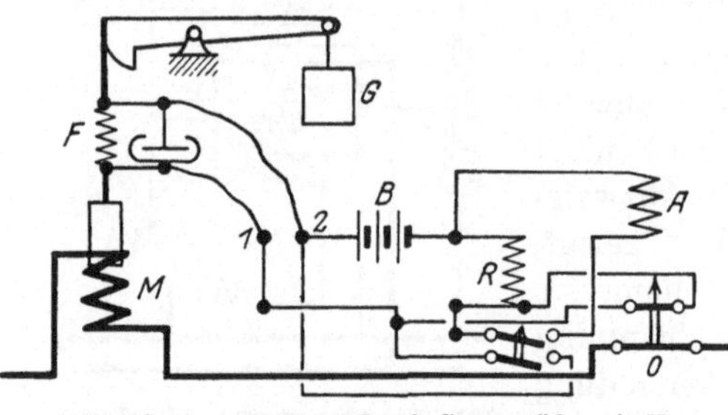

Abb. 164. Ausschaltung durch Stromstöße mit Nachlaufschaltung.

Nachlaufschaltungen kommen nicht nur für derartige Anordnungen mit Absatzregelung in Frage, sondern auch für Einrichtungen, bei denen die Kontaktgabe zu schnell und zu flüchtig erfolgt, um für die Regelung oder Schaltung auszureichen. Während es sich bei der Absatzregelung um ein dauerndes, hin und her gehendes Spiel handelt, sind hier einfache Prozesse, insbesondere selbsttätige Ausschaltungen, ins Auge zu fassen.

Ein Beispiel ist in Abb. 164 gegeben. Es handelt sich um eine Fehlerschutzschaltung für Hochspannungsanlagen, bei der der Grundgedanke verwirklicht wird, die Ausschaltung nicht beim Ansteigen des Stromes über eine gewisse Grenze erfolgen zu lassen, sondern nur dann, wenn ein plötzlicher Anstieg des Stromes durch den unvermittelten Eintritt eines Fehlers, etwa durch das Zusammenschlagen von Leitungen oder durch einen Überschlag nach Erde, entsteht.

Das Maximalrelais M arbeitet mittels Seilzuges an dem daumenartig ausgebildeten linken Teil eines doppelarmigen Hebels H, an dessen rechter Seite ein Gewicht hängt. Durch passende Ausbildung der Daumenscheibe wird der Hebelarm des Magneten auf seinem Wege verändert, so daß jeder Stromstärke eine Gleichgewichtslage mit bestimmter Stellung entspricht. Ändert sich der Strom allmählich, so bewegt sich der Kern des Magneten langsam von einer zur anderen Gleichgewichtsstellung, und die in die Seilverbindung zwischen Hebel H und Kern des Magneten eingeschaltete Feder F folgt dieser Bewegung, ohne sich zu dehnen. Nur bei plötzlichen Änderungen der Stromstärke vermag der Hebel mit dem Gewicht der schnellen Bewegung des Kernes nicht zu folgen, die Feder dehnt sich aus. Mit den beiden Enden der Feder ist aber ein Kontaktsystem verbunden, welches aus einer Platte am oberen Ende und einer die Platte allseits mit Spiel umgreifenden Gabel am unteren Ende besteht. Ist die Feder in Ruhestellung, so schwebt die Platte innerhalb der Gabel, ohne sie zu berühren und ohne Kontakt zu geben. Dehnt sich die Feder infolge plötzlichen Stromanstieges aus, so geht die Gabel schnell nach unten, ehe die Platte folgen kann, und es entsteht eine Berührung zwischen der Gabel und der Platte, welche die Punkte 1 und 2 verbindet.

Diese Dehnung der Feder tritt aber nur ganz kurzzeitig ein; dann ist eine Beschleunigung des Gewichtes G erfolgt, so daß dieses mit der Geschwindigkeit des Kernes mitkommt, ihm sogar wohl nachrückt. Der Kontakt an der Feder öffnet sich wieder. Die Kontaktbetätigung ist so kurzzeitig, daß dadurch mit Sicherheit eine Auslösung nicht erzielt werden kann. Auch lassen sich solche schwebenden Kontaktteile nicht leicht so kräftig konstruieren, daß sie den Betätigungsstrom einer Auslösespule führen und unterbrechen können. Man muß hier mit einer Nachlaufschaltung aushelfen. Sie wird durch das Nachlaufrelais R bewirkt, welches von der Batterie über die Kontakte 1, 2 und den Hilfsschalter am Ölschalter O eingeschaltet wird. Das Relais besitzt eine geringe Masse und arbeitet sehr schnell, so daß die kurzzeitige Kontaktgabe an der Feder F genügt, um das Relais zum Anziehen zu bringen. Durch den unteren Kontakt dieses Relais werden aber die Punkte 1, 2 überbrückt, so daß nunmehr das Weitere ohne Rücksicht auf die Kontaktgabe an der Feder F erfolgen kann. Der obere Hilfsschalter des Relais R legt die Auslösespule A über die Batterie, die untere Hilfsschaltung des Relais und den Hilfskontakt am Ölschalter O parallel zur Relaiswicklung R, also unmittelbar an die Spannung der Batterie. Daraufhin erfolgt die Auslösung, und der Hilfsschalter am Ölschalter schaltet sowohl den Nachlaufkreis mit dem Relais wie die Auslösespule von der Batterie ab.

Eine ähnliche Wirkung wie Nachlaufschaltungen haben die Nullstellvorrichtungen. Wie die Nachlaufschaltung nach Vollendung ihrer Wirkung aufgehoben werden muß, und zwar dadurch, daß das betätigte Organ diese Steuerung bewirkt, so muß bei labilen Magnetsystemen nach ihrem Wirken der labile Zustand wiederhergestellt werden, wozu der gesteuerte Apparat oder eine Hilfsschaltung von Hand dienen kann.

Wenn ein Maximalmagnet mit stark geschlossenem Eisenkreis seinen Anker anzieht, weil die Erregung gerade die Gegenkraft überwindet, so verringert sich mit der Bewegung des Ankers der magnetische Widerstand, damit wächst, ohne daß die Erregung sich verstärkte, die Anziehungskraft, die Differenz zwischen ihr und der Rückzugskraft wird immer größer, und der Anker strebt mit wachsender Kraft und Geschwindigkeit dem Magneten zu. Geht man mit der Erregung gerade unter diejenige Grenze, die vorher zum Ansprechen genügte, so erzielt man keinen Rückgang des Ankers; dazu ist vielmehr infolge der Veränderung des magnetischen Widerstandes eine ganz erhebliche, wenn auch nur kurzzeitige Senkung der Erregung notwendig, mindestens um etwa 30 vH, manchmal mehr, je nach den Eisenverhältnissen. Will man also den Magneten wieder in den alten Zustand zurückführen, daß er bei derselben Einstellgrenze von neuem anzieht, so muß man für künstliche Entfernung des Ankers sorgen, indem man die Erregung kurzzeitig schwächt, z. B. indem man einen Vorschaltwiderstand vor die Magnetwicklung legt oder sie ganz ausschaltet.

Analoge Verhältnisse gelten bei Minimalmagneten. Ist die Erregung gerade so weit gesunken, daß die Rückzugskraft überwiegt, so entfernt sich der Anker aus dem Magnetfeld, durch die Vergrößerung des Luftspaltes wird der magnetische Widerstand erhöht, die Zugkraft läßt erheblich nach, die Gegenkraft überwiegt mehr, der Anker eilt mit wachsender Geschwindigkeit seiner Endstellung zu (vom Magneten weg). Um den Anker wieder an den Magneten heranzubringen, muß man den Strom erheblich über diejenige Erregung stärken, welche zum Loslassen genügte; das wird praktisch meist dadurch bewirkt, daß man einen Vorschaltwiderstand, der vor der Wicklung liegt, auf kurze Zeit kurzschließt.

Als Beispiel dieser Anordnung ist in Abb. 165 eine Schaltung zur selbsttätigen Beendigung der Ladung und Entladung einer Batterie ohne Zellenschalter dargestellt. Die Anordnung ist etwa für Automobilbatterien, Zündbatterien u. ähnl. verwendbar. Auf der Entladeseit ist ein Niederspannungsrelais N, auf der Ladeseite ein Maximalspannungsrelais M vorhanden; ersteres öffnet den Entladekreis, wenn die Batteriespannung infolge fortgesetzter Entladung zu niedrig geworden ist, letzteres öffnet den Ladekreis, wenn die Batteriespannung am Ende der Ladung zu hoch wird. Die Nullstellung des Niederspannungsrelais N erfolgt durch Kurzschließung des ·Vorschaltwiderstandes V_2 mittels des Arbeitsstromdruckknopfes, die Nullstellung des Maximal-

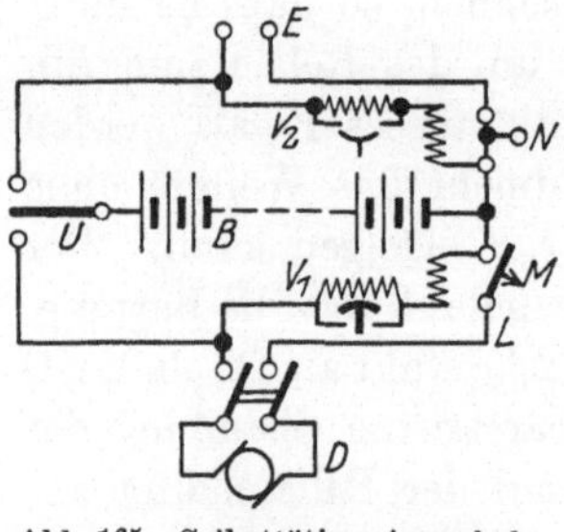

Abb. 165. Selbsttätige Ausschaltung der Ladung und Entladung einer Batterie mit Nullstellschaltungen von Hand.

relais M durch Vorschaltung eines im Normalzustand kurzgeschlossenen Vorschaltwiderstandes V_2 mittels des Ruhestromdruckknopfes. Man kann auch den Widerstand V_1 fortlassen und mittels des Ruhestromdruckknopfes die Erregung des Maximalrelais M ganz ausschalten.

Die Anordnung für die Steuerung einer Ladung und Entladung durch derartige Relais ist einfach und billig, aber sie genügt nicht für alle Bedingungen, welche die Akkumulatorentechnik stellt. Es sei insbesondere für die Ladung darauf verwiesen, daß andere Möglichkeiten bestehen, z. B. die Schaltung von Poehler, bei welcher nach Erreichung einer gewissen Spannung die Ladung noch eine ganz bestimmte, durch eine Uhr festgelegte Zeit hindurch fortgesetzt und nach deren Ablauf selbsttätig unterbrochen wird. Diese Spezialschaltung wird von der Akkumulatorenfabrik A.-G. ausgeführt.

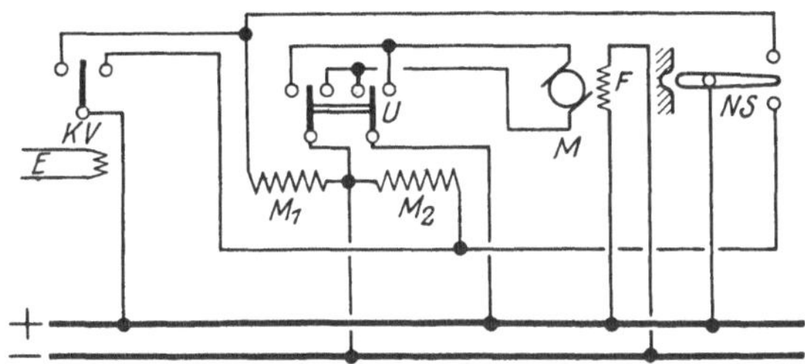

Abb. 166. Selbsttätige Spannungsregelung mit Nachlaufschaltung.

Bei dem letzten Beispiel erfolgt die Nullstellung der arbeitenden Magneten durch eine Betätigung von Hand. Bei anderen Geräten wird sie zwangsläufig durch die betätigte Vorrichtung erreicht, ebenso wie man die Nachlaufschaltung nicht von dem unmittelbar gesteuerten Relais, sondern auch von dem mittelbar bewegten Gerät ableiten kann. Als Beispiel für letztere Anordnung ist in Abb. 166 eine selbsttätige Regelung von Spannungen, beispielsweise die selbsttätige Entladeschaltung von Akkumulatorenzellen mittels Zellenschalters, dargestellt. Das von der Netzspannung E gespeiste Kontaktvoltmeter KV hat links einen Minimal-, rechts einen Maximalkontakt und steuert durch diese beiden entsprechende Magnetspulen $M_1 M_2$. Diese beiden Spulen sitzen auf einem Magneten oder ihre Anker sind miteinander gekuppelt. Durch Erregung des Magneten M_1 wird der Umschalter U in die eine Stellung, durch Erregung des Magneten M_2 in die andere Stellung geführt und dadurch der Anker des Motors M das eine Mal im einen, das andere Mal im anderen Sinne an die Netzspannung gelegt, während seine Feldwicklung dauernd am Netz liegt und nicht reversiert wird. Mit dem Motor ist eine Steuerscheibe verbunden, von deren Rand ein Stück rechts von der Feldwicklung F gezeichnet ist. Bei einem Zellenschalterantrieb z. B. arbeitet der Motor auf ein Schneckenvorgelege, dessen Schneckenrad bei jeder Umdrehung eine Spindelumdrehung des Zellenschalters und die Verschiebung der Bürsten um einen Schritt bewirkt. Mit dem Schneckenrad ist dann eine Steuerscheibe verbunden, welche einen Ausschnitt, wie in der Abbildung rechts dargestellt, besitzt, während im übrigen der Umfang voll ausgebildet ist. In der gezeichneten Ruhestellung liegt der Hebel des Nachlaufschalters NS in der Einkerbung der Steuerscheibe, wodurch sich der Nachlaufschalter mittels Federn in einer Mittelstellung zwischen seinen beiden Kontakten hält. Bewegt sich das Schneckenrad mit seiner Steuerscheibe im Sinne des Uhrzeigers, wandert also der Ausschnitt in der Steuerscheibe nach unten, so wird der Hebel des Nachlaufschalters entgegen dem Uhrzeiger gegen den oberen Kontakt gedrückt und bewirkt die Nachlaufschaltung für den linken Kontakt des Kontaktvoltmeters und damit die dauernde Einschaltung des Magneten M_1, bis nach einer Umdrehung des Schneckenrades und der Steuerscheibe wieder die Aussparung an den Nullschalthebel NS kommt und dieser in seine Mittelstellung zurückspringt, wodurch plötzlich die Überbrückung aufgehoben und die Magnetspule M_1 ausgeschaltet wird, damit der Umschalter U in die Mittelstellung zurückgeht und den Motor stillsetzt. In gleicher Weise erfolgt bei umgekehrter Bewegung des Schneckenrades entgegen dem Uhrzeiger die Stellung des Nachlaufschalters auf den unteren Kontakt und die Einschaltung der Magnetspule M_2 bis zur Beendigung der vollen Umdrehung des Schneckenrades, sowie die Ausschaltung des Motors nach dieser vollen Umdrehung.

Hier ist also die Nachlaufschaltung nicht von der vom Kontaktinstrument unmittelbar gesteuerten magnetischen Einrichtung, sondern von einer zweiten, dem eigentlichen Nutzorgan, abgeleitet.

Anstatt der Kontaktvoltmeter mit ihren verhältnismäßig geringen Kräften und empfindlichen Kontaktzungen hat man labile Magnete verwenden wollen, welche, wie vorstehend auseinandergesetzt, infolge der Veränderung des magnetischen Widerstandes am Ende ihrer Bewegung verhältnismäßig große Kräfte zur Verfügung stellen. Das Kontaktvoltmeter zerfällt dann in zwei Magnete, von denen jeder eine Grenzbedingung zu überwachen hat, einen Maximalmagneten und einen Minimalmagneten. Während das Kontaktvoltmeter bei rückläufiger Änderung der Erregung von seiner erreichten Stellung wieder zurückgeht, müssen die beiden Kontaktmagnete in ihre Ruhestellung zurückgeführt werden. Eine solche Anordnung, System Thieme, ausgeführt von der Dr. Paul Meyer Aktiengesellschaft, ist in Abb. 167 dargestellt. Der Maximalmagnet M mit seinem Vorschaltwiderstand W_1 und der Niederspannungsmagnet N mit seinem Vorschaltwiderstand W_2 liegen an den Klemmen Plus und Minus des Netzes. Übersteigt die Spannung die eingestellte obere Grenze, so zieht der Maximalmagnet M seinen Anker an, schaltet die Relaisspule S_1 ein, welche die weitere Steuerung bewirkt und etwa der Spule M_1 im vorigen Beispiel gleichgesetzt werden kann. Der Magnet S_1 bewirkt die Nullschaltung für das Maximalrelais, indem er die Wicklung des Maximalrelais vorübergehend kurzschließt, so daß der Anker zurückgeht.

Geht die Spannung unter die untere eingestellte Grenze, so läßt der Niederspannungsmagnet N seinen Anker los und schaltet die Spule S_2 ein, diese bewirkt die Nullstellung durch Kurzschließung des Vorschaltwiderstandes W_2, worauf der Niederspannungsmagnet seinen Anker wieder anzieht.

Eine Sicherheitsschaltung, welche bei dem beschriebenen Apparat noch weiter verwendet wird, um ein gleichzeitiges Arbeiten beider Magneten zu verhindern und welche darin besteht, daß der Maximalmagnet den Vorschaltwiderstand des Nullmagneten beim Arbeiten kurzschließt, der Nullmagnet dagegen die Wicklung des Maximalmagneten, ist hier nicht dargestellt und sei nur kurz erwähnt.

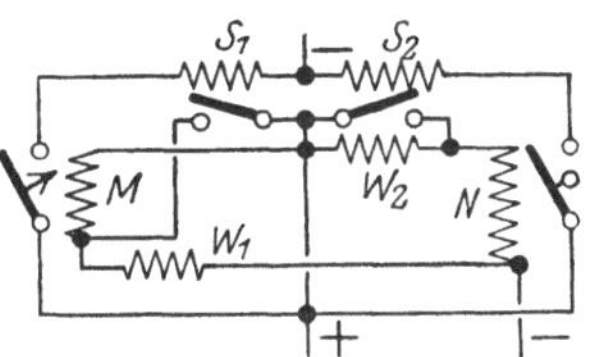

Abb. 167. Magnetische Doppelkontaktvorrichtung mit Nullstellschaltungen als Ersatz eines Kontaktvoltmeters.

Es ist eingangs dieses Abschnittes erläutert worden, daß die Nachlaufschaltungen nötig werden, wenn der Regelapparat viel schneller arbeitet, als die Wirkung am Regler eintritt. Es gibt auch entgegengesetzte Fälle, wie sie besonders bei Eil- und Schnellreglern in Frage kommen. Hier bedeutet ein Ansprechen des Kontaktorgans eine verhältnismäßig starke Veränderung der zu regelnden Größe und unter Umständen eine Überregulierung, indem diese Größe über die obere zulässige Grenze hinaus gesteigert wird, worauf das Kontaktorgan nach der entgegengesetzten Seite ausschlagen und die weitere Betätigung bewirken müßte. Während bei den trägen Temperaturreglern ohne die Nachlaufschaltung ein Pendeln um die eine Grenzstellung, aber nicht die volle Bestreichung des gewünschten Intervalls zwischen beiden Grenzstellungen erreicht würde, besteht bei den Schnellreglern die Gefahr, daß die Regulierung weit über das zulässige Bereich hinausschießt und dann abwechselnd beide Grenzen weit überspringt. Das ist der eigentliche Fall der Überregulierung.

Man hilft sich bei Eilreglern, d. h. solchen Reglern, die nicht durch Zitterkontakte, sondern durch Verschiebung von Bürsten auf einer Widerstandskontaktbahn wirken, dadurch, daß man den Impuls vor Beendigung der Bewegung abschneidet. Man läßt also, um ein Hinausschießen über das Ziel zu vermeiden, nur einen abgekürzten Schritt machen, dem, wenn nötig, mehrere immer kleiner werdende Schritte folgen. An Stelle von Pendelungen, die über die Endstellung hinaus- und wieder zurückgehen, läßt man also eine gedämpfte Bewegung gegen das Ziel hin ausführen.

XXIX. Elektrische Verriegelungen und Kupplungen.

Verriegelungen und Kupplungen stellen zwei Stufen des gleichen Gedankenganges dar. Es sollen zwei oder mehr Bewegungen in eine bestimmte zeitliche Reihenfolge gebracht werden. Bei der Verriegelung verhindert man den Bedienenden, die falsche Reihenfolge zu wählen, bei den Kupplungen legt man in das Getriebe einen derartigen Zwanglauf, daß der Bedienende bei einem Handgriff die richtige Reihenfolge von selbst, zum Teil ohne es zu wissen, vollführt.

Hier kommen Verriegelungen und Kupplungen nur insoweit in Frage, als sie auf elektrischem Wege durch Schaltung bewirkt werden. Die Übertragung geschieht also durch Kontakte oder Schalter und Hilfsstromkreise.

Eine häufig verwendete Verriegelung wird zwischen dem Statorschalter eines Drehstrommotors und seinem Anlasser bewirkt, indem man dem Anlasser einen Hilfskontakt gibt, welcher nur in der Ausschaltstellung des Anlassers die Freigabe des Hauptschalters ermöglicht. Solange der Anlasser nicht in der Ausschaltstellung steht, ist dieser Hilfskontakt offen, demnach der Übertragungsstromkreis für den Arbeitsstrommagneten des Hauptschalters unterbrochen, und man kann, da der Verriegelungsmagnet den Schalter in der ausgeschalteten Stellung festhält, ihn nicht bedienen. Man ist also gezwungen, den Anlasser erst in die Offenstellung zu bringen, dann erhält der Verriegelungsmagnet Strom, gegebenenfalls noch durch einen weiteren Druckknopf oder Hilfsschalter, und gibt den Hauptschalter frei, so daß dieser nun eingeschaltet werden kann. Durch dieses Mittel wird vermieden, daß der Hauptschalter bei kurz geschlossenem Anlasser eingelegt und dadurch ein kurzschlußartiger Strom aus dem Netz entnommen wird.

Andere Verriegelungen werden z. B. zwischen Ölschalter und Trennschalter verwendet. Der Trennschalter, welcher für Leistungsunterbrechung nicht geeignet ist, darf nicht gezogen werden, solange der Ölschalter nicht ausgeschaltet ist. Wenn eine mechanische Verriegelung dieser beiden Teile durch ihre räumliche gegenseitige Lage unmöglich gemacht wird, so muß man zur elektrischen Verriegelung greifen, welche in ähnlicher Weise, wie vorher für diejenige zwischen Anlasser und Hauptschalter beschrieben, auszuführen ist.

Auch bei Verriegelungen hat man die Wahl zwischen Arbeits- und Ruhestrom. Das geschilderte Beispiel verwendet Arbeitsstrom. In manchen Fällen wird man sich aber über den dauernden Strombedarf hinwegsetzen können und Ruhestrom benutzen, etwa wenn man einen Schalter nur dann einlegen will, wenn die Spannung eines bestimmten Netzes ausgeblieben ist, also wenn man etwa einen Verbraucher nur dann auf das zweite Netz schalten will, wenn das erste versagt. Hier sperrt also der Magnet, solange er stromdurchflossen ist, und gibt frei, wenn er stromlos wird.

Die Durchführung derartiger Verriegelungseinrichtungen ist nach diesen wenigen Hinweisen leicht abzuleiten. Es wird in der Hauptsache darauf ankommen, zunächst die Bedingungen festzustellen, welche der Verriegelung zugrunde liegen, und sich dann darüber schlüssig zu werden, ob Ruhe- oder Arbeitsstrom Verwendung findet; danach sind auf Grund der im allgemeinen Teil gegebenen Anweisungen die Schaltstromkreise leicht zu entwerfen.

Die elektrische Kupplung wird im wesentlichen gleichzeitige oder kurz nacheinander erfolgende Auslösung von Schaltern oder Zurückführung von Reglern auf eine bestimmte Ruhestellung anstreben. Ein häufig verwendeter praktischer Fall ist die elektrische Kupplung von Primär- und Sekundärschaltern eines Transformators.

Arbeiten mehrere Transformatoren primär und sekundär parallel und wird einer derselben auf der einen Seite abgeschaltet, so wird er von der anderen Seite noch erregt und verursacht Leerlaufsverluste. Er kann ferner in unerwünschter Weise Spannung erzeugen und Gefährdungen hervorrufen. Um diese Schwierigkeiten zu beseitigen, bringt man an den Ölschaltern oder den anderen Selbstschaltern auf beiden Seiten des Transformators Hilfssteuerkontakte an, durch welche man beim Herausfallen des einen Schalters den anderen auf elektrischem Wege herauswirft. Wenn man annimmt, daß beide Seiten mit Nullspannungsauslöser versehen sind, so wird man jeder Seite einen Hilfskontakt geben, der in der Einschaltstellung des betreffenden Schalters den Nullspannungsauslöser des anderen Schalters speist und beim Herausfallen unterbricht, so daß auch der zweite Schalter unmittelbar darauf fallen muß. Bei dieser Anordnung sind aber beide Schalter zugleich einzulegen.

Hat man mit Sicherheit Spannung von anderer Seite zur Verfügung, etwa durch die übrigen nicht abgeschalteten Transformatoren oder durch eine Batterie, so kann man Arbeitsstrom verwenden und jedem Schalter einen Hilfskontakt geben, der in der Einschaltstellung offen ist und sich in der Ausschaltstellung schließt, damit die Arbeitsstromauslösespule des anderen Schalters erregt und diese zur Auslösung bringt.

Bei Verwendung von Arbeitsstrom wird es sich empfehlen, dafür zu sorgen, daß eine dauernde Speisung der Auslösespule durch die Hilfsbatterie nach dem Herausfallen beider Schalter verhindert wird. Dazu verwendet man, wie nach den allgemeinen Ausführungen im ersten Teil leicht zu ersehen, an beiden Schaltern Hilfskontakte, die in der Ausschaltstellung gemeinsam den Arbeitsstromkreis unterbrechen, also parallel liegen müssen.

Ähnliche Aufgaben der elektrischen Kupplung kommen bei selbsttätigen Schaltanlagen in Frage, wo mehrere Schalter in bestimmter Reihenfolge nacheinander einzuschalten sind. Ferner bei den selbsttätigen Transformatorenschaltern, wenn es sich darum handelt, von einer Gruppe von Transformatoren einen dauernd in Betrieb zu behalten, die anderen jedoch nach Maßgabe des Verbrauches nur im Notfall ein- und bei Entlastung beiderseits auszuschalten, so daß unnötiger Leerlauf von Transformatoren oder Arbeiten derselben mit geringerer Belastung vermieden wird.

Auch hier wird es zunächst darauf ankommen, in jedem einzelnen Falle genau einen tabellenartigen Plan für die Reihenfolge der gewünschten Bewegungen aufzustellen, dann die Relais zu wählen, welche auf die gewünschten Änderungen reagieren und nun die Sekundärkreise der Relais mit den Hilfsstromkreisen nach Maßgabe der Ausführungen des allgemeinen Teiles zu verbinden.

XXX. Die wichtigsten Relais und selbsttätig gesteuerten Schalter.

Der Gegenstand dieses Kapitels bewegt sich auf der Grenze zwischen Schaltung und konstruktiven Einzelheiten. Immerhin wird es für denjenigen, der Schaltungen entwirft, von Wichtigkeit sein, einen Überblick über die Hilfsmittel zu erhalten, welche er als Einzelelemente seiner Schaltung für die selbsttätige Erfüllung irgendwelcher Bedingungen verwenden kann.

Im ersten Kapitel wurden Relais als Geräte definiert, die elektrisch gesteuert werden und mit einem Kontakt für einen Sekundärkreis versehen sind.

Man hat zwischen reinen Übertragungsrelais und eigentlichen selbsttätigen Relais zu unterscheiden. Erstere sind dazu bestimmt, einen Impuls, der durch eine anderweitige Schaltung, sei es von Hand, sei es durch einen selbsttätigen Mechanismus, gegeben ist, zu übertragen, indems ie ihn verstärken (Zwischenrelais Kap. I, Abb. 7a und 7b, S. 9), indem sie einen Übergang von Arbeits- auf Ruhestrom (Abb. 6b, S. 8) oder umgekehrt (Abb. 6c, S. 8) ermöglichen, indem sie den Impuls erst nach einer gewissen Zeit weitergeben (Zeitrelais Kap. XIII, S. 63) oder indem sie den Impuls, der nur während einer bestimmten Zeit anhält, auf längere oder kürzere Zeit erstrecken (Nachlaufrelais Kap. XXVIII, gegebenenfalls auch Voreilrelais). Diesen Übertragungsrelais kann man selbsttätige Relais gegenüberstellen, welche nicht durch eine Schaltung im Primärkreis, sondern durch eine Änderung (Regelung) einer im Primärkreis wirkenden elektrischen Größe zum Ansprechen gebracht werden. Beispiele hierfür sind Maximalrelais, Nullspannungsrelais usw.

Für unsere Betrachtung müssen wir zu diesen selbsttätigen Relais noch andere Schaltorgane hinzufügen, bei denen die Schaltung des ebenfalls vorhandenen Sekundärschalters bei Änderung einer bestimmten physikalischen, aber nicht elektrischen Größe eintritt. Diese Organe haben also keinen Primärkreis, sondern sie werden von einer mechanischen, thermischen oder ähnlichen Größe beeinflußt, beispielsweise Temperaturkontakt, Kontaktmanometer u. ähnl. Für die Ableitung selbsttätiger Steuerungen und entsprechender Schaltungen kommen also sowohl selbsttätige Relais wie selbsttätig gesteuerte Schalter der zuletzt beschriebenen Art in Frage. Es empfiehlt sich, eine Zusammenstellung dieses Gebietes nach den zu steuernden oder zu überwachenden veränderlichen Größen zu unterteilen. Dabei ist zu beachten, daß jedes Meßgerät für eine dieser Größen ohne weiteres als Relais verwendbar ist, wenn man am Zeiger einen Kontakt anbringt, ihn durch den Kontakt ersetzt oder ihn mit einem feststehenden Kontakt in Wechselwirkung treten läßt. Um Wiederholungen zu vermeiden, wird in folgendem, soweit es sich um ein Relais handelt, das einem Meßinstrument entspricht, nur das letztere genannt, dagegen der Zusatz mit ,,Kontakteinrichtung" fortgelassen; ,,Manometer" bedeutet hier also ein solches, welches für einen Sekundärkreis einen Kontakt betätigt.

1. Weg.

Endausschalter (z. B. für Krane oder an den Enden der Kontaktbahn von Spindelzellenschaltern), Schleif- und Anschlagkontakte, welche auf der Bahn oder am Ende der Bewegung durch den bewegten Körper berührt oder gesteuert werden. In dieses Gebiet fallen auch die Kommandoapparate, wie sie für Schiffszwecke verwendet werden, bei denen durch die Stellung des Gebers auf einem gewissen Wege eine Regelung einer entsprechenden Größe des Schaltstromkreises bewirkt wird, etwa des Widerstandes, der Stromstärke oder der Phasenverschiebung.

Handelt es sich um unregelmäßige Linienzüge, wie beispielsweise bei der Wiedergabe von Schrift über große Entfernungen auf elektrischem Wege, so zerlegt man den Weg in Komponenten nach den Koordinatenachsen und regelt die beiden entsprechenden Stromkreise für sich, beim Empfänger werden die beiden Wirkungen in gleicher Weise zusammengesetzt; darauf beruht die Fernübertragung von Handschriften.

Soll eine Fläche auf elektrischem Wege übertragen werden, so muß man sie in netzförmige Kontaktsysteme zerlegen, die in ähnlicher Weise mit dem Gegenkontakt befahren werden, wie vorstehend für unregelmäßige Linien dargestellt. Verwendet man statt der Kontakte entsprechend empfindliche Reglerorgane, z. B. Selenzellen für die Umsetzung von verschiedenen Lichtstärken in verschiedene Stromstärken, so kommt man zur Lösung der Aufgabe der elektrischen Fernbildübertragung.

2. Winkel.

Da man an dem für den Kontakt benutzten Hebel immer mit gleichem Hebelarm arbeiten wird, so geht diese Aufgabe in diejenige der Schaltung nach bestimmtem Weg (Nr. 1) über.

3. Zeit.

Zeitrelais mit Speisung durch den elektrisch freigegebenen oder aufgezogenen Kraftspeicher, Zeitrelais mit direkter elektrischer Betätigung, wobei die erreichten Zeiten von der Stärke der Erregung mehr oder weniger abhängig sind, bei einer konstanten Erregung aber konstant bleiben. — Spannungsverlustzeitrelais ergeben Zeiten in Abhängigkeit von der an betreffendem Punkt herrschenden Spannung, also auch von der Entfernung vom Fehlerort. Kontaktuhren werden u. a. für Einschaltung selbsttätiger Straßenbeleuchtungen verwendet, unter Umständen wirken sie auch nur wie reine Übertragungsrelais, z. B. bei der Pöhlerschen Schaltung für die Beendigung der Ladung von Batterien. Motoren, welche mit bestimmter Geschwindigkeit laufen und eine gewisse Arbeit bis zur Betätigung des Kontaktes aufzubringen haben, z. B. ein Gewicht bis zu einer gewissen Höhe heraufzuziehen, können auch zur Verzögerung um die Zeitspanne dienen, die von ihrer Einschaltung bis zur Betätigung des Kontaktes verstreicht.

4. Geschwindigkeit.

Da es sich im allgemeinen um rotierende Bewegung handeln wird, so genügt es, auf Nr. 8 (Drehzahl) zu verweisen.

5. Beschleunigung.

Man verwendet die Verzögerung von elastisch gekuppelten Massen gegenüber dem beschleunigten Körper. Beispiel: Ein durch eine Feder gehaltenes Gewicht (s. Abb. 164, S. 140), ferner eine Quecksilbermasse mit nennenswerter Erstreckung in Richtung der Beschleunigung, welche sich in Steigerohren bei Änderungen der Geschwindigkeit bewegt.

6. Gewicht.

Wage mit Kontakt am Hebelarm, gewichtsbelasteter Pumpenkolben, der eine Flüssigkeitssäule (Quecksilber) verschiebt.

7. Drehrichtung.

Schleppschalter mit mechanischer oder magnetischer Mitnahme können so eingerichtet werden, daß sie je nach der Drehrichtung verschiedene Kontakte betätigen. Ein solcher Schleppschalter ist in Abb. 166, S. 143 (für die elektrische Steuerung von Zellenschaltern) ganz rechts abgebildet. Der Hebel stellt sich in der Ruhestellung in die Nut einer Scheibe und wird je nach der Drehrichtung nach der einen oder anderen Seite umgelegt. Hat man keine bestimmte Nulllage, so kann man eine derartige Anordnung mit Nut nicht verwenden und muß den Zeiger dann durch Reibung oder durch eine leichte Rändelung, auf der ein federndes Ende des Zeigers schleift, mitnehmen. Wenn man den bewegten Teil als Metallscheibe ausbildet und eine Wirbelstrombremse darauf wirken läßt, welche drehbar angebracht ist und durch Federwirkung an Überschreitung gewisser Ausschläge verhindert wird, so wird diese Bremse, je nach der Drehrichtung der Scheibe, nach der einen oder anderen Richtung abgelenkt, und zwar um so mehr, je schneller die Drehscheibe rotiert. Ähnliches läßt sich mit einem Magneten erreichen, der auf eine eisenenthaltende rotierende Scheibe einwirkt, oder schließlich mit einem Motor, dessen einer Teil gegenüber dem anderen verdreht wird.

8. Drehzahl und Frequenz.

Zentrifugalkontakte, Spannungsmesser, welche durch eine mit dem bewegten Körper verbundene Magnetmaschine gespeist werden, Frequenzmesser der verschiedensten Art, Messungen der induktiven Spannung an Selbstinduktionen, welche sich mit der Frequenz erhöht, Wirbelstrombremsen, welche durch Federn in der Mittelstellung gehalten werden (s. u. 7), ferner Resonanzschaltungen, die bei Erreichung einer gewissen Tourenzahl zwischen der Eigenschwingung des Resonanzkreises und der aufgedrückten Schwingung durch die Drehung Übereinstimmung ergeben und dadurch besonders große Kräfte bzw. Ausschläge erzielen lassen.

9. Stromart.

Auf Gleichstrom, aber nicht auf Wechselstrom, sprechen Drehspulmeßgeräte an, auf Wechselstrom, aber nicht auf Gleichstrom, Drehfeldmeßgeräte. Dadurch kann man an einer Leitung, die beide Stromarten übereinander gelagert führt, jede Stromart aussondern und getrennt messen, bzw. zur Schaltung benutzen. Die Anordnung ist für Straßenbeleuchtungsanlagen verwendbar.

10. Strom.

Strommesser, Maximal- und Minimalstromrelais, Schmelzsicherungen. Letztere dienen dazu, den Stromkreis ganz zu unterbrechen, einen Fallhebel freizugeben oder einen vorher kurzgeschlossenen Widerstand einzuschalten, wodurch der Strom gedämpft wird; letztere Anordnung ist auch stufenweise verwendbar. Stromdifferenzrelais (s. Kap. XVI), welche nicht nur auf Änderungen in der Stromverteilung, etwa durch eine fehlerhafte Stromableitung (Erdschluß) ansprechen, sondern auch auf Umkehr der Ströme durch Fehler. Veränderliche Widerstände, in Serien-, Abzweig- und Differenz- sowie Brückenschaltungen, wobei die Widerstände durch den durchfließenden Strom erwärmt und in ihrem Widerstandswert verändert werden (s. Kap. IX).

11. Stromrichtung (Richtung des Energieflusses).

Bei Gleichstrom Minimalschalter und Rückstromschalter oder Maximalrückstromschalter (s. Kap. XVI), bei Wechselstrom Wattmeter, unter Umständen auch Quotientenmesser.

12. Stromänderung.

Soll die Betätigung nicht erfolgen, wenn der Strom bestimmte Werte erreicht, sondern wenn er sich mit einer gewissen Geschwindigkeit, also vor allem plötzlich, ändert, so sind, wie bei 5. „Beschleunigung", verzögerte Massen zu verwenden (s. Kap. XXVIII, Abb. 164). Ferner ist die mit der Stromänderung steigende induktive Spannung an Drosselspulen hierfür verwendbar. Damit geht die Aufgabe in die Überwachung der Spannung über, es kommen in erster Reihe sehr empfindliche, vor allem statische Spannungsmesser, ferner Funkenstrecken in Frage.

13. Blindstrom.

Blindwattmeter sind zur Messung oder Begrenzung des Blindstromes verwendbar, wenn mit hinreichender konstanter Spannung gerechnet werden kann.

14. Spannung.

Spannungsmesser, Minimalspannungsrelais, Maximalspannungsrelais aller möglichen elektrischen Systeme (nicht nur magnetisch, sondern auch elektrostatisch und thermisch), bei kurzzeitigen hohen Spannungsspitzen: Funkenstrecken, unter Umständen Kondensatoren.

15. Spannungsänderung.

Hier kommt, ebenso wie bei 11, die Ausnutzung der Massenverzögerung in Frage, ferner der Strom, welcher in einem Kondensator zur Ladung oder Entladung fließt.

16. Veränderlicher Widerstand.

Serienschaltung führt auf die Kontrolle des Stromes, Abzweigschaltung auf die der Spannung. Differenzschaltung auf Stromdifferenz, Brückenschaltung auf Stromrichtungsschaltung.

17. Leistung.

Bei Gleichstrom, soweit konstante Spannung angenommen werden kann, wie unter 9 für Strom ausgeführt; soweit die Spannung nicht konstant ist, und allgemein bei Wechselstrom: Wattmeter der verschiedenen Konstruktionssysteme (z. B. dynamometrische, bei Wechselstrom Drehfeld).

18. Blindleistung.

Blindwattmeter.

19. Elektrische Arbeit.

Wattstundenzähler, Ausnutzung des Gewichtes oder Volumens elektrolytischer Zersetzungsprodukte. z. B. durch Abwägung mittels einer Kontaktwage.

20. Blindarbeit.

Blindleistungszähler.

21. Phasenverschiebung.

Phasenmesser, unter Umständen genügt der Leistungsmesser. Hierher gehören auch die Synchronisierschaltungen (Kap. XXIV), welche die veränderliche Phasenverschiebung zwischen zwei Wechselstromnetzen messen.

22. Erdschluß.

Verschiebung der Erdspannungen, welche durch Spannungsverlustrelais oder durch Kontakte an Asymmetern gemessen werden können. Phasenverschiebung (s. 21), Blindstrom (s. 13).

23. Fehlerstrom.

Dieser Fall ist immer auf einen der anderen zurückzuführen, entweder Erdschluß (s. 22) oder Stromrichtung (s. 11) oder Stromdifferenz, Stromüberschreitung, Kurzschluß (s. 10).

24. Temperatur.

Kontaktthermometer, Spannungs-, Strom- oder Widerstandsmessung an Leitern mit erheblichem Temperaturkoeffizienten, welche der betreffenden Wärmequelle ausgesetzt sind (s. Kap. IX), auch Thermometer von sonst ungewöhnlicher Art, wie z. B. solche mit Gasen oder ausgedehnten Flüssigkeiten.

25. Druck.

Manometer oder Beeinflussung des Widerstandes von Kohlesäulenwiderständen (s. unter Kap. IX,, Veränderliche Widerstände").

26. Wasserstand.

Schwimmer oder vom Wasser bestrichene Kontaktreihen.

27. Strömung (Gasblasen).

Ventilkontakte, Klappen in der Strömung, welche mitgenommen werden und dadurch einen Kontakt betätigen, zweckmäßig mit Quecksilberkipp- röhren (Buchholz-Schutz).

28. Licht.

Selenzellen (s. unter Kap. IX „Veränderliche Widerstände).‟

Die Auswahl ist durchaus nicht vollständig; es sind aber für den Entwurf der Schaltungen hinreichende Winke gegeben, welche als Hilfsmittel zu benutzen sind.

Zusammenfassung.

Im allgemeinen Teil sind in acht Kapiteln die grundlegenden Gesichts- punkte und die Hauptgesetze der Schaltungen entwickelt. Sie sind bei Handschaltungen von vornherein zugrunde zu legen, indem man sich zunächst klar macht, ob es sich um einfache Stromkreise, mehrfache Stromkreise, Vielfachumschaltungen oder Regelung handelt. Bei ein- fachen Stromkreisen sind die Tafeln für mehrfache Schaltung, mehrere Geräte und Stromquellen zu benutzen. Ein verwickeltes Beispiel hierfür ist in der vierten Aufgabe, S. 54, durchgeführt.

Mehrfache Stromkreise sind nach den gegebenen Anweisungen nach Möglichkeit zu zerlegen und die Regeln des einfachen Stromkreises anzuwenden. Die Einführung von Sammelschienen für gemeinsame Punkte bei Schaltungen für Anlagen konstanter Spannung vereinfacht die Übersicht erheblich. Bei Anlagen für konstanten Strom suche man gemeinsame Glieder, welche den Kernpunkt der Schaltung bilden.

Einfache Vielfachschaltungen lassen sich ohne besondere Hilfs- mittel durch Linienwähler erledigen; wenn dieses nicht mehr möglich ist, so greife man zur Tabellenmethode.

Der gleiche Gedankengang wird sich auch bei selbsttätigen Schal- tungen verwenden lassen, wenn einmal die Aufgabe und die Relais- anordnung festliegt.

Im besonderen Teil sind in den Kapiteln IX—XXIX die für Stark- stromanlagen hauptsächlich in Frage kommenden Gebiete als Bei- spiele behandelt und die wichtigsten Grundsätze dieser Gebiete erörtert. Es wird keine Schwierigkeit machen, weitere Entwürfe aufzustellen und die Beispiele auf andere, nicht bearbeitete Stoffe anzuwenden.

Wenn auf diese Weise die grundsätzliche Schaltung der Stromkreise festgelegt ist, so ist noch die Ausstattung der einzelnen Zweige mit Schaltern, Sicherungen und Meßgeräten nach Kap. XVIII zu be- wirken. In den gegebenen Beispielen ist diese Ausstattung nicht berück- sichtigt, da sie in weitem Umfange in das Belieben des Konstrukteurs

gestellt ist und die Aufnahme einer bestimmten Aufmachung den An-
schein erwecken könnte, als ob gerade diese die allein richtige oder auch
nur vorzugsweise zu verwendende sei.

Da im allgemeinen Teil Beispiele gegeben worden sind, welche im
besonderen Teile nicht wiederholt werden sollten, so sind überall Bemerkungen aufgenommen, welche auf die Behandlung des gleichen
Stoffes an anderen Stellen verweisen. Außerdem wird das am Schluß
gegebene Stichwortverzeichnis gute Dienste tun.

Dieses ist in den Hauptgesichtspunkten alphabetisch aufgestellt,
die weitere Unterteilung ist dagegen nach dem Gange der Entwicklung
und sinngemäß angeordnet, um nicht Zusammenhänge willkürlich zu
zerreißen, nur weil die strenge Anwendung des Alphabetes dieses ge-
bieten würde.

Beim Entwurf selbsttätiger Schaltungen ist zunächst die Aufgabe
klarzustellen, dann ist festzulegen, welche veränderlichen Größen für
die Ableitung der selbsttätigen Anordnungen maßgebend sind.

Im Kap. XXX sind die wichtigsten Relais und selbsttätig gesteuerten Schalter angeführt, welche hierfür zugrunde zu legen sind.

Für Relais sind die Primärschaltungen und die wichtigsten Gesichtspunkte der Sekundärschaltungen im Kap. XV besprochen, so daß unter
Verwendung dieser Anweisungen die Aufgaben sich auf die im allgemeinen Teil gegebenen Anweisungen zurückführen lassen.

Einige der angeführten Schaltungen bilden noch heute Gegenstand
von Schutzrechten, so daß eine gewisse Vorsicht anempfohlen werden muß.

Stichwortverzeichnis.

Elektrische Schaltvorgänge und verwandte Störungserscheinungen in Starkstromanlagen.
Von Prof. Dr.-Ing. und Dr.-Ing. e. h. **Reinhold Rüdenberg**, Chefelektriker, Privatdozent, Berlin. Z w e i t e, berichtigte Auflage. Mit 477 Abbildungen im Text und 1 Tafel. VIII, 510 Seiten. 1926.   Gebunden RM 24.—

Kurzschlußströme beim Betrieb von Großkraftwerken.
Von Prof. Dr.-Ing. und Dr.-Ing. e. h. **Reinhold Rüdenberg**, Chefelektriker, Privatdozent, Berlin. Mit 60 Textabbildungen. IV, 75 Seiten. 1925.   RM 4.80

Grundzüge der Starkstromtechnik. Für Unterricht und Praxis.
Von Dr.-Ing. **K. Hoerner**. Mit 319 Textabbildungen und zahlreichen Beispielen. V, 257 Seiten. 1923.   RM 4.—; gebunden RM 5.—

Schaltungsbuch für Gleich- und Wechselstromanlagen.
D y n a m o m a s c h i n e n, M o t o r e n u n d T r a n s f o r m a t o r e n, L i c h t a n l a g e n, K r a f t w e r k e u n d U m f o r m e r s t a t i o n e n, unter Berücksichtigung der neuen, vom VDE festgesetzten Schaltzeichen. Ein Lehr- und Hilfsbuch von Oberstudienrat Dipl.-Ing. **Emil Kosack**, Magdeburg. Z w e i t e, erweiterte Auflage. Mit 257 Abbildungen im Text und auf 2 Tafeln. X, 198 Seiten. 1926.   RM 8.40; gebunden RM 9.90

Elektrische Starkstromanlagen. Maschinen, Apparate, Schaltungen, Betrieb.
Kurzgefaßtes Hilfsbuch für Ingenieure und Techniker sowie zum Gebrauch an technischen Lehranstalten. Von Oberstudienrat Dipl.-Ing. **Emil Kosack**, Magdeburg. S e c h s t e, durchgesehene und ergänzte Auflage. Mit 296 Textfiguren. XII, 330 Seiten. 1923.

RM 5.50; gebunden RM 6.90

Die Schaltungsarten der Haus- und Hilfsturbinen. Ein Beitrag
zur Wärmewirtschaft der Kraftwerksbetriebe. Von Dr.-Ing. **Herbert Melan**. Mit 33 Textabbildungen. VI, 120 Seiten. 1926. RM 10.50; gebunden RM 12.—

Die elektrische Kraftübertragung. Von Oberingenieur Dipl.-Ing.
Herbert Kyser. In 3 Bänden.

E r s t e r B a n d: **Die Motoren, Umformer und Transformatoren.** Ihre Arbeitsweise, Schaltung, Anwendung und Ausführung. Z w e i t e, umgearbeitete und erweiterte Auflage. Mit 305 Textfiguren und 6 Tafeln. XV, 417 Seiten. 1920. Unveränderter Neudruck. 1923. Gebunden RM 15.—

Z w e i t e r B a n d: **Die Niederspannungs- und Hochspannungs-Leitungsanlagen.** Ihre Projektierung, Berechnung, elektrische und mechanische Ausführung und Untersuchung. Z w e i t e, umgearbeitete und erweiterte Auflage. Mit 319 Textfiguren und 44 Tabellen. VIII, 405 Seiten. 1921. Unveränderter Neudruck. 1923.   Gebunden RM 15.—

D r i t t e r B a n d: **Die maschinellen und elektrischen Einrichtungen des Kraftwerkes und die wirtschaftlichen Gesichtspunkte für die Projektierung.** Z w e i t e, umgearbeitete und erweiterte Auflage. Mit 665 Textfiguren, 2 Tafeln und 87 Tabellen. XII, 930 Seiten. 1923.

Gebunden RM 28.—

Die Transformatoren. Von Prof. Dr. techn. **Milan Vidmar**, Ljubljana.
Z w e i t e, verbesserte und vermehrte Auflage. Mit 320 Abbildungen im Text und auf einer Tafel. XVIII, 752 Seiten. 1925.   Gebunden RM 36.—

Comparison of Principal Points of Standards for Electrical Machinery. (Rotating Machines and Transformers.) By Dipl.-Ing. **Friedr. Nettel.** 42 Seiten. 1923. RM 2.50; gebunden RM 3.—

Standards compared:

Germany: Verband Deutscher Elektrotechniker (VDE).
Britain: 1. British Engineering Standards Committee (B.E.S.A.)
2. British Electrical and Allied Manufactures Association (B.E.A.M.A.)
U.S.A.: Standards of the American Institute of Electrical Engineers (AIEE.)

Wirkungsweise der Motorzähler und Meßwandler mit besonderer Berücksichtigung der Blind-, Misch- und Scheinverbrauchsmessung. Für Betriebsleiter von Elektrizitätswerken, Zählertechniker und Studierende. Von Direktor Dr.-Ing. Dr.-Ing. e. h. **J. A. Möllinger.** Zweite, erweiterte Auflage. Mit 131 Textabbildungen. VI, 238 Seiten. 1925. Gebunden RM 12.—

Messungen an elektrischen Maschinen. Apparate, Instrumente, Methoden, Schaltungen. Von Oberingenieur Dipl.-Ing. **Georg Jahn.** Fünfte, gänzlich umgearbeitete Auflage des von **R. Krause** begründeten gleichnamigen Buches. Mit 407 Abbildungen im Text und auf einer Tafel. VII, 394 Seiten. 1925. Gebunden RM 21.—

Meßgeräte und Schaltungen zum Parallelschalten von Wechselstrom-Maschinen. Von Oberingenieur **Werner Skirl.** Zweite, umgearbeitete und erweiterte Auflage. Mit 30 Tafeln, 30 ganzseitigen Schaltbildern und 14 Textbildern. VIII, 140 Seiten. 1923.
Gebunden RM 5.—

Meßgeräte und Schaltungen für Wechselstrom-Leistungsmessungen. Von Oberingenieur **Werner Skirl.** Zweite, umgearbeitete und erweiterte Auflage. Mit 41 Tafeln, 31 ganzseitigen Schaltbildern und zahlreichen Textbildern. X, 248 Seiten. 1923. Gebunden RM 8.—

Elektrotechnische Meßkunde. Von Dr.-Ing. **P. B. Arthur Linker.** Dritte, völlig umgearbeitete und erweiterte Auflage. Mit 408 Textfiguren. XII, 571 Seiten. 1920. Unveränderter Neudruck. 1923.
Gebunden RM 11.—

Elektrotechnische Meßinstrumente. Ein Leitfaden. Von **Konrad Gruhn,** Oberingenieur und Gewerbestudienrat. Zweite, vermehrte und verbesserte Auflage. Mit 321 Textabbildungen. IV, 223 Seiten. 1923.
Gebunden RM 7.—

Verschleierung der Angaben von Elektrizitätszählern und Abhilfe. Von Prof. Dr.-Ing. **A. Geldermann.** Mit 109 Abbildungen im Text. VI, 126 Seiten. 1923. RM 6.—

Der Wechselstromkompensator. Von Dr.-Ing. **W. v. Krukowski.** (Sonderabdruck aus „Vorgänge in der Scheibe eines Induktionszählers und der Wechselstromkompensator als Hilfsmittel zu deren Erforschung".) Mit 20 Abbildungen im Text und auf einem Textblatt. IV, 60 Seiten. 1920. RM 4.—